U0258930

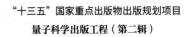

"十三五"国家重点出版物出版规划项目

量子科学出版工程（第二辑）

国家出版基金项目

NATIONAL PUBLICATION FOUNDATION

Quantum Navigation

and Positioning Systems

丛　爽　王海涛　陈　鼎　著

量子导航
定位系统

中国科学技术大学出版社

内 容 简 介

本书是从实际应用角度来考虑基于卫星的量子导航定位系统中所涉及的有关量子卫星导航定位系统的设计、捕获瞄准与跟踪系统技术和粗精跟踪控制、纠缠光特性制备及其到达时间差的获取、量子信道大气扰动延时补偿方法，以及量子定位系统仿真平台设计等方面内容的一本著作.在量子卫星导航定位系统的设计方面，详细给出了量子导航定位系统框架结构的设计，星基量子定位导航系统的测距、定位与导航，以及量子导航定位系统中光学信号传输系统设计；在捕获瞄准与跟踪系统技术和粗精跟踪控制方面，着重在量子导航定位系统中的捕获和粗跟踪技术、量子定位中粗跟踪控制系统设计与仿真实验，以及量子定位系统中精跟踪控制的研究，为了达到"针尖对麦芒"的高精度精跟踪控制，精跟踪系统中采用了自适应强跟踪卡尔曼滤波器（ASTKF）设计，以及带有 ASTKF 的精跟踪系统比例 积分 微分（PID）控制器设计；在纠缠光特性制备及其到达时间差的获取方面，涉及自发参量下转换制备纠缠光子对的特性研究、双量子系统最大纠缠态制备的两种控制方法，以及基于量子纠缠光的符合计数与到达时间差的研究；在量子信道大气扰动延时补偿方法方面，着重在量子信道大气扰动延时补偿方法的研究和削弱大气干扰影响的三种量子测距定位方案的研究.所有的研究都进行了系统仿真实验，其中包括考虑超前瞄准角的 ATP 系统的设计及其仿真实验.

本书可以作为量子物理化学、量子信息与通信，以及对量子系统控制感兴趣的电子、力学工程、应用数学、计算科学和控制工程等领域的高年级本科生或研究生有关量子控制系统应用技术的教材或参考书籍.

图书在版编目（CIP）数据

量子导航定位系统/丛爽，王海涛，陈鼎著.—合肥:中国科学技术大学出版社，2021.7
（量子科学出版工程.第二辑）
国家出版基金项目
"十三五"国家重点出版物出版规划项目
ISBN 978-7-312-05219-4

Ⅰ.量…　Ⅱ.①丛…　②王…　③陈…　Ⅲ.量子—卫星导航—全球定位系统
Ⅳ.P228.4

中国版本图书馆 CIP 数据核字(2021)第 081184 号

量子导航定位系统
LIANGZI DAOHANG DINGWEI XITONG

出版	中国科学技术大学出版社
	安徽省合肥市金寨路 96 号,230026
	http://press.ustc.edu.cn
	https://zgkxjsdxcbs.tmall.com
印刷	合肥华苑印刷包装有限公司
发行	中国科学技术大学出版社
经销	全国新华书店
开本	787 mm×1092 mm　1/16
印张	20.5
字数	424 千
版次	2021 年 7 月第 1 版
印次	2021 年 7 月第 1 次印刷
定价	66.00 元

前言

　　传统的导航定位技术经历了从自然的天体导航和地磁场导航等到近现代的惯性导航、无线电陆基或星基导航、声呐导航、光学(如激光)导航等过程.目前典型的基于卫星的导航定位系统有:① 美国的全球定位系统(GPS)可以给静止或移动的用户提供多种服务,其中包括米量级的位置信息和纳秒量级的时间信息;② 俄罗斯的GLONASS系统可达到 $10\sim15$ m 定位精度和 $20\sim30$ ns 定时精度;③ 欧盟的Galileo系统的定位精度可达 $4\sim8$ m;④ 我国的北斗卫星导航系统定位精度可达 10 m,定时精度可达 10 ns.传统卫星导航定位系统是通过重复地向空间发射电磁波脉冲,并且检测它们到达待测点的时间延迟来实现测距与定位的,其测距精度受电磁波脉冲能量与带宽限制,在安全性上也存在不可逾越的上限.

　　二十多年来,人们为了获得更高的测距与定位精度,利用波长在微波与红外光之间的激光进行星间链路通信,以激光所特有的高强度性、高单色性和高方向性等性质,获得容量更大、波束更窄、增益更高、速度更快、抗干扰性更强和保密性更好的空间通信.国际上在激光通信方面已经获得很多成果:1995 年,美国喷气动力实验室便与日本联合进行了多次星地光通信实验;美国航空航天局(NASA)开展了月地激光通信实验(LLCD).2001 年,欧洲航天局的 SILEX 系统终端实现了星地之间的光通信;2006 年,欧洲航天局完成了 Artemis 与飞机之间的激光通信.2007 年,德国研制的 LCT 激光通信终端实现了星间和星地激光通信.20 世纪 80 年代,日本分别启动了 ETS-Ⅵ和 OICETS 计划;2005 年,日本实现了卫星之间的双向激光通信;2006 年,日本实现了卫星与地面站的双向光通信,以及移动端与卫星维持光链路进行通信.

在激光通信方面,中国前期基本属于跟随状态:20 世纪 70 年代,电子科技大学在国内首次完成了卫星之间光通信演示实验;20 世纪 90 年代,中国科学院光电技术研究所在捕获、跟踪和瞄准(Acquisition Tracking and Pointing,简称 ATP)技术研究中的复合轴控制,快速倾斜镜的制造和控制等技术方面取得了显著成果,其研制的 ATP 系统对飞行器的跟踪精度达到了 10 μrad,对点状慢变化光目标的跟踪精度达到了 5 μrad;2002 年,哈尔滨工业大学研制了国内首套综合功能完善的激光星间链路模拟实验系统;从 2010 年开始,上海技术物理研究所对量子通信跟踪系统进行了研究,提出了自适应曝光方法对大气扰动进行抑制,分析了精跟踪系统实现过程中关键参数的选取过程,在精跟踪探测器镜头前添加孔径光阑,进行精跟踪系统优化;2012 年,武汉大学对运动平台不同转动速度、大气湍流、平台振动因素进行了模拟实验,从而实现了 6 μrad 的跟踪精度;2014 年,长春理工大学采用复合轴控制的 ATP 系统,在机载和车载的激光通信实验中实现了 3 μrad 的跟踪精度.直到 2016 年 8 月 16 日,中国研制的世界首颗量子科学实验卫星"墨子号"成功发射,使得中国在空间保密通信方面一跃成为领跑者."墨子号"量子科学实验卫星自带量子纠缠源及其发射机,可以从卫星上下发一连串单光子;具有两套独立的有效载荷指向机构,可与地面上相距千公里量级的两处光学站同时建立量子光链路.中国首颗上天的"墨子号"量子科学实验卫星,是全世界第一次把空间量子通信的科学实验搬到太空上去."墨子号"一共做了三个实验:量子密钥分发、纠缠原理的验证和量子隐形传态.目前,量子纠缠态制备的主要方法是自发参量下转换(SPDC)方法,即通过向一个非线性晶体发射一束泵浦光,从非线性晶体同时发出一对纠缠光子对.在首颗卫星发射成功后,中国还将发射多颗卫星,到 2030 年左右,建成全球化的广域量子通信网络.

量子系统除了量子保密通信的应用外,相关的其他应用还有:量子计算机、量子雷达和量子导航定位.量子系统的应用依赖的主要是量子系统所具有的量子特性:当一个物体的长度小于纳米级,或时间尺度小于纳秒级时,宏观物体将表现出微观

系统量子态的特性,这些特性包括量子态的叠加性、塌缩性、相干性、概率性和纠缠性.所以微观量子系统研究的对象包括分子、原子、离子、光子、电子等,它们一般统称为粒子.任何一个粒子除了自身旋转外,还围绕它的核的轨道进行运动.人们可以定义一个粒子的自旋向上为一个状态,自旋向下为另一个状态,比如0态和1态,这两个状态就是经典计算机中的一个二进制位的两个状态,只是在量子系统中,加个右矢符号$|\ \rangle$,写为$|0\rangle$和$|1\rangle$,称为本征态.与经典计算机系统不同的是,在量子系统中,任意一个量子位的两个本征态的叠加态也是这个量子系统的状态.随着叠加态中每个本征态前面系数的取值不同,一个量子位$|\psi\rangle = c_1|0\rangle + c_2|1\rangle$就可以有无数个态,而且量子系统所有本征态同时参与计算.所以按照经典计算机系统中是以一个本征态来进行计算的角度看,量子系统状态的计算是全部状态的并行运算;求解一个经典计算机中的线性方程组,就等价于在量子系统中制备一个量子态.形象地理解一个量子叠加态的例子是平行旋转的硬币:定义硬币的正面为$|0\rangle$,反面为$|1\rangle$,那么平行旋转的硬币的状态为$|\psi\rangle = (1/\sqrt{2})|0\rangle + (1/\sqrt{2})|1\rangle$.量子纠缠态为不可分离的叠加态.两个量子位具有四个本征态:$|00\rangle$,$|01\rangle$,$|10\rangle$和$|11\rangle$,在它们的叠加中,有四个状态是不能提出公因子的,它们分别是$|\psi\rangle = c_1|00\rangle \pm c_2|11\rangle$和$|\psi\rangle = c_1|01\rangle \pm c_2|10\rangle$,即四对纠缠态.纠缠态就像一对手套或一双鞋,看到其中之一,就立刻知道另一个状态而不用再去探测.

基于卫星的量子导航定位主要是利用纠缠光子对自身同时产生的特性,借助量子纠缠光子对信号,计算一对纠缠光子之间的到达时间差来获得地面目标与卫星之间的距离,这是其他定位测距方法,包括激光(作为对比的时钟本身就存在时间差),所不可及的.通过获得与三颗卫星之间的时间差,再通过联立三个距离方程组,获得用户的三维坐标而进行定位;通过对用户的不间断定位,获取到用户在一段时间内的运动轨迹,可以实现量子导航.

量子导航定位系统可以分为有源和无源两种.量子有源导航定位系统是指基于卫星的量子导航定位系统,它通过星地间发射和接收纠缠光子对进行精密测距、定位与导航;量子无源导航定位系统是指量子陀螺仪,它是以冷原子为基础的加速度计,作为量子惯性传感器件,进行量子惯性定位.根据是卫星还是地面发射纠缠光子对,量子有源导航定位系统可分为星基和地基量子导航定位系统.主动式量子导航定位系统是地基的,基于GPS的导航定位仪都是被动式的星基.

美国的巴德(Bahder)博士于2004年提出干涉式量子定位系统(Quantum Positioning System,简称 QPS),该系统是基于六颗卫星搭建的系统.六颗卫星两两构成三条基线对,每条基线上的两颗卫星分别与地面被测对象建立光链路,三条基线的工作过程相同.纠缠双光子源位于基线的某一位置,分别向基线两端的卫星发射光子,测量出两路光子间的到达时间差,由三个到达时间差可以算出用户的三维位置坐标.巴德博士计算得出在空基方案中,参考点位于低轨道卫星上,当光学延迟的标准差为 $1\,\mu m$ 时,定位精度可达 $1\,cm$.理论计算表明,量子定位系统的定位精度至少是现有经典无线电导航定位系统的 $M\cdot N$ 倍(M 束光脉冲,每束光脉冲包含 N 个光子),是经典光学测距的 $\sqrt{M\cdot N}$ 倍.

目前,国内外相关研究机构已经对量子导航定位系统的可行性和优越性进行了理论分析与原理性验证,但相关技术实现与实际应用尚无深入研究与探索,到目前为止,只有我国发射了一颗量子卫星"墨子号",并成功实施了星地间量子密钥分发、纠缠原理验证,以及量子隐形传态实验,这为我国量子信息领域的实验研究奠定了重要基础,而量子定位与导航作为量子信息领域及导航定位领域的一个新分支,其研究对于推动量子信息领域的进一步发展,促进跨学科交叉融合,进一步巩固我国在世界范围内量子信息技术的领先地位,具有重要的战略及科研意义.

本书是在 2016 年北京卫星信息工程研究所天地一体化信息技术国家重点实验室开放基金项目的资助下,在新型导航技术领域方向开展的有关量子导航定位系统稳定控制方法与技术的研究成果的结晶.在该项目的研究成果中,我们提出了三个国家发明专利,其中包括一种基于三颗卫星的量子导航定位系统,以及一种基于三颗量子卫星加一个地面站的星基量子测距与定位系统;分别就量子导航定位系统框架结构的设计,星基量子导航定位系统的测距、定位与导航,以及量子导航定位系统中光学信号传输系统的设计进行了详细的研究;对捕获瞄准与粗、精跟踪控制系统技术,纠缠光特性制备及其到达时间差的获取,量子信道大气扰动延时补偿方法等进行了全面的研究;在 MATLAB 环境下进行了系统仿真实验,验证了所提出的设计方案的性能,系统全面地对基于卫星的量子导航定位系统进行了全方位的深入研究.

本书可以作为信息控制科学与工程领域有关基于卫星的量子导航定位技术与方法的研究生教材,量子物理化学、量子信息与通信以及对量子系统应用感兴趣的电子、力学工程、应用数学、计算科学等领域的研究生以及科研人员的参考书籍.阅读本书的基础是掌握大学本科的量子力学导论的知识,不过本科生读者需要一些高等数学和代数知识的预习.编写本书的一个目的是为有志进行有关量子系统应用研究的读者提供一个深入学习和掌握基于卫星的量子导航定位技术与方法设计的平台,使之能够很快地掌握相关方面的理论及数学设计技巧,进行更深入的研究.编写本书的另外一个目的是为熟悉基于卫星的导航定位技术与实现但缺少量子以及控制理论背景的研究生与科技工作者提供系统控制的理论与方法的工具,同时为在量子工程与量子信息方面具有实际经验的研究人员提供一本参考书.在此有必要对所有的合作者表示感谢,他们分别是:已经毕业的硕士研究生商燕、邹紫盛、汪海伦、宋媛媛、吴文燊,在读硕士研究生段士奇和章祥.

丛　爽　于中国科学技术大学

王海涛　陈　鼎　于北京卫星信息工程研究所

2020 年 4 月 2 日

目录

第4章
捕获瞄准与跟踪系统中精跟踪控制 —— 114

第1章

概　论

　　导航定位技术经历了从自然的天体导航、地磁场导航,到近现代的惯性导航、无线电导航(陆基、星基等)、声呐导航、光学(激光、红外等)导航等发展过程.随着科学技术的不断进步,导航定位技术在最近几十年得到了迅猛发展.以卫星导航、惯性导航、组合导航、地形辅助导航等为代表的各种导航系统,极大地提高了人类社会现代化民用和军用水平,其中基于卫星的导航定位技术,以天基人造卫星为基本平台,能够为全球海、陆、空、天各类军民用载体提供全天候、二十四小时连续不间断、高精度确定的三维位置、速度和时间信息.目前技术成熟的卫星导航定位系统有:

　　(1) 美国的全球定位系统(Global Positioning System,简称 GPS)能为各种静止,或者移动的用户迅速提供精密的三维空间坐标、速度矢量、米量级的空间位置信息和 10 ns $(1 \text{ ns} = 10^{-9}\text{s})$量级的时间信息等多种服务(Kaplan,Hegarty,2005).

　　(2) 俄罗斯的全球轨道导航卫星系统——格洛纳斯(Global Orbit Navigation Satellite System,简称 GLONASS)系统可以达到 10～15 m 位置精度,以及 20～30 ns 定时精度.GLONASS 系统在测量精度方面不及 GPS 系统,不过在抗干扰性方面优于 GPS系统(Leick et al.,2015).

（3）欧盟的伽利略（Galileo）系统是一个正在建设中的卫星定位系统，主要由 30 颗卫星组成，将建成一个高精度的卫星定位系统，现阶段定位精度可达 4～8 m.

（4）我国的北斗卫星导航系统，广泛应用于交通导航、卫星授时应用、应急指挥、民用水情测报服务等，其定位精度可达 10 m(谢丰奕，2007).

在目前的卫星定位导航系统中，以 GPS 为代表，它尽管能够提供米量级的空间位置信息，但其不足也是显而易见的：传统的卫星定位导航系统是通过重复地向空间发射电磁波脉冲，通过检测它们到达待测点的时间延迟来实现定位. 无线电发射电磁波脉冲信号的功率越大、带宽越宽，所能达到的定时测量精度也就越高，但一味地增大信号的发射功率和发射带宽，无疑会对当前运行的其他无线电系统构成干扰和影响. 由于受电磁波脉冲的能量与带宽的限制，其定位精度存在着一定的极限. 另外，GPS 在安全性上也存在不可逾越的上限，保密性较差. 人们虽然不能确信是否能够破译卫星信号所有的伪随机码，但至少是可以部分破译的.

基于量子卫星的量子导航定位系统借助于量子纠缠态的制备及其传输技术，使用具有量子特性的纠缠光，因而在保密性、抗干扰能力等方面，具有很强的优越性. 量子定位系统(Quantum Positioning System，简称 QPS)的概念是 2001 年由美国麻省理工学院(MIT)焦万内蒂(Giovannetti)博士在《自然》杂志上首次提出的，他通过计算，证明了量子纠缠和压缩特性可进一步提高定位精度. QPS 一经提出，立刻引起世界各国广泛的兴趣. 2002 年，焦万内蒂提出了量子保密定位的思想，分析了两种用于保密定位的协议，该协议基本内容与量子密钥分配的 BB84 协议类似. 2004 年，美国的巴德(Bahder)提出了基于基线量子干涉式的 QPS 系统(Bahder，2004). 由于受大气影响小，当光学延迟的标准差为 1 μm 时，定位精度可达 1 cm. 这个思路利用了光子的相干性，是基于纠缠光子对和洪欧曼德尔(Hong-Ou-Mandel，简称 HOM)干涉仪的量子定位系统，由六颗卫星两两构成三条基线对，定位原理是基于到达时间差(Time Difference Of Arrival，简称 TDOA)，以及光速、时间与距离之间的关系来实现测距、定位和导航的. 2008 年，韦路列斯(Villoresi)等人通过实验证实了量子信号在自由空间和地球之间传播的可行性，将 QPS 的实现又向前推进了一步(Villoresi et al.，2008). 为了超越经典测量中能量、带宽和精度的限制，QPS 利用了量子纠缠(Quantum Entanglement)、量子压缩(Quantum Squeezing)等特性，使所传递的量子信息具有强相关性和高密集程度，可以给导航卫星提供长时间、高精度的导航定位，提高卫星导航定位的准确性与信息传输的高保密性，其精度可接近海森堡测不准原理所限定的物理极限，获得比经典无线电定位系统高得多的定位精度，可用于地面静止或移动目标(如建筑物、汽车、人等)的定时、定位，也可用于近地轨道航天器、深空和行星际飞行航天器、天体着陆器及其表面巡游器的高精度自主导航定位. 与传统的定位导航系统相比，量子定位导航系统打破了人们在信息传输和编码方面形成的思维定势,其能量消耗远小于传统的系统,有可能为设备的小型化、持续工作时间、隐形性能带来根本的改善,也有可能从根本上解决传输的安全性问题.量子导航定位技术作为一种新兴技术,可行性以及可提高精度的性能都已经得到了验证.

不过,自 2001 年该概念和模型相继被提出至今,相关技术的研究进展却缓慢,分析其原因主要有以下几点:

(1) 量子定位导航技术的实现需要依赖量子信号,量子信号的制备本身也是一项正在不断探索的新技术;

(2) 量子信号制备完成后,将其应用到定位导航中需要有相应的量子器件对量子信号进行处理、操控、存储等,且量子信号的纠缠特性易受外界环境的影响,如何很好地解决这些问题有待深入研究;

(3) 量子信号非常微弱,需要高效率、高灵敏度的探测器,才能准确接收,传统的探测器的性能满足不了要求,需要用到相应的高性能单光子探测器.

量子导航定位可分为有源导航定位和无源导航定位两大类.有源导航定位采用收发量子信号的方式定位;无源导航定位采用量子传感器装置定位,不向外界发送信号.这类新技术的典型代表为基于原子量子效应的惯性导航技术.采用有源导航定位具有很高的安全性,可进行保密定位.即使其他人能够截获由定位点发射的,且处于纠缠状态的部分光子,根据量子力学理论中有关量子态的测不准原理,以及不可克隆原理,截获者也将无法根据这些光子来获取定位点的位置坐标.同时,量子导航定位技术还提供了一个检测别人窃听的可能,因为在待定点以及参考点之间的量子传输通道一旦出现了窃听,系统会因为窃听的存在,而出现明显的干扰,同时对类似于噪声干扰特性进行分析,可使窃听的存在以尖峰谱的形式展现出来.此时,系统可以通过更换通信频率或通道而继续正常工作.

本章主要对有源导航系统定位技术的国内外现状与展望进行概述.在纠缠态制备方法方面,主要对自发参量下转换(Spontaneous Parametric Down Conversion,简称 SPDC)制备光子纠缠态、离子阱制备纠缠态,以及腔量子电动力学(Cavity Quantum Electrodynamics,简称 C-QED)制备纠缠态进行重点阐述.在对国内外量子卫星系统发展进行全面介绍的同时,重点介绍我国成功发射的量子科学实验卫星.对各国在量子定位导航系统中的捕获、跟踪和瞄准(Acquisition Tracking and Pointing,简称 ATP)系统及其性能给予高度的关注,并对量子定位技术以及量子时钟同步技术进行全面阐述.最后进行总结,并对量子定位技术进一步发展进行展望.

1.1 量子纠缠态制备的国内外现状

基于量子卫星的有源量子导航定位系统的原理主要是通过发射量子纠缠光子对,获得接收到的纠缠光子对之间的时间差来进行定位导航,所以纠缠态在量子导航定位系统中起着重要的作用,因此量子导航定位系统需要首先能够制备出纠缠态.纠缠态的制备是把纠缠应用于量子导航定位中的前提.目前,有关纠缠态的制备方法有多种,如非线性晶体的参量下转换效应(Kwiat et al.,1995)、离子阱(Sackett et al.,2000)、原子-光腔(Hagley et al.,1997)等.纠缠态的制备正向着实现技术的更简单、制备出来的纠缠态纯度更高,以及多体或多自由度方向发展.本节对目前国内外各种有关量子纠缠态制备的方法进行逐一介绍.

1.1.1 自发参量下转换制备光子纠缠态

在多种制备量子纠缠态的方法中,通过非线性晶体的 SPDC 产生的纠缠光子对所能够获得的纠缠纯度最高,而且在制备过程中有很好的可控性,同时具有一定的强度. SPDC 是目前产生光量子纠缠态比较常用的方法,它是通过激光泵浦非线性光学晶体的自发参量下转换过程,所产生的孪生光子对是很好的双量子纠缠源.

通过 SPDC 过程产生的纠缠光子对可以处在方向、频率、能量-时间,以及偏振等 4 个方面的纠缠.在动量纠缠制备方面,1990 年诺瑞德(Rarity)和塔普斯特(Tapster)做了一个将两个光子处于动量纠缠态的实验.在能量-时间纠缠制备方面,1989 年弗兰森(Franson)发现:使用同时发射的两个粒子,可以产生另一种形式的非局域干涉.这个方案提出后不久,由布伦德尔(Brendel)和奎亚特(Kwiat)等人在实验中获得了实现,并且证实了这种类型纠缠的存在:在不同的时间得到符合计数,对应着两个光子所走路径长短的不同,因此后来人们把这种纠缠态叫作能量-时间纠缠,不过它的缺点是在自发参量下转换的实验中,多采用脉冲泵浦光,而能量-时间纠缠态产生的一个必要条件是两个光子同时产生的时间是不可知的,这就需要采用一些新的方法来克服这个问题.在偏振纠缠制备方面,早期的偏振纠缠光子对的制备是通过 I 型的自发参量下转换实现的,不过这种方案需要一些附加的光学元器件,以及符合探测器的后选择才能得到,因此产生效率较低.另一种更为方便地产生极化纠缠双光子态的方法是利用Ⅱ型参量下转换,它不用添加额外的光学器件,仅利用Ⅱ型参量下转换,就可以直接获得纠缠光子对(Kwiat et al.,1995).1999年奎亚特等人提出了一种新方法来产生偏振纠缠光子对(Kwiat et al.,1999),他们采用两个Ⅰ型非线性相位匹配的晶体,黏合时将两块晶体的光轴置于互相垂直的两个平面内,当以一束偏振的泵浦光入射这个组合晶体时,就会产生一对偏振纠缠的光子对.这种方法的一个很大的优点是:只要改变泵浦光的偏振状态,就可以方便地产生非最大纠缠态.另外,以这种方案制备出的纠缠源的亮度,相比以前有很大的提高,并且纠缠纯度也很高.上述方案制备出的纠缠光子对是处于多自由度的纠缠,以此制备方案,2005年巴雷罗(Barreiro)等人在实验中实现了通过适当的提取操作制备出一个多自由度的超纠缠态的方案(Barreiro et al.,2005).

多自由度纠缠的量子态不仅在量子通信中的量子定位有重要应用,而且对于纠错编码和克服信道噪声,以及在量子计算机中的应用也有着重要意义.利用自发参量下转换方法制备纠缠态已经成为量子信息学研究的一个热点,新的实验实现方案在不断地被提出,产生纠缠源的效率、纯度,以及使用的方便性都在不断得到改善.1998年凯勒(Keller)等人提出制备三光子的最大纠缠态的方法(Keller et al.,1998);赵志等人提出将交叉克尔(Kerr)介质的非线性与纠缠的纯化相结合,制备三光子极化纠缠的GHZ(Greenberger-Horne-Zeilinger)态.基于线性光学,1999年布姆梅斯特(Bouwmeester)等人首次从实验上利用两对纠缠光子,观测到了三光子GHZ态的产生.1999年鸥(Ou)和鲁(Lu)两人使用光学腔共振的方法,减小纠缠光子对的带宽,使得纠缠光子对更容易被探测,从而在一定程度上提高了单位时间内接收到的纠缠光子对的数目(Ou,Lu,1999).2001年Sanaka等人提出了使用波导型的非线性晶体来制备纠缠光子对(Sanaka et al.,2001).2001年坦齐利(Tanzilli)等人也通过类似的方法来产生纠缠光子对.与以往利用SPDC相位匹配(Basic Phase Matching,简称BPM)方法制备纠缠态不同,这种方案利用的是一种叫作准相位匹配(Quasi-Phase Matching,简称QPM)的方法,他们的方案使得纠缠源的亮度相比以前利用BMP的方法提高了四个数量级(Tanzilli et al.,2001).2001年库茨西弗(Kurtsiefer)等人采用优化纠缠光子对收集方案的方法,使得纠缠源的产生效率得到改善,他们利用这一技术在单模光纤近红外区域,每秒钟可以收集到近36万个纠缠光子对(Kurtsiefer et al.,2001).2003年赵志等人在实验中成功制备四光子GHZ态(Zhao et al.,2003).2004年潘建伟小组成功制备了五光子纠缠态,并用它实现了终端开放的量子态隐形传输(Zhao et al.,2004),这一结果发表在了当年的《自然》杂志上,该研究成果同时入选欧洲物理学会和美国物理学会的年度十大进展,2006年该小组又首次实现两粒子复合系统量子态隐形传输,并在实验中第一次成功地实现了对六光子纠缠态的制备和操纵(Zhang,Goebel et al.,2006),这一结果成为了2006年10

月《自然物理》杂志的封面文章.2011年郭光灿院士领导的中科院量子信息重点实验室的李传锋、黄运锋研究组成功制备出八光子纠缠态,刷新了多光子纠缠制备与操作数目的世界纪录(吴长锋,2011).

1.1.2 离子阱制备纠缠态

相当多的研究者试图在囚禁离子系统中实现两个原子,甚至是多个原子的纠缠态.采用离子阱方案制备纠缠态的两个优点是:① 由于离子被囚禁在高度真空的环境中,几乎处于孤立的不受"干扰"的状况,具有相当长的消相干时间;② 初态的制备和量子态的测量具有极高的保真度和效率.这些优点也为量子计算和量子信息处理提供了十分有利的条件.采用该方案制备纠缠态的缺点是:将离子运动冷却到振动基态是一件不容易做到的事情.1998年,美国的国家科技研究所(National Institute of Science and Technology,简称NIST)离子阱小组利用离子在阱中的微运动的不同,使内外态耦合的拉比(Rabi)频率互不相同,并通过恰当选择控制激光与离子的相互作用时间,制备出一个非最大纠缠态(Turchette et al.,1998).该态与最大纠缠的贝尔(Bell)态已非常接近.这个态制备的一个缺点是:两个拉比频率之比一旦在实验开始时确定,在实验过程中就无法更改.因此他们的实验中也就无法制备出两粒子最大纠缠态.1998年,斯泰因巴克(Steinbach)和格里(Gerry)提出采用一系列与离子共振的载频脉冲和红边带脉冲,通过相继操纵态的演化方法,制备N离子最大纠缠态的方案(Steinbach,Gerry,1998),这一方法已被NIST的离子阱小组成功地用于制备离子外部运动的量子态上.1999年,索拉诺(Solano)等人提出了另一种可以制备四个Bell态中任意一个态的方案(Solano et al.,1999),他们采用的相互作用方式同样适用于获得多粒子纠缠态.1999年,迈尔默(Mølmer)和索伦森(Sørensen)采用两束光同时照射N个离子的方法,制备出最大纠缠态(Mølmer,Sørensen,1999).

1.1.3 腔量子电动力学制备纠缠态

随着实验技术的不断进步,特别是冷原子技术和光电测试技术的发展,高品质微腔和原子冷却与俘获的结合,腔量子电动力学的研究学科逐步建立并发展起来.腔的主要思想是将俘获的原子束缚在高品质腔中,把量子信息储存在原子能态上.腔中原子与腔模场耦合,导致原子与光场之间相互作用,因此,可以利用腔系统进行原子和光场的纠缠态制备.关于通过原子与光场相互作用来制备纠缠态的过程包括:连续变量纠缠态制备,如 1997 年郭光灿和郑仕标采用一个两能级原子与光场大失谐相互作用,制备出光场纠缠态(Guo,Zheng,1997);分离变量纠缠态制备,如 2000 年郭光灿提出一种通过腔与原子共振相互作用制备三光场 W 态的方案,只要增加腔的数目,并适当地选择原子和腔场的相互作用时间,就可以得到多光场纠缠的 W 态(Zhang et al.,2000).关于原子纠缠态制备,在 2000 年,郑仕标和郭光灿还提出一种大失谐作用方案,制备出 EPR 纠缠态的方法(Zheng,Guo,2000).采用腔量子电动力学的方案可以制备出原子和光场的各种各样纠缠态,它为人们提供了又一种新的实现纠缠态制备方案.该方案的缺点是:腔和粒子的运动起着类似记忆的作用,因此,腔场的消相干成为腔量子电动力学制备纠缠态的主要困难.

总而言之,纠缠光子对的制备是实现量子定位系统的基础,纠缠光子对的特性影响量子定位系统中的纠缠度,量子的纠缠和压缩特性都可以提高定位精度,哪种特性对定位精度的影响更大? 量子信号特性与定位精度改善之间的关系如何? 最大纠缠态易受噪声的影响,若采用部分纠缠态,这两者之间如何达到一种平衡? 等等这一系列的问题还有待人们进一步深入研究和解决.在量子导航定位系统中,量子纠缠态的制备是作为单独的一个量子纠缠态产生器部件存在的.

1.2　量子卫星系统的发展状况

单光子(纠缠光子对)的分发是实现量子通信的前提,而量子通信也是实现量子导航定位的前提.当光子在光纤信道中传输时,其能量会随着传输距离的增加而衰减,光子的偏振特性也会在传输过程中发生变化;若利用陆地上的自由空间信道,光子的能量会被大气信道吸收而衰减,同时信号链路的维持也会受到大气条件或陆上阻碍物的影响.因此,单光子在现有的硅光纤和陆上自由空间中的传输距离受到限制,无法实现全球范围内的量子通信.目前广泛应用的卫星通信和空间技术为全球性的量子通信提供了一种新的解决方案.它可以克服光纤和陆上自由空间链路的通信距离限制,极大地扩大量子通信的范围,实现真正意义上的全球性量子通信.

按照纠缠光子对发送者的不同,空间量子通信方案可分为地基和天基两种.地基(Earth-Based)方案包括一个地基发射终端,该终端可以向地面站和卫星分发单光子,或者进行纠缠光子共享.这样就能在这些通信终端之间进行量子通信,其中最简单的情况是一个地面终端与另外一个地面终端进行直接的通信,即陆上自由空间量子通信链路,但这种情况的通信距离有限.天基(Space-Based)方案中,光源(纠缠光子对)位于空间发射平台上,此时的光通信链路经过的是星-地下行信道或星间信道.由于星-地下行光链路受大气湍流的影响较小,而星间光链路几乎不受大气影响,因此这种通信方案将能够建立更长距离的链路,这也是更容易接受和实现的全球量子通信方案.

国外空间光通信研究的开端可以追溯到 20 世纪 60 年代激光器的发明.林德格伦(Lindgren)在 1970 年就提到光纤通信存在的损耗问题,并指出美国航空航天局(National Aeronautics and Space Administration,简称 NASA)将在 1973 年和 1974 年发射两颗用于星间和星地光通信实验的同步卫星(Lindgren,1970).到了 20 世纪 80~90 年代,各国纷纷提出了自己的空间光通信计划,开发了地面测试平台,并开展了光学地面站的建设(Sodnik et al.,2007).不过空间光通信也具有一些苛刻条件及其所带来的一些限制:

(1) 由于量子光的发散角小、方向性强,空间光通信依赖于捕获、跟踪、瞄准子系统来实现,保持高精度的光路对准,对实现技术要求高;

(2) 光子在大气中传播时受到大气衰减、大气湍流等效应的干扰,容易受到天气影响;

(3) 点对点的传输特性增强了空间光通信的安全性,但也造成组网应用时难以大面积覆盖;

(4) 远距离通信对弱光跟踪和探测提出挑战.

欧洲由欧洲航天局(ESA)为主导,从 1985 年开始了有关星地和星间激光通信的研究.Space-QUEST 计划是 2004 年由维也纳大学的量子通信研究小组向欧洲航天局提出的,其目的是实现卫星同地面之间的星地量子通信实验.该项目的卫星终端计划能够同时与两个地面站建立通信链路,并完成向两个地面终端的纠缠光源分发.为实现对两个地面站终端进行独立的跟踪、瞄准,星载量子通信终端需要两套捕获、跟踪和瞄准系统,目前该计划仍在积极进行中.此外,德国在 SILEX 计划的基础上,开发了基于相干二进制相移键控(BPSK)调制与检测的第二代激光通信终端(Laser Communication Terminal,简称 LCT).搭载第二代 LCT 的德国 X 频段陆地合成孔径雷达卫星(TerraSAR-X)与美国近场红外实验(NFIRE)卫星在 2008 年实现了星间激光通信,数据速率达 5.6 Gbps,最远通信距离达到 6 000 km(Smutny et al.,2009).日本在 20 世纪 80 年代分别启动了 ETS-Ⅵ(Komatsu et al.,1990)和 OICETS(Wilson et al.,1996)计划.日本通过 ETS-Ⅵ 计划成功实现了 ETS-Ⅵ 卫星终端和地面站之间 1.024 Mbps 数据传输率的星地激光通信;在 OICETS 计划中,从 OICETS 到欧洲航天局 ARTEMIS 的通信速率为 50 Mbps.1996 年日本的高轨卫星 ETS-Ⅵ 携带的光通信终端和美国喷气推进实验室(JPL)的地面站建立双向激光链路,完成世界首次星地激光通信(Wilson et al.,1996),从此拉开了光通信在轨实验的序幕.从那时起,空间光通信进入了快速发展的阶段,并从 20 世纪 90 年代中期到 21 世纪初期进行了多次在轨实验.OICETS 计划与欧洲航天局的

ARTEMIS 卫星终端进行星间光通信实验,通信距离大于 36 000 km,用以验证星间激光通信的跟瞄技术、光通信技术以及器件的空间环境适应性等.1995 年美国弹道导弹防御组织(Ballistic Missile Defense Organization,简称 BMDO)开始了星地光通信计划 STRV-2 的研究,主要目的是在低轨卫星 TSX-5 和地面站之间建立上下行激光通信链路(Korevaar et al.,1995). NASA 在 2008 年开始研制月球大气和月尘环境探测器(LADEE)(Robinson et al.,2011),由于该卫星拥有富余的能力来搭载别的载荷,因此 NASA 决定借此机会开展月地激光通信实验(LLCD).2013 年 9 月 LADEE 发射升空,很快上面搭载的激光通信终端就创造了历史,实现了月地之间约 4×10^5 km 的数据传输,下载速率破纪录达到 622 Mbps,上传速率达到 20 Mbps.LLCD 项目的星载终端被称为 LLST,由光学模块、调制模块和控制模块组成.在 LLST 的 ATP 系统中,只使用一个探测器——四象限探测器.

在国内,成都电子科技大学是我国最早开展并一直坚持进行光通信研究的单位.它从 20 世纪 80 年代便开始进行自由空间光通信的相关研究,并完成了卫星之间光通信演示系统,在国内第一次完成了能够捕获对准跟踪的通信载荷.电子科技大学和北京大学一起完成了室外的光通信链路演示系统.北京大学在原子滤光技术方面取得了突破性进展,成功试制出了 0.78 μm 波长的原子滤波器.2011 年 11 月,哈尔滨工业大学自行研制的光通信终端搭载于 LEO 卫星海洋二号上,和地面站之间建立了光通信链路,上行传输速率 20 Mbps,下行传输速率 504 Mbps,平均捕获时间小于 5 s. 从 2003 年起,中国科学技术大学潘建伟团队率先开展远距离自由空间量子通信实验研究.2004 年底,潘建伟团队实现了 13 km 自由空间的量子纠缠分发和量子密钥分发,在国际上首次证实了光子纠缠态在穿透大气层后,其量子性质仍然能有效保持,验证了星地之间量子通信的可行性(Peng et al.,2005).此后,在"远距离量子通信实验研究"和"空间尺度量子实验关键技术与验证"两个中国科学院知识创新工程重大项目的支持下,潘建伟团队联合中国科学院上海技术物理所、中国科学院微小卫星工程中心等单位,开展了一系列关键技术突破与地面验证实验,先后完成了 16 km 自由空间量子隐形传态(Jin et al.,2010)、100 km 级自由空间量子隐形传态和双向量子纠缠分发(Yin et al.,2012)、星地量子通信的全方位地基验证等重要实验,为实现星地量子通信奠定了坚实的科学与技术基础.在完成上述系列关键技术突破的基础上,2011 年底,由中国科学技术大学牵头提出并策划的中国科学院战略性先导科技专项"量子科学实验卫星"正式立项.

2016 年 8 月 16 日 1 时 40 分,我国"墨子号"卫星在酒泉卫星发射中心搭载长征二号丁运载火箭成功发射升空,这是世界第一颗从事空间尺度量子科学实验的卫星.这使我国在世界上首次实现了卫星和地面之间的量子通信,构建了天地一体化的量子保密通信与科学实验体系."墨子号"量子科学实验卫星奠定了中国在量子通信领域的国际领先地位,为未来覆盖全球的天地一体化广域量子通信网络奠定了基础."墨子号"卫星质量约640 kg,由长征二号丁运载火箭发射,运行于 500 km 的轨道上,轨道倾角为 97.37°,设计在轨运行寿命 2 年.中国科学院遥感与数字地球研究所所属中国遥感卫星地面站密云站在第 23 圈次成功跟踪、接收到"墨子号"首轨数据."墨子号"首轨任务时长约 7 分钟,接收数据量约 202 MB,卫星数据质量良好."墨子号"包括卫星平台和科学有效载荷两部分,采用卫星平台和有效载荷一体化设计,借鉴了成熟的小卫星平台,由结构与机构分系统、热控分系统、电源分系统、测控分系统、姿控分系统、星务分系统、数传通信分系统等组成.科学有效载荷有四个,还配置了两套独立的有效载荷指向机构,通过姿控指向系统协同控制,可与地面上相距千米量级的两处光学站同时建立量子光链路,光轴指向精度优于 3.5 μrad.该卫星的内部最为核心的结构分为两层,下面一层是卫星平台的一个控制系统,上面一层所搭载的是量子通信卫星的四种有效载荷,分别为量子密钥通信机、量子纠缠发射机、量子纠缠源、量子试验控制与处理机.该卫星的工作过程为:从卫星上下发一连串单个光量子,地面光学实验站接到信号之后进行解码,如果成功,就相当于完成了通信.如果在卫星的帮助下,地面上的两个实验站能够进行安全通信,就可以组织通信网络了."墨子号"量子科学实验卫星成功地运行并完成了四项既定的实验任务,实现了两大科学目标:① 进行了经由卫星中继的"星地高速量子密钥分发实验",并在此基础上进行了"广域量子通信网络实验",在空间量子通信实用化方面取得了重大突破;② 进行了"星地双向纠缠分发实验"与"空间尺度量子隐形传态实验",进行了空间尺度量子力学完备性检验的实验研究.

"墨子号"量子科学实验卫星的成功研制和发射,使得我国进一步扩大了在量子通信领域国际领先的优势.在实现一系列空间尺度量子科学实验目标的同时,在量子通信技术实用化上致力于实现国家信息安全和信息技术水平跨越式提升.我国在 2016 年发射首颗量子通信卫星后,还将发射更多卫星.到 2020 年,我国还要实现亚洲与欧洲的洲际量子密钥分发,届时连接亚洲与欧洲的洲际量子通信网也将建成.到 2030 年左右,我国将建成全球化的广域量子通信网络.

1.3 捕获、跟踪和瞄准技术

量子卫星导航系统同样需要用到空间光通信以及捕获、跟踪和瞄准(Acquisition Tracking and Pointing,简称 ATP)技术.空间尺度的量子通信是星地及星间等远距离通信概念的总称.在空间光通信中,通常通信双方相隔较远,由于出射光束的发散角小、接收视场窄,双方通信时必须能够相互之间进行精确的瞄准和跟踪,以确保能建立良好的通信链路并保持该链路.ATP系统的任务是实现对卫星通信终端发射的信标光进行捕获和高精度跟踪;完成星上量子信号光的高效率和高保偏度的接收.考虑到空间损耗对误码率的影响,空间尺度量子通信中的量子光发散角通常接近光学衍射极限,因此要求光束对准精度在微弧度量级.在固定发散角的情况下,ATP系统的跟踪瞄准度将会直接影响链路的效率,故ATP系统的跟踪精度决定了通信链路的保持和整个通信过程的实现.ATP技术基础来自于为星地激光通信发展起来的光学定位、探测和跟踪等技术.

国外星地或星间激光通信技术的研究已经开展了将近30年,并且成功完成了多次星地或星间激光通信实验,相应的很多ATP系统的关键技术已经得到了解决.空间ATP技术的难点在于两方面:一是高对准精度的要求;二是高稳定性的要求.常见的星载ATP系统有二维转台结构、二维摆镜结构,以及潜望镜结构等,其中,二维转台结构兼具运动范围大和跟踪精度高的优点.在星地光通信中,链路可通率和通信误码率分别对ATP系统的捕获稳定性和跟踪精度提出要求,同时系统还面临着大气信道损耗、卫星平台干扰、空间热环境等因素的影响,它们对系统的捕获跟踪性能带来约束.

欧洲航天局公开进行过的研究项目有SILEX计划(Nielsen,1995).SILEX终端的ATP系统由粗跟踪系统、精跟踪系统和超前瞄准系统构成.粗跟踪系统的执行机构是步进电机驱动,L形经纬仪结构,其结构是步进电机驱动的两轴万向节,它根据星历表计算的数据进行光路的开环指向.在星间通信中它的指向精度为8 mrad左右,星地通信中指向精度则为3.5 mrad.精跟踪系统由两个移动线圈驱动的一维快速指向镜组成.超前瞄准系统则由两个压电陶瓷驱动的一维指向镜构成.当对应于250 mm的发射天线,衍射极限角为7.808 μrad,跟瞄精度为1.5 μrad的ATP系统,最佳发散角应为4.25 μrad.由于衍射极限的限制,SILEX系统将光束准直到8 μrad.SILEX终端的望远镜口径分别为250 mm(GEO)和180 mm(LEO),粗/精跟踪探测器均为电荷耦合器件(Charge Coupled Device,简称CCD).粗跟踪方位和俯仰范围分别为±180°和±90°,粗跟踪系统误差和随机误差都为0.02°,粗跟踪范围为±160 μrad,跟踪精度为±1 μrad,卫星平台为ARTEMIS-SPOT4,传输功率为120 mW,用IM/DD调制,波长为801~847 nm,比特率为50 Mbps,误码率为1×10^{-6},发射天线直径为250 mm,信号光束发散为8 μrad,距离为45 000 km,指向误差角(3σ)小于1.5 μrad.

日本在20世纪80年代分别启动了技术测试卫星(ETS-Ⅵ)计划和激光通信(OICETS)计划.ETS-Ⅵ计划搭载的有效载荷通信设备(Laser Communication Equipment,简称LCE)的质量为22.4 kg,采用了75 mm的收发共用天线,其ATP系统的跟瞄精度优于2 μrad,粗跟踪精度为±120 μrad,偏转范围为±453 μrad.ETS-Ⅵ卫星上的 ATP 系统同样由粗跟踪、精跟踪和超前瞄准系统组成,因为原本设计是 GEO 卫星,粗跟踪两轴万向节采用移动线圈驱动的双轴反射镜形式,它的角度范围较小,只有 ±1.5°;精跟踪和超前瞄准机构均采用音圈电机驱动的快速反射镜.粗跟踪探测器使用面阵 CCD 探测器,跟踪探测器使用四象限探测器(Four Quadrant Detector,简称 4QD). OICETS 计划的卫星是低轨道卫星,搭载了被称为 LUCE 的激光通信终端(Laser Utilizing Communication Equipment,简称 LUCE). LUCE 采用转台结构,天线口径 26 cm,质量 140 kg,功耗约为 220 W,粗跟踪精度为 ±175 μrad,偏转范围为 ±500 μrad,精跟踪精度为 ±1 μrad,精跟踪执行机构为压电陶瓷驱动的快速反射镜,其 ATP 系统采用了复合轴控制结构,由粗跟踪环和精跟踪环相嵌套,超前瞄准系统独立.粗指向万向节由直接驱动电机驱动,并有两个光学编码器进行测角.粗跟踪探测器是 672×488 的面阵 CCD 探测器,以两种模式工作:一是捕获模式,此时采用较宽的探测窗口和较大的视场,增加捕获概率;二是粗跟踪模式,此时采用较少的探测窗口和较小的视场,但帧频较高,角度分辨率也高,保证跟踪性能.精跟踪机构由两个一维压电陶瓷驱动的快速指向镜构成.精跟踪探测器及超前瞄准探测器都采用四象限探测器件.

美国航空航天局开展的月地激光通信实验(LLCD)项目的星载终端被称为 LLST,它由光学模块、调制模块和控制模块组成. LLST 的收发天线采用口径 100 mm 的反射式望远镜,下行信标光发散角设计为 15 μrad. 望远镜通过一个磁流体惯性参考单元(MIRU,源自 MLCD 项目的技术)被安装在一个两轴万向节上. MIRU 中的角度测量装置为系统提供角度误差,并通过一组音圈电机抑制干扰.接收和发送光纤通过光纤耦合器在光路的末端融合在一起,并通过压电陶瓷控制光纤实现精跟踪以及超前瞄准.在 LLST 的 ATP 系统中,只使用一个探测器,使用的是四象限探测器. LLCD 项目的地面终端 LLGT 的接收和发送天线各采用了由四个望远镜组成的收发阵列.接收望远镜的口径每个为 400 mm,发送口径则每个为 150 mm.

2002 年,中国科学院光电技术研究所岳冰等人针对在空间光通信中影响 ATP 系统跟瞄精度的主要因素,提出了采用提高精跟踪控制系统闭环带宽来保证系统跟瞄精度的方法.实验系统包括激光光源、四象限光电探测器、压电陶瓷驱动的快速倾斜镜和计算机等,实验结果表明,系统闭环带宽达到 600 Hz 以上,有效地抑制了平台扰动误差,使跟瞄精度达到 5 μrad(岳冰 等,2002). 2006 年,哈尔滨工业大学邵兵等人对偏转镜进行了机构设计和有限元模态分析,偏转镜采用压电陶瓷驱动器驱动,采用柔性铰链传动,研制了集驱动、检测、主控模块为一体的数字式精密定位控制器.实验结果表明,偏转镜的频率约为 1.5 kHz,转角范围约为 ±2 mrad,精度约为 1 μrad,分辨率约为 0.1 μrad(邵兵 等,2006). 2008 年,长春理工大学赵馨等人提出了对飞机-地面间激光通信系统天线视轴进行初始对准的方法,测定通信双方的位置、姿态等参数,通过坐标转换矩阵,解算出通信双方互指的方位角和俯仰角,给出了距离为12.5 km两个通信点上的模拟初始对准实验数据,实现了视轴初始对准,确定了捕获不确定区域大小为35 mrad(赵馨 等,2008).2011年,中国科学院上海技术物理研究所张亮等人提出以高帧频金属氧化物半导体(Complementary Metal Oxide Semiconductor,简称CMOS)作为精跟踪探测器,其经一体化设计帧频达到2.5 kHz,并以压电陶瓷快速反射镜作为精跟踪执行机构.他们对实验系统进行了实验室及外场32 km车载平台测试,在实验室静态条件下系统跟踪精度优于±1 μrad,外场动态情况下跟踪精度优于±8 μrad,采用频谱分析方法验证了精跟踪系统干扰抑制带宽大于100 Hz(张亮 等,2011).2014年,长春理工大学刘鹏等人关于空地激光通信系统中捕获子系统的仿真结果表明,当通信终端的捕获不确定区域为50 mrad,扫描重叠因子为0.12,捕获探测器的信噪比大于6时,空地激光通信系统总的捕获概率优于95%,最大捕获时间约为36 s,平均捕获时间约为12 s(刘鹏 等,2014).

我国在2016年成功发射全球第一颗量子卫星的同时,地面上也建设了包括南山、德令哈、兴隆、丽江四个量子通信地面站,以及阿里量子隐形传态实验站在内的地面科学应用系统,与量子卫星共同构成天地一体化量子科学实验系统.其中,乌鲁木齐南山站和青海德令哈站依托现有天文台,新建了量子通信地面站和两台1.2 m口径的光学望远镜;北京兴隆和云南丽江天文台依托现有的光学望远镜进行改造,建成了量子通信地面站.光学望远镜主要用于对星上量子光、信标光和同步光的接收,其包含的粗精跟踪单元能够实现对卫星的精确指向和跟踪,同时旁轴发射信标光,用于卫星载荷对地面站的跟踪.此外,奥地利科学院和维也纳大学的科学家也与中国方面合作,在维也纳和格拉茨设置了地面站.

量子科学实验是通过我国自主研发的星地量子通信设备完成的,它能够产生经过编码的,甚至是纠缠的光量子,并发射到地面上,与之对接的地面系统则负责接收量子光,这种被称为"针尖对麦芒"的量子光的发射和接收需要超高精度的瞄准、捕获和跟踪.量子卫星对精准控制的要求很高,它在飞行中携带的两个激光器要分别瞄准两个相距上千公里的地面站,向左向右同时传输量子密钥,且卫星上的光轴和地面望远镜的光轴要始终精确对准,类似卫星上的"针尖"对地面上的"麦芒".科研团队进行了各种实验,考验超远距离"移动瞄靶"能力,最终突破了星地光路对准等关键技术,通过平台和载荷两级控制的方式,对准精度可以达到普通卫星的10倍.

1.4 量子定位技术及量子时钟同步技术

美国陆军研究实验室巴德博士于 2004 年提出干涉式量子定位系统(Bahder,2004)，并于 2008 年成功申请到了专利.该量子定位系统可以选择不同的构建方案，其中一种方案是由六颗卫星两两构成三条基线对，这三条基线对的空间位置坐标是已知的，定位原理同样是基于到达时间差(Time Difference Of Arrival,简称 TDOA)原理，带有频率纠缠特性的双光子位于基线的某一位置，分别向基线的两个参考卫星发射双光子，测量出两个参考点的 TDOA，由三个 TDOA 可以算出用户的三维位置坐标，若再加上两个卫星构成的基线对，则可确定用户的三个空间坐标，但用户必须具有三面角反射器、稳定的时钟，以及与参考位置进行双向通信的经典信道.另外一种方案是将 50∶50 的分束器、单光子探测器、符合计数器和光延迟单元放置在用户端，用户控制光延迟单元，从经典信道接收到各基线端点的坐标值，同样是通过三个 TDOA 列出的方程组得到用户的位置.

基于六颗卫星的量子定位技术是最早被提出的方案，但是由于卫星的投资巨大以及卫星资源宝贵、有限，所以对于不同的定位导航任务，人们提出了依赖更少的卫星的量子定位技术.面对星座卫星自主导航任务，不同于星地之间的定位导航，可将六颗卫星减少为三颗卫星.2017 年丛爽等人提出一种基于星基量子卫星的测距与定位系统，并于 2019 年获得国家发明专利(丛爽,陈鼎 等,2019).他们基于量子定位导航系统原理，设计并分析了基于三颗卫星的星基量子定位导航系统的测距与定位过程，包括星地光链路的建立、量子纠缠光的发射与接收、到达时间差的获取、量子定位导航系统的测距，以及用户坐标的计算与导航，并对量子定位导航系统中的每个过程的实现进行了详细的阐述.

对于量子定位技术来说，为实现对目标的定位，通常采用向目标发送量子信号、计算脉冲信号达到的时间延迟来确定需定位目标的位置.纠缠光子源发送纠缠双光子信号经极化分束器(PBS)，将两个光子信号分别传至基线的两个参考卫星处，经反射器反射至用户，用户携带有角反射器，将光子信号按原路返回至发送端，经 50∶50 的分束器(BS)分束后传递给两个探测器，最后信号进行符合计数，两路光信号路径相同，除了一条路径包含一个光线延迟单元，用于调整光信号的传输时间等于 $(n-1)d/c$，其中，d 是可调延迟器与光路垂直方向的几何厚度，n 是光延迟器的有效折射指数，c 是光速，光延迟器产生的额外路径长度即为 $(n-1)d$，使得两路光子同时达到符合计数单元，Hong-Ou-Mandel (HOM)干涉仪达到平衡，调整光延迟器的延迟值(一般通过调整 n 来实现)，直至在

HOM 干涉仪上观测到双光子计数率达到最小值时,HOM 干涉仪处于平衡状态.干涉仪平衡的条件是纠缠光子对分别沿左右两条路径传输的延迟相等.双光子计数率的最小值具有唯一性,即只对应一个光延迟器的延迟值.可调延迟器的 d 和 n 值决定了它的延迟,这就是基线两端点到用户位置的到达时间差.

对量子定位技术而言,用户的三维位置坐标需要三个 TDOA 得到的方程组.为达到干涉仪平衡,每个方程都有可调光延迟器的光延迟时间所产生的距离,这个光延迟距离在方程中可用 $(n-1)d$ 替换,其中测量光学延迟单元可得到 d,故理论上用量子定位技术确定用户三维位置是不需要测量时间的,即不需要量子时钟同步(Quantum Clock Synchronization,简称 QCS).当纠缠光子源在用户端时,则不需要同步时间;当纠缠光子源在卫星端,用户需要定位时间时,可通过附加的第四个干涉仪来同步用户的时钟与参考位置(卫星)的时钟.量子时钟同步的提出源于成对量子,如光子或原子的量子纠缠现象.与用户通过同时观测卫星,同时解算出自己的位置和钟差的方式不同,在量子定位系统中,定位和时钟同步是两个相对独立的过程,采用了不同的实现方式.这个不同是由时间和空间进入,将光子提升为量子的量子化电磁场的原理不同而导致的.通过二阶量子相干,精确测量用户时钟与位于坐标系原点附近的系统时钟的钟差,将用户时钟同步到系统时钟,星基 QPS 的同步过程并不需要已知用户时钟与系统时钟的距离.另外值得一提的是,QPS 定位和时钟同步对用户时钟和星载时钟只有短期稳定性要求,而没有长期稳定性要求,这是因为 HOM 干涉仪的双光子一致性计数测量只需要时钟在短测量周期内保持稳定.但位于坐标系原点附近的系统时钟应具有较好的长期稳定性,以长期维持精确的系统时间.

卫星导航系统利用测量卫星发出信号与地面接收机接收到该信号的时间延迟量为基本观测量,并依此计算得到卫星与地面接收机的距离来实现定位.因此星地时钟同步的精度对卫星导航的定位精度和可靠性有重要影响.为保证卫星时钟与 GPS 时间保持同步,传统方法采用钟差预报、时间对比和载波相位观测等.传统高精度原子钟及钟差预报提供时间精度为 6～10 ns(王爱生,王飞,2012),单向同步法精度可达 5～10 ns(张伦,2008),双向同步法精度可达 1～2 ns,激光同步法精度可达 1 ns 以内.采用双频载波相位对比方法,同步精度可达 160 ps(屈八一,2010).利用载波相位平滑伪距方法可以提高测量精度并同时减弱载波整周模糊度,授时精度可达 1～3 ns(蔡成林 等,2009).

在新兴的量子定位系统中,2000 年乔兹萨(Jozsa)等人的 QCS 方案是基于纠缠的量子对提出的(Jozsa et al.,2000),几乎同时,普雷斯基尔(Preskill)提出时钟同步的量子协议,并分析通过蒸馏纠缠和纠错提高其鲁棒性(Preskill,2000).IBM 阿尔马登(Almaden)研究中心的庄(Chuang)提出了分布式 QCS 算法(Chuang,2000),这个算法相对比较复杂.2004 年清华大学张(Zhang)等人将该算法在一个 3 比特核磁共振量子系统实验中进行了实现(Zhang et al.,2004),2006 年吴(Wu)等人给出了采用线性光学手段实现该算法的方案(Wu et al.,2006).2004年瓦伦西亚(Valencia)等人用实验证实了基于纠缠光子对远距离时钟同步的原理,利用光纤作为量子传输信道进行量子远程时钟同步实验,提出了一种不使用 HOM 干涉仪,直接对两路纠缠光子进行二阶关联测量的远程时钟同步方法,利用差分的方法来计算时钟差,在 3 公里的距离范围实验精度可达到皮秒分辨率的结果,但该方案无法抵御色散效应的影响(Valencia et al.,2004).2004年,巴德利用 HOM 干涉仪调整光程后测量接收纠缠光子对的时刻以实现同步(Bahder,2004),此方法需要调整和测量延时晶体厚度方可得到测量结果.2011年,埃克斯曼(Exman)提出了基于 N 粒子 W 态最优化的多 QCS 方案,但 N 粒子 W 态的制备很困难,因此该方案目前很难实现.同年,国内谢端提出利用 MZ 干涉仪结构的量子时钟同步理论方案,使用 MZ 干涉仪通过两方互相发送光子,并测量相位差来得到时钟差值,敏感度为波长量级,不需要传递实体钟和测量脉冲到达时间,因此不受重力势的影响,能抗色散影响,可满足更高的精度要求(谢端 等,2011),不过,该方案中需要两条完全相同的光路,这对于远程量子通信来说难以实现.2014年,杨春燕研究组提出了一种基于量子二阶相关函数的星地时钟同步测量方法(苑博睿 等,2014).理论上分析纠缠光子对的二阶相关函数可提供时间精度小于 140 fs,可以应用在卫星时钟与地面时钟同步过程中,增强卫星导航系统时间同步精度,对卫星导航的定位解算有积极作用.

量子定位和时钟同步方法之所以可以获得比经典的无线电定位和光学测量方法更高的精度,在于纠缠光量子对的二阶量子相干特性.当纠缠态的光量子对分别沿两条不同路径到达干涉仪时,通过二阶量子相干,可以获得飞秒级的到达时间差的测量精度,对应于微米级的两路径长度差的测量精度(Duan et al.,2020).

1.5 量子导航定位技术的发展前景

目前,量子导航定位系统的研究仍处于起步阶段.虽然量子定位系统不可能很快取代传统的定位系统,但是随着各种相关学科技术水平的不断进步,定位技术领域的一场革命将因此而展开.可以大胆设想:如果在传统定位系统实现中引入部分量子技术,就可能使传统定位系统的性能获得革命性的提高.

量子导航定位技术作为一种不同于传统 GPS 的新型精确定位技术,是量子光学和通信导航技术相融合的典范.这项技术的深入研究,能为下一代高精度导航系统提供量子水平的定位精度,特别是在以下两个方面:

（1）量子定位系统技术理论和工程实现将促进电子信息系统进入量子时代.随着信息化社会的发展,未来将逐步进入量子时代.在量子领域的实用化进程中,高性能、大规模的量子设备,比如星地量子保密通信、量子计算处理芯片、高性能纠缠源等,已逐步面世.这也为量子定位技术逐步实用化提供了良好的基础.

（2）量子定位系统与量子密码技术的结合是未来实用化的最佳途径.量子密码是目前最具有实用性的量子技术.将量子定位系统与量子密码技术相结合,扩展研发系统的功能,改善系统的安全性与抗干扰性.这对于军用安全电子以及电子对抗装备意味着创新的实现.同时,作为一种全新的交叉领域的产物,针对量子定位系统技术的深入研究和实际系统研制,将大力促进我国量子领域、激光通信等相关学科的快速发展.

基于量子效应的量子定位系统技术,利用光子的微观量子特性,能够突破经典测量的瓶颈以达到更高的精度,是一项潜力巨大的新兴技术.量子信息技术的飞速发展,促使量子器件和量子信号的制备、操控、存储等相关技术的发展,这些技术的解决,必将对量子定位导航的研究提供有力的技术支持.针对目前制约该领域发展的因素,除了对关键技术要继续深入研究外,未来的发展还需解决以下几个方面的问题:

（1）完整系统框架的搭建.目前对于量子定位导航技术的实验还处于桌面阶段,尚没有建立一套完整的系统框架.理论框架的建立将包括:纠缠态的制备方案,卫星基线对架构设置的情况,角反射器、HOM干涉仪、符合计数器等设备的选择,抗噪声措施(光子的损失),多用户使用的协议等.

（2）空间量子信号纠缠态的保持.要进行远距离的量子信号传输,如何在长距离下保持纠缠双光子的相干性,维持量子纠缠系统的稳定是有一定难度的.

（3）量子导航技术与现有导航技术的融合.量子导航技术的发展需要一定的时间,而且现有的导航技术已经发展得非常成熟,在未来的很长一段时间里,将是量子导航技术与现有导航技术共存的局面.

1.6 本书内容及章节安排

1.6.1 本书内容

本书是关于量子导航定位系统的研究专著,在对国内外有关导航定位系统概论的基础上,重点进行了五部分内容的研究:① 量子卫星导航定位系统的设计;② 捕获瞄准与跟踪系统技术以及捕获瞄准与跟踪系统中的精跟踪控制;③ 纠缠光特性制备及其到达时间差的获取研究;④ 量子信道大气扰动延时补偿方法;⑤ 量子定位系统仿真平台设计.

在概论部分,对量子导航定位系统的各个部分的国内外研究现状进行了较为详细的综述,其中包括量子纠缠态的制备,信号捕获、跟踪和瞄准系统,量子定位技术等,最后对量子导航定位系统进行了展望.

1. 量子卫星导航定位系统的设计

在量子卫星导航定位系统的设计中进行了三项研究.第一,在阐述量子导航定位系统定位原理及其实现过程的基础上,分别针对基于六颗和三颗量子卫星组成的量子导航定位系统的框架结构、组成部件的作用以及工作的全过程进行了详细研究,包括量子纠缠光源子系统,捕获、跟踪和瞄准(ATP)子系统中的信标光模块、粗跟踪模块、精跟踪模块和超前瞄准模块,光子干涉测量子系统和信号处理子系统,同时分析所涉及的两种量子导航定位系统的不同之处,为量子导航定位系统提供两种总体框架设计.第二,基于量子定位导航系统原理,设计并分析了基于三颗卫星的星基量子定位导航系统的测距与定位过程,包括星地光链路的建立、量子纠缠光的发射与接收、到达时间差的获取、量子定位导航系统的测距,以及用户坐标的计算与导航,并对量子定位导航系统中的每个过程的实现进行了详细的阐述.第三,基于量子导航定位系统的工作原理和过程,设计了其中光学信号传输系统的结构,分析了系统中的部件特性以及选型.在给定的相关参数及期望性能指标下,结合各关键部件的特性,对光学信号传输系统进行了具体实现方案的设计,包括捕获跟踪瞄准系统中的光学天线、二维转台、粗跟踪探测器、快速反射镜、精跟踪探测器以及 HOM 干涉仪中的单光子探测器,为光学信号传输系统仿真实验平台的建立和硬件系统的实现,以及定位精度的进一步提高打下了基础.

2. 捕获瞄准与跟踪系统技术以及捕获瞄准与跟踪系统中的精跟踪控制

在捕获瞄准与跟踪系统技术研究中,首先详细阐述了用于量子导航定位系统的空间量子卫星通信的捕获阶段和粗跟踪的相关技术,重点分析了捕获阶段中的初始指向技术、扫描技术、捕获阶段的精度和性能,以及粗跟踪阶段的精度和性能指标等关键技术.之后,基于粗跟踪系统的工作原理和工作过程,在已经完成捕获的基础上,对作用于粗跟踪阶段的粗跟踪控制系统进行建模,并采用 Simulink 进行系统仿真实验,其中,采用的三环 PID 控制器在 0.796 s 达到预定性能指标.我们还专门推导出经过地面站正上方的卫星运行轨道,及从地面所获取的卫星运行轨迹的空间信号函数,对整个捕获和粗跟踪过程的控制系统进行离散型模型的建立;采用分行式螺旋扫描捕获策略进行信号捕获,对电流-速度-位置三闭环粗跟踪控制系统进行了控制器设计,并在 Simulink 环境下,对卫星经过地面站可见区域的四个不同阶段,分别进行信号捕获和粗跟踪两轴信号的系统仿真实验.对不同情况下的捕获与粗跟踪控制性能进行了对比分析.

在捕获瞄准与跟踪系统的精跟踪控制研究中,在描述量子定位系统(QPS)及其捕获、跟踪和瞄准(ATP)系统工作过程的基础上,对 ATP 中的精跟踪系统的组成结构进行了详细的设计,并对其中各部件参数与系统性能之间的关系进行了分析;对精跟踪系统中的快速反射镜的镜面直径、转角范围、角分辨率、谐振频率,精跟踪探测器的像元尺寸、帧频、像元阵列、灵敏度等参数的合理选择进行了详细分析;建立精跟踪控制系统各部分的传递函数和完整方框图;对超前瞄准系统结构以及超前瞄准角与超前瞄准探测器中超前瞄准点的坐标转换关系进行了分析.针对卫星平台抖动以及工作环境噪声对量子定位系统跟踪精度的影响,我们建立了带有卫星平台振动信号模型以及有色噪声信号的精跟踪系统模型;设计了自适应强跟踪卡尔曼滤波算法,对状态扰动和输出噪声进行在线估计;并设计自适应强跟踪卡尔曼滤波器对精跟踪系统进行闭环跟踪控制.在系统仿真实验中,对自适应强跟踪卡尔曼滤波器进行了数值设计;对带有滤波器和 PID 控制器的精跟踪系统的控制性能与仅采用 PID 控制方法、自抗扰控制方法进行了性能对比实验.结果表明:采用带有所提出的自适应强跟踪滤波器的 PID 控制的跟踪精度相较 PID 及自抗扰控制精度均有明显提高,可以满足量子定位的精跟踪系统对跟踪精度的 $\pm 2\ \mu\mathrm{rad}$ 的要求.

3. 纠缠光特性制备及其到达时间差的获取研究

纠缠光特性制备及其到达时间差的获取研究中,我们通过 II 型自发参量下转换制备纠缠光子对,在 Mathematica 环境下,通过纠缠光子对的联合光谱和单光子光谱来分析纠缠光子对的频率纠缠、频率关联、量子干涉特性以及参数对特性的影响.研究结果表明,连续光抽运可得到最大的频率纠缠度和干涉可见度;当脉冲光频宽一定时,随着非线性晶体厚度的增大,双光子的联合光谱变窄,频率纠缠度增大,不可区分性减小,干涉可见度减小;当非线性晶体厚度一定时,随着脉冲光频宽的减小,双光子的联合光谱变窄,频率纠缠度增大,不可区分性增大,干涉可见度增大;选取不同的联合光谱函数的参数,可以得到具有频率反关联、不关联和正关联特性的双光子.分别采用两种脉冲序列,对由两个自旋 1/2 粒子组成的四能级量子系统进行最大纠缠态的制备,基于部分受激拉曼绝热通道技术,设计了半反直觉脉冲序列;同时设计了基于面积控制的 π 脉冲控制序列.通过系统仿真实验,在参数选取对纠缠态制备性能影响分析的基础上,详细地给出了纠缠态制备中各个参数的优化过程,包括不同参数对纠缠态制备过程中系统概率影响的分析、纠缠态制备最佳参数的选取,以及制备系统最大纠缠态或贝尔(Bell)基态控制参数值的确定.

量子定位系统是在卫星-地面用户之间发射和接收量子纠缠光,并对其进行信号获取,利用量子纠缠光的二阶关联特性,对一定时间内采集到的两路纠缠光子信号,采用符合算法进行符合计数,通过曲线拟合的方式获取到达时间差(TDOA)来确定地面目标的位置坐标.我们采用软件设计方式来实现量子纠缠光信号的采集,以及对采集到的两路纠缠光子信号采用符合算法进行计算.同时,通过对符合算法中不同的符合门宽、采集时间和延时增加步长三个重要参数的性能实验,来优化和确定各个参数的选值.通过对量子纠缠光符合计数与到达时间差的研究,完成地面数据获取与信息处理模块的设计与实现.

4. 量子信道大气扰动延时补偿方法

在量子信道大气扰动延时补偿方法研究中,我们对量子卫星定位系统中的纠缠光穿过大气电离层和对流层过程中所产生的路径延迟误差进行研究,根据电离层路径延迟与纠缠光频率以及纠缠光传播路径单位面积上电离层自由电子总含量之间的关系,提出三种电离层路径延迟修正方案,并对每一种方案的优缺点进行分析,根据对流层路径延迟与气象参数之间的关系,以及气象参数与纬度、高度和年积日的关系,提出五种对流层路径延迟修正方案,并分析各修正方案的优缺点.所做研究有助于进一步提高量子卫星定位系统的精度.

在分析量子测距定位原理与过程的基础上,我们还考虑纠缠光穿过大气电离层和对流层的过程中所产生的距离误差对系统测距精度造成的影响,根据纠缠光在电离层中的传播距离误差和电离层自由电子密度与纠缠光频率之间的关系,以及纠缠光在对流层中的传播距离误差与对流层气压、温度等因素之间的关系,提出三种抗大气干扰的量子测距定位方案;通过理论分析,推导出三种量子测距定位方案在削弱大气干扰带来的测距误差的表达式,并给出数值计算实例,说明基于三颗卫星加一个地面站的双频修正方案对大气层带来的测距误差最小.

5. 量子定位系统仿真平台设计

在量子定位系统仿真平台设计中,我们进行了以下四项研究:

(1)考虑在轨运动过程中地面载荷安装角度不同的情况下,推导出地面接收端接收到的方位角和俯仰角随时间变化曲线的转换的计算过程.为了直观地显示量子定位中捕获、跟踪和瞄准(ATP)系统建立光链路的过程,利用专业的星地链路分析软件 STK (Satellite Tool Kit)进行三维动画仿真,并将动画和 ATP 系统的输入信号、捕获过程、粗跟踪过程结果集成在 MATLAB 的图形用户界面接口(GUI)中,为后续精跟踪系统量子定位系统中的控制器设计和仿真研究提供了条件.

(2)在阐述 ATP 系统工作原理的基础上,利用 MATLAB 中的 GUI 设计了一个 ATP 系统动态仿真平台,该平台包括 ATP 系统输入信号获取,ATP 系统捕获、粗跟踪和精跟踪过程的动态显示,人们可以通过界面模块选择不同的初始条件进行多组实验仿真.仿真实例表明本书设计的 ATP 系统动态仿真平台可以实现良好的人机交互效果,有助于人们对 ATP 系统的工作过程进行直观的理解.

（3）基于纠缠双光子对的产生接收和符合计数拟合的整体工作过程,利用 MATLAB 中的 GUI 设计,实现了一个完整的到达时间差获取的仿真平台.该平台包括纠缠双光子对的特性显示、量子光的产生与接收过程显示、曲线拟合后二阶关联函数曲线图,以及测量到达时间差数值的显示.可以通过界面模块选择符合计数过程中三个不同参数的值,进行多组参数组合下的实验仿真,实现从皮秒到微秒范围内到达时间差的数值拟合仿真实验.所设计的仿真平台可以实现良好的人机交互的效果,有助于人们对量子导航定位系统中最关键的到达时间差获取过程的直观理解.

（4）利用 Simulink 系统仿真软件,搭建了所提出的基于三环 PID 的粗跟踪系统与基于模型参考自适应控制和自适应强跟踪卡尔曼滤波器的精跟踪系统串联的 ATP 系统仿真系统,分析了框图中重要模块的结构和功能.在仿真模型的基础上进行了系统仿真实验,并对量子卫星在不同位置情况下的捕获与跟踪结果进行了性能对比分析.结果表明,所设计的 ATP 系统能够在 5 s 内实现捕获与跟踪过程,跟踪误差小于 2 μrad.

1.6.2　本书章节安排

本书的章节安排如下:

第 1 章为概论.主要介绍量子纠缠态制备的国内外现状,包括自发参量下转换制备光子纠缠态、离子阱制备纠缠态和腔量子电动力学制备纠缠态;量子卫星系统的发展状况;捕获、跟踪和瞄准技术;量子定位技术及量子时钟同步技术;量子导航定位技术的发展前景.

第 2 章为量子卫星导航定位系统的设计.主要分 3 方面内容:量子导航定位系统框架结构的设计,星基量子定位导航系统的测距、定位与导航,以及量子导航定位系统中光学信号传输系统设计.在量子导航定位系统框架结构的设计中,涉及量子导航定位系统的定位过程与组成结构、自发参量下转换产生量子纠缠光子对的工作原理、ATP 子系统的内部框架结构与工作过程、光子干涉测量子系统的组成结构与工作过程,以及信号处理子系统的数据解算原理.在星基量子定位导航系统的测距、定位与导航中,主要阐述了星地光链路的建立、纠缠光到达时间差的获取,以及基于到达时间差的量子测距、定位与导航.在量子导航定位系统中光学信号传输系统设计中,主要研究了光学信号传输系统的结构和性能指标、光学信号传输系统设计,以及 HOM 干涉仪的相关内容.

第 3 章为捕获瞄准与跟踪系统技术.包括 3 方面内容:量子导航定位系统中的捕获和粗跟踪技术、量子定位中粗跟踪控制系统设计与仿真实验,以及量子定位系统中捕获与粗跟踪控制研究.在量子导航定位系统中的捕获和粗跟踪技术中,涉及 ATP 系统的组成和工作过程、捕获阶段的初始指向和扫描技术、捕获阶段的精度和性能、粗跟踪阶段的精度和性能.在量子定位中粗跟踪控制系统设计与仿真实验中,进行了粗跟踪系统控制环路与传递函数建立,其中包括:电流环模型与传递函数建立、速度环模型与传递函数建立、位置环模型与传递函数建立,以及粗跟踪系统控制环路的输入信号及控制任务.粗跟踪系统三环控制回路的设计中包含的具体设计内容有速度环参数 K_{vp} 和 K_{vi} 的设计以及位置环参数 K_{pp},K_{pi} 和 K_{pd} 的设计.在量子定位系统中捕获与粗跟踪控制研究中,首先是卫星运行轨道与发射信号的获取,然后是基于两轴的粗跟踪控制系统设计,其中包括捕获策略及控制器设计、粗跟踪控制器设计及参数整定,以及量子定位系统中捕获与粗跟踪,最后是基于两轴的捕获与粗跟踪系统仿真实验及其结果分析.

第 4 章为捕获瞄准与跟踪系统中精跟踪控制.内容包括:量子定位系统中的精跟踪系统与超前瞄准系统、量子定位中精跟踪系统的 PID 控制、量子定位中精跟踪系统状态滤波与控制器设计.在量子定位系统中的精跟踪系统与超前瞄准系统中,涉及量子定位系统及 ATP 系统的工作过程、精跟踪系统中的部件参数与系统性能之间的关系以及选型分析、精跟踪系统控制框图与传递函数的建立、超前瞄准系统结构与超前瞄准角度控制;在量子定位中精跟踪系统的 PID 控制中,涉及精跟踪系统模型建立、精跟踪系统 PID 控制器的设计、精跟踪系统仿真实验及其结果分析;在量子定位中精跟踪系统状态滤波与控制器设计中,涉及精跟踪系统结构及其工作原理、精跟踪系统中扰动与噪声模型的建立以及特性分析、精跟踪系统中 ASTKF 设计、带有 ASTKF 的精跟踪系统 PID 控制器的设计、精跟踪系统仿真实验及其性能对比分析.

第 5 章为纠缠光特性制备及其到达时间差的获取.由 3 部分组成:自发参量下转换制备纠缠光子对的特性、双量子系统最大纠缠态制备的两种控制方法,以及基于量子纠缠光的符合计数与到达时间差的获取.自发参量下转换制备纠缠光子对的特性包括:Ⅱ型自发参量下转换光子对的产生、双光子联合光谱以及单光子光谱与抽运频宽和晶体厚度的关系、不同参数下的光谱特性实验及其结果分析.双量子系统最大纠缠态制备的两种控制方法包括:量子系统状态调控模型的建立、HCI 脉冲序列制备纠缠态和 π 脉冲制备纠缠态,其中在 HCI 脉冲序列制备纠缠态中,详细进行了 HCI 脉冲序列的设计,研究了 K 和 Δt 对状态概率的影响,相对相位 ϕ 对系统状态概率的影响,并进行了系统状态概率随控制脉冲作用时间变化的特性分析实验;在 π 脉冲制备纠缠态中,进行了 π 脉冲控制场的设计,基于 π 脉冲方法制备纠缠态的系统仿真实验及其结果分析.基于量子纠缠光的符合计数与到达时间差的获取包括:量子纠缠光的二阶关联特性和双脉冲的符合测量原理、符合测量单元的软件算法设计、符合算法中各参数对性能影响及其优化选取,并进行了最佳符合门宽的实验、最佳采集时间的实验,以及最佳延时增加步长的实验.

第 6 章为量子信道大气扰动延时补偿方法.包括 2 方面内容:量子信道大气扰动延时补偿方法的研究和削弱大气干扰影响的三种量子测距定位方案.在量子信道大气扰动延时补偿方法的研究中,重点研究了:电离层路径延迟和对流层路径延迟的产生因素、三种电离层路径延迟修正模型,以及五种对流层路径延迟修正模型.在削弱大气干扰影响的三种量子测距定位方案中,主要研究了纠缠光在大气层中传播时产生的距离误差,三种削弱大气层影响的方案:基于三颗卫星加一个地面站的单频量子测距定位方案,基于三颗卫星的双频量子测距定位方案和基于三颗卫星加一个地面站的双频量子测距定位方案,最后给出数值计算实例.

第 7 章为量子定位系统仿真平台设计.涉及 4 方面内容:地面对量子卫星信号捕获及粗跟踪过程的仿真研究、ATP 系统动态仿真平台设计、基于 GUI 的纠缠光子源产生与接收以及时间差拟合的仿真平台设计、基于量子卫星"墨子号"的量子测距过程仿真实验.地面对量子卫星信号捕获及粗跟踪过程的仿真研究包括:卫星运行轨道参数的确定及经过地面端上方区域时间的计算、地面端接收卫星发射信号的方位角和俯仰角推导、基于 GUI 的动画仿真演示平台设计,以及粗跟踪部分的演示.ATP 系统动态仿真平台设计包括:ATP 系统的工作原理、基于 GUI 的 ATP 系统动态仿真平台设计,以及 ATP 系统动态仿真平台实例演示.基于 GUI 的纠缠光子源产生与接收以及时间差拟合的仿真平台设计包括:纠缠光子源产生与接收以及符合计数拟合的工作过程和 GUI 设计、选取不同参数下仿真平台实例演示.基于量子卫星"墨子号"的量子测距过程仿真实验包括:"墨子号"轨道仿真及可观测性分析、ATP 系统工作过程仿真、量子测距过程的仿真实验及其结果分析.

第 8 章为量子定位系统中考虑超前瞄准角的 ATP 系统的设计及其仿真实验.涉及 7 方面内容:引言,超前瞄准子系统设计,超前俯仰角与方位角的计算,基于超前瞄准角的精跟踪中心点位置调整量计算,超前俯仰角、方位角及精跟踪动态中心位置的数值仿真,考虑超前瞄准角影响的 ATP 系统的跟踪实验及其结果分析,以及结论.

第 2 章

量子卫星导航定位系统的设计

2.1　量子导航定位系统框架结构的设计

　　在卫星导航、惯性导航、组合导航、地形辅助导航等各种导航系统中,卫星导航定位技术以天基人造卫星为基本平台,能够为全球海、陆、空、天各类军民用载体提供全天候、二十四小时连续不间断的高精度三维位置、速度和时间信息,其中全球定位系统(Global Positioning System,简称 GPS)(Bernhard et al.,2012)是通过重复地向空间发射电磁波脉冲,并且检测它们到达待测点的时间延迟来实现定位的.由于受电磁波脉冲的能量与带宽的限制,其定位精度存在着一定的极限.因为无线电发射信号的功率越大、带宽越宽,所能达到的定时测量精度也就越高,但一味地增大信号的发射功率和发射带宽,无疑会对当前运行的其他无线电系统产生干扰和影响,无法进一步提高空间定位的精度,因此导航定位技术的进一步发展必须有新的思路和方法.

量子理论,特别是以量子纠缠为基础的量子力学理论和量子信息论逐渐成为新一代导航定位技术的理论基础.2001年焦万内蒂(Giovannetti)等人首先提出了量子定位系统的概念,并且在理论上证明了利用双纠缠光子对实现高精度定位的设想(Giovannetti et al.,2001).2004年巴德(Bahder)提出了基于基线的干涉式量子定位系统(Bahder,2004),由六颗卫星两两构成空间位置已知的三条基线对,基于到达时间差(Time Difference Of Arrival,简称TDOA)原理,带有频率纠缠特性的双光子源位于基线的某一位置,分别向基线的两个参考卫星发射双光子,测量出两个参考点的TDOA,由三个TDOA可以解算出用户的三维坐标位置.2009年杨春燕等人给出了影响干涉式量子定位系统最优星座的两个主要因素是基线向量的无关度和基线相对于用户的张角(杨春燕等,2009).2012年雒怡和姜恩春提出了基于二阶量子相干的定位与时钟同步方法(雒怡,姜恩春,2012).将纠缠态量子应用于导航定位系统中来实现高精度和高保密性的导航定位,是导航定位领域的一项崭新技术,它预示着传统的定位系统的未来.丛爽研究组提出了基于三颗量子卫星的量子导航定位系统,并获得了国家发明专利(丛爽,陈鼎 等,2019).

本节分别针对基于六颗和三颗量子卫星组成的量子导航定位系统,进行总体的框架结构设计,在详细阐述实现量子导航定位的完整工作过程的基础上,分别对量子导航定位系统的四个子系统进行系统的研究,主要包括在量子纠缠光源子系统中阐述用Ⅰ型和Ⅱ型自发参量下转换(Spontaneous Parametric Down Conversion,简称SPDC)方法制备纠缠光子对的工作原理;在捕获、跟踪和瞄准(Acquisition Tracking and Pointing,简称ATP)子系统中研究信标光模块、粗跟踪模块、精跟踪模块和超前瞄准模块的基本组成部件与作用,并详细介绍对量子纠缠光实现捕获、跟踪和瞄准的工作过程;在光子干涉测量子系统中基于各个组成部件的特性,研究实现两路量子纠缠光的二阶相干并测量出延迟时间的工作过程;在信号处理子系统中阐述当接收到卫星端发送的光延迟信号与卫星位置信号后如何在地面端解算用户坐标的工作原理.

本节结构安排如下:首先研究量子导航定位系统的定位过程与组成结构;然后阐述自发参量下转换产生量子纠缠光子对的工作原理;进而研究ATP子系统的内部框架结构与工作过程,以及光子干涉测量子系统的组成结构与工作过程;同时阐述信号处理子系统的数据解算原理;最后为总结.本节的框架结构设计为进一步的量子导航定位的实际实现奠定基础.

2.1.1　量子导航定位系统的定位过程与组成结构

　　量子导航定位系统借助于空间量子卫星,通过获得卫星与地面传递纠缠光子对的时间差,建立含有用户坐标的卫星-地面间的距离方程,来确定地面用户所在的空间坐标位置.量子导航定位可以采用如图2.1(a)所示的基于六颗卫星的量子导航定位系统来实现,六颗卫星两两一组,从而构成三条独立的基线,每条基线上的两颗卫星分别与地面被测对象建立光链路,三条基线的工作过程相同.量子导航定位的实现也可以采用如图2.1(b)所示的基于三颗卫星的量子导航定位系统,三颗卫星分别与地面被测对象建立光链路,每条光链路的工作过程相同.

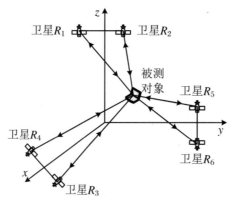

(a) 基于六颗卫星的量子导航定位系统空间示意图

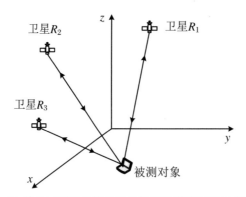

(b) 基于三颗卫星的量子导航定位系统空间示意图

图2.1　两种量子导航定位系统

　　根据纠缠光子对的发送者是卫星还是地面,量子导航定位系统的实现方案可分为星基(Satellite-Based)和地基(Earth-Based)量子导航定位系统.以基于六颗卫星的星基量子导航定位系统中卫星 R_1 和卫星 R_2 组成的基线下双光子的工作过程为例,卫星 R_1 有一个可产生纠缠光子对的光源,它发射的双光子是分别经由自身卫星 R_1 的 ATP 装置 1 和基线另一端卫星 R_2 的 ATP 装置 2 与可调光延迟器射出,通过光链路到达地面被测对象,然后在地面被测对象处分别经过 ATP 装置的角锥反射器原路反射回卫星 R_1 端的探测器 1 和 2,探测到达的两路光子再送入符合测量单元进行符合相关,测量出两路光子的 TDOA,由三个 TDOA 可以解算出被测对象的空间三维坐标.两种量子导航定位系统无论是星基系统还是地基系统,其定位原理是一样的.

图 2.2(a)是基于六颗卫星的地基量子导航定位系统中一条基线上两颗卫星与用户组成的地基量子导航定位过程图.图 2.2(b)是基于三颗卫星的地基量子导航定位系统中一颗卫星与用户组成的地基量子导航定位过程图.这两种量子导航定位系统均分为空间与地面用户端两部分,以基于六颗卫星的地基量子导航定位系统为例,其空间部分由卫星 1 和卫星 2 组成,它们各携带一个 ATP 子系统和角锥反射器;地面用户端的组成部件为:一个纠缠光子源和分束器、两个 ATP 子系统和可调光延迟器、一个 HOM(Hong-Ou-Mandel)干涉仪,其中 HOM 干涉仪是由一个 50∶50 分光镜、两个单光子探测器和一个符合测量单元组成的.如果把纠缠光子源、分束器、可调光延迟器和 HOM 干涉仪等部件放置到卫星上,把地基系统卫星上的角锥反射器换成反射镜,并且在地面用户端放置两个角锥反射器,就变成了基于六颗卫星的星基量子导航定位系统.

基于六颗卫星的星基量子导航定位系统的定位过程如图 2.2(c)所示,其中可调光延迟器是用来延迟时间使得两路光同时到达的,当两路光的光程不一样时,只有光程较短的那一路光经过的可调光延迟器起作用,所以在图 2.2(c)中省去了较长光程那路光所经过的可调光延迟器.基于图 2.2(c)所示的星基量子导航定位系统的定位过程可分为四个步骤:

(1) 卫星 ATP1 和地面 ATP1 之间,以及卫星 ATP2 和地面 ATP2 之间相互发送信标光,通过扫描对准后,完成捕获、跟踪、瞄准,建立发射接收链路;

(2) 量子纠缠光子对发生器产生具有纠缠压缩特性的单光子束,通过分束器进行分束处理后,变成双光子束,两路光子束分别通过反射镜 1 和反射镜 2 反射进入卫星 ATP1 和卫星 ATP2,并由 ATP 发射到地面,其中一路信号经过空间可调光延迟器后发送到地面;

(3) 通过链路传播到地面的两路光信号,分别通过用户的角锥反射器 1、2 返回到空间反射镜 1、2,经过 50∶50 分光镜分束,再分别经过单光子探测器 1、2,符合测量单元对探测器探测到的两路单光子进行符合计数测量并记录延迟时间值,发送给地面;

(4) 地面用户端接收延迟时间信号和量子卫星的坐标信号,根据两路光的光程差等于其中一路光在延迟时间里走过的距离,分别建立三颗卫星与地面之间的距离方程,解算出用户精确的位置坐标.

基于三颗卫星的星基量子导航定位系统的定位过程如图 2.2(d)所示,不同于基于六颗卫星的星基量子导航定位系统定位过程,基于三颗卫星的定位过程仅是卫星端 ATP 装置 1 和地面用户端 ATP 装置 2 之间相互发送信标光来建立量子通信链路;然后纠缠光子对发生器产生的一路光子通过卫星端 ATP 装置 1 发射出去,沿着量子通信链路到达地面端 ATP 装置 2,然后由地面的角锥反射器再原路返回进入 50∶50 分光镜,另一路信号则直接经过可调光延迟器后进入 50∶50 分光镜;两路光信号分别经过单光子探测器 1 和 2 后,送入符合测量单元进行符合相关,获得两路光子的延迟时间值;地面用户端接收延迟时间信号和量子卫星的坐标信号,根据所获得的延迟时间值与光速的乘积等于卫星端和地面用户端之间距离两倍的关系,分别建立三颗卫星与地面之间的距离方程,解算出用户精确的位置坐标.

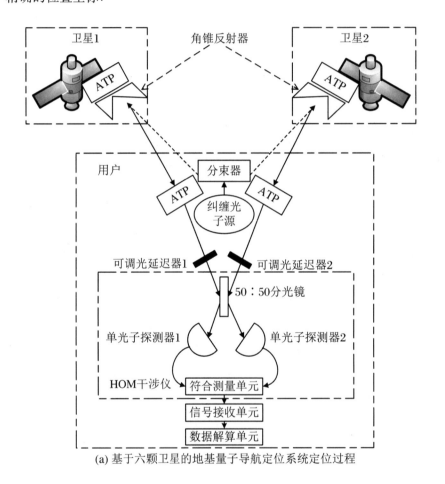

(a) 基于六颗卫星的地基量子导航定位系统定位过程

图 2.2　两种量子导航定位系统的定位过程示意图

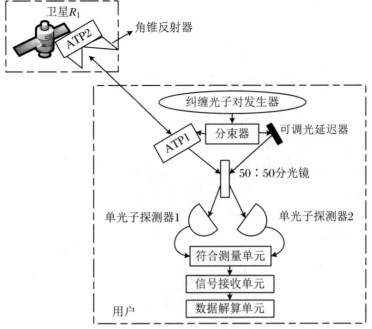

(b) 基于三颗卫星的地基量子导航定位系统定位过程

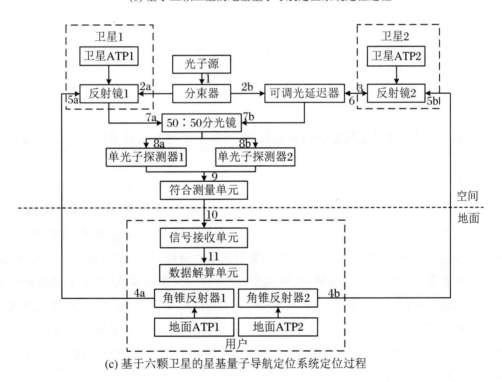

(c) 基于六颗卫星的星基量子导航定位系统定位过程

图 2.2　两种量子导航定位系统的定位过程示意图(续)

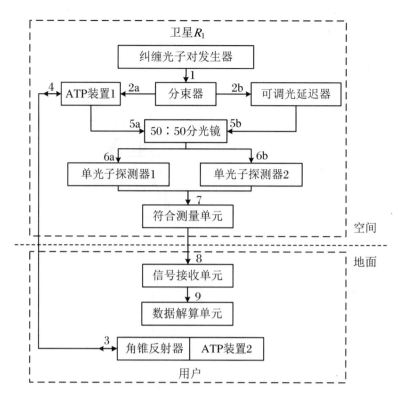

(d) 基于三颗卫星的星基量子导航定位系统定位过程

图 2.2 两种量子导航定位系统的定位过程示意图(续)

根据两种量子导航定位系统的定位过程,可得量子导航定位系统的组成结构如图 2.3 所示.

从图 2.3 可以看出,量子导航定位系统主要由量子纠缠光源子系统、ATP 子系统、光子干涉测量子系统和信号处理子系统四部分组成,其中,量子纠缠光源子系统用于产生具有量子纠缠特性的双光子束,由激光器、SPDC 晶体、偏振分束器、滤波片、波片和光子耦合器组成;ATP 子系统用于建立发射接收光链路,捕获跟踪量子光信号,包括信标光发射器、光学天线、二维转台、探测器、控制器和快速倾斜镜;光子干涉测量子系统用于实现两路量子纠缠光的干涉测量,由反射镜、可调光延迟器、角锥反射器、50∶50 分光镜、单光子探测器和符合测量单元组成;信号处理子系统用来接收可调光延迟器的延迟时间信息和卫星坐标的位置信息,并解算出用户的坐标,包括信号接收单元和数据解算单元.

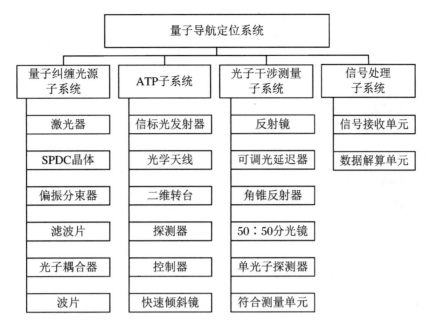

图 2.3 量子导航定位系统的组成结构图

下面将分别详细地阐述量子导航定位系统中的四个子系统——自发参量下转换产生量子纠缠光子对的工作原理、ATP 子系统的内部框架结构与工作过程、光子干涉测量子系统的组成结构与工作过程,以及信号处理子系统的数据解算原理.

2.1.2　自发参量下转换产生量子纠缠光子对的工作原理

目前实际实验中产生量子纠缠光源的方法有多种,例如自发参量下转换(Kwiat et al.,1995)、离子阱法(Sackett et al.,2000)、腔量子电动力学法(Cavity Quantum Electrodynamics,简称 CQED)(Hagley et al.,1997)、核磁共振(Nuclear Magnetic Resonance,简称 NMR)系统等.这些纠缠态有原子间的纠缠、离子间的纠缠,也有电荷间的纠缠,或是自发参量下转换技术中的光子之间的纠缠.由于实验技术的限制,这些方法都有各自的优缺点.到目前为止,产生纠缠最成熟的技术是利用非线性晶体中的自发参量下转换过程产生光子对的方法,且其实现技术相对简单,产生的光源品质较高,所以它是常用的产生光子纠缠源的方法,而且通过自发参量下转换产生光子纠缠对具有产生效率高、容易操纵等优点.本小节中我们以自发参量下转换技术来阐述纠缠态光子对的制备过程.

自发参量转换光场是由单色泵浦光子流和量子真空噪声对非中心对称非线性晶体的综合作用而产生的一种非经典光场.当激光入射到一个非线性晶体上时,非线性晶体的二阶非线性分量 $\chi^{(2)}$（只有非中心对称的晶体才有这个分量）会使入射的光子以一定的概率劈裂为两个能量较低的光子,这就是参量下转换过程.此双光子不仅在能量（Kwiat et al.,1993）、时间（Tapster et al.,1994）、偏振态（Aspect et al.,1982）上具有高度的纠缠特性,而且产生的光场具有宽带光谱分布.

在这个下转换过程中,一个频率较高的光子作用在非线性晶体上,以一定的概率分裂为两个频率较低的光子,这两个光子的频率和等于频率较高光子的频率,即满足能量守恒条件 $\omega_p = \omega_s + \omega_i$.除此之外,这个过程还必须满足动量守恒条件,即 $k_p = k_s + k_i$.

动量守恒条件又被称作相位匹配条件,其中 p,s 和 i 分别代表泵浦光（pump）、信号光（signal）、闲置光（idler,或称休闲光、闲散光、空闲光、闲频光等）.ω 代表频率,k 代表波矢,即光子的动量,$|k| = 2\pi n(\omega)/\lambda$,其中 $n(\omega)$ 是光在介质中的折射率,λ 是光在介质中的波长.

自发参量下转换的非线性晶体一般为一块负单轴晶体,采用一束非寻常光作为泵浦光,如果产生一对偏振相同的信号-闲置光子对,则被称作Ⅰ类相位匹配;如果产生的信号-闲置光子对有着正交的偏振,则被称作Ⅱ类相位匹配.在Ⅰ类和Ⅱ类相位匹配过程中,如果下转换产生的信号、闲置光具有相同的波长,即 $\lambda_s = \lambda_i = 2\lambda_p$,则这个过程称作简并的;反之,称作非简并的.

通常情况下,从晶体中出射的光子对是非共线的,即沿着不同方向传播,当然光子对也可以与泵浦光一起共线地从同一方向出射.根据非线性晶体相位匹配的组合方式可以获得Ⅰ型和Ⅱ型（Kwiat et al.,1995）自发参量下转换方法,其中对于单轴晶体,在Ⅰ型自发参量下转换下,产生的纠缠光子对的偏振方向相同,且均垂直于泵浦光的偏振方向,空间分布成以泵浦光偏振方向为轴的锥体状,这时可产生时间、空间和频率纠缠光子对.

在非简并、非共线情况下产生的纠缠光子的空间分布如图 2.4（a）所示,而在频率简并情况下,下转换的双光子呈对称的空间分布;共线情况下产生的双光子将沿着与入射泵浦光一致的方向射出.另外对于单轴晶体,在Ⅱ型自发参量下转换下,产生的纠缠光子对的偏振方向相互垂直,一个光子的偏振方向与泵浦光的偏振方向相同,一个光子的偏振方向垂直于泵浦光,空间分布成两个不共轴的锥体状.Ⅱ型自发参量下转换通常应用于频率简并情况,这种类型产生的是偏振纠缠的光子对.如图 2.4（b）所示,参量光在非共线匹配时的分布是两个圆锥面,而其交叉的两点可能是寻常光,也可能是非寻常光.如果其中一个是寻常光,另一个必定是非寻常光.这样在这两个相交点的方向上产生了一对偏振纠缠的双光子态.

目前的远距离自由空间量子通信实验中,多采用基于 II 型相位匹配晶体的参量下转换产生纠缠光子,如非共线型 BBO(β 相偏硼酸钡,β-BaB$_2$O$_4$)晶体(王少凯 等,2008)和基于 Sagnac 环的共线型周期性极化 PPKTP(周期性极化磷酸氧钛钾,KTiOPO$_4$)晶体 (Zhdanov et al.,2008).相比于 BBO 晶体的纠缠源,PPKTP 晶体的纠缠源的优势主要体现在两个方面(周飞 等,2015):一是共轴输出模式,使得纠缠光的产生效率和收集效率大幅提高,从而可以有效降低对泵浦光功率的需求,使其更符合自由空间量子通信的要求;二是具有路径对称结构的 Sagnac 干涉环的使用,使得纠缠源的相位控制更加鲁棒,更有利于集成化设计.

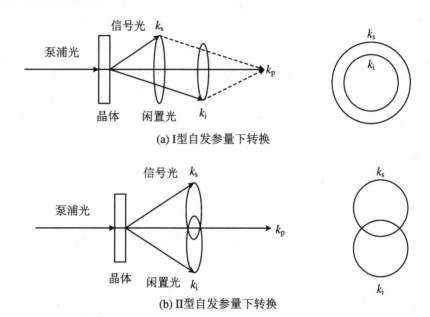

(a) I型自发参量下转换

(b) II型自发参量下转换

图 2.4　自发参量下转换

由两个量子位构成的最典型的四个 Bell 态为

$$| \Psi^+ \rangle = \frac{1}{\sqrt{2}} [| H_1 H_2 \rangle + | V_1 V_2 \rangle]$$

$$| \Psi^- \rangle = \frac{1}{\sqrt{2}} [| H_1 H_2 \rangle - | V_1 V_2 \rangle]$$

$$| \Phi^+ \rangle = \frac{1}{\sqrt{2}} [| H_1 V_2 \rangle + | V_1 H_2 \rangle]$$

$$| \Phi^- \rangle = \frac{1}{\sqrt{2}} \big[| H_1 V_2 \rangle - | V_1 H_2 \rangle \big]$$

它们均可以通过 I 型或 II 型自发参量下转换获得.

2.1.3 ATP 子系统的内部框架结构与工作过程

ATP 子系统通过捕获和跟踪卫星端与地面用户端之间相互发射的信标光,来建立和维持量子通信链路,同时对量子光进行瞄准,通过所建立的光链路实现它的发射与接收. ATP 子系统由信标光模块、粗跟踪模块、精跟踪模块和超前瞄准模块构成,它的基本结构如图 2.5 所示,其中,信标光模块实际是一个信标光发射器,用来向对方提供跟踪信标源;粗跟踪模块由光学天线、二维转台、粗跟踪探测器和粗跟踪控制器组成,用来对光轴进行初始定位,同时对信标光实现捕获和粗跟踪;精跟踪模块由快速倾斜镜(Fast Steering Mirror,简称 FSM)、精跟踪探测器和精跟踪控制器组成,用来进一步提高跟踪精度,使得入射光轴精确地与光学天线的光轴对准;超前瞄准模块主要用来调整量子光远距离传输时由于卫星端与地面用户端高速相对运动带来的附加瞄准偏差.

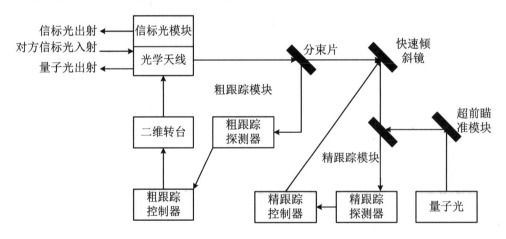

图 2.5 ATP 子系统基本结构图

ATP 子系统的工作过程可分为捕获、跟踪与瞄准三个步骤:首先,通信双方的地面用户端作为信标光的发起方,空间量子卫星端作为信标光的捕获方.选取用户端作为发起方是由于卫星平台对能量需求的约束较为苛刻,提供较大发散角且足够功率的星标光代价较大,而地面的约束相对较小.用户端根据星历表轨道预报计算卫星端所在位置,转动粗跟踪模块中的二维转台使信标光发射器发射一发散角较宽的信标光,覆盖卫星端所在的不确定区域;卫星端同样根据星历表计算用户的大致位置,转动二维转台将粗跟踪探测器即粗跟踪相机CCD(电荷耦合器件)的视轴指向用户.上述将通信视轴从初始位开始转动到指向通信对方所在不确定区域的过程称为初始指向(白帅,2015).之后卫星端的光学天线即光学望远镜将对通信对方所在的不确定区域进行扫描,并启动粗跟踪控制器调整信标光的扫描模式,通过扫描,地面用户端发射的上行信标光进入了卫星端ATP子系统的粗跟踪相机CCD视场,便完成了捕获.

之后,卫星端转入粗跟踪阶段,实现在大范围中跟踪信标光.粗跟踪相机CCD探测上行信标光的光轴变化,主要通过处理入射信标光光束在探测阵面上的光斑位置来表征地面用户端方向,然后粗跟踪控制器根据光轴变化量即光斑数据采用控制算法计算控制量,进而驱动二维转台来完成对主光学望远镜指向的调整,达到将上行信标光的光斑引入精跟踪模块的视场中,随后进入精跟踪阶段,快速倾斜镜(FSM)先对经由粗跟踪模块中光学天线输出的上行信标光进行反射,上行信标光通过精跟踪探测器镜头,进入到精跟踪探测器.上行信标光照射到精跟踪探测器上形成光斑,精跟踪探测器将光斑信号转化为在探测器上分布的电流信号,经模数转换成数字的光斑能量信号,然后对分布的光斑能量信号进行采集,并计算获取精跟踪角度误差,将这个误差信号传给精跟踪控制器,精跟踪控制器经过控制策略计算后输出控制信号,控制FSM偏转一定角度,使得上行信标光经过FSM反射后,能够精确对准精跟踪探测器的中心,从而完成精跟踪过程,将入射光轴与主光学望远镜光轴精确对准(钱锋,2014).然后卫星端指向用户端发射一发散角较窄的下行信标光,当用户端探测到卫星端发射出来的下行信标光时,用户端ATP子系统也先后工作在与上行信标光类似的粗跟踪阶段和精跟踪阶段,此时卫星端与用户端均处于跟踪状态.图2.6是ATP子系统的捕获与跟踪过程,信标光先后经过初始指向、扫描来完成在粗跟踪大视场中捕获信标光的光斑,然后启动粗跟踪模块将光斑引入精跟踪小视场,再启动精跟踪模块来实现将光斑精确对准并稳定在精跟踪视场的中心.星地两端完成双向跟踪,则实现了对信标光的瞄准,建立和维持量子通信链路.

天地双方均各自跟踪对方视轴后,开始对量子光进行发射.由于在相对运动的两个通信终端间,空间传输量子光产生的时间延迟使得瞄准出现偏差,所以量子光应当偏离入射信标光方向一定的角度进行发射,使得光束经过传输后刚好覆盖接收终端,这就是超前瞄准,其中偏离的角度被称作超前瞄准角(刘长城,2005).

超前瞄准的实现一般是在通信光路中加入独立的超前瞄准模块,它由超前瞄准镜、超前瞄准探测器以及超前瞄准控制器三部分组成(梁延鹏,2014),首先根据星历表和星地终端相对运动速度预先计算出瞬时超前瞄准角,然后将超前瞄准探测器探测的出射量子光光轴与入射信标光光轴的角度差,传给超前瞄准控制器,接着控制超前瞄准镜偏转,直到发射量子光光轴偏离接收量子光光轴的角度达到需要的超前瞄准角度,完成超前瞄准过程.这类使用独立的超前瞄准模块实现量子光的超前瞄准方法增加了终端重量和ATP子系统复杂度,所以也可采用基于精跟踪模块来实现,该方法利用卫星平台GPS数据计算超前瞄准角,同时利用姿态数据和光路结构参数计算量子光超前瞄准时信标光在精跟踪相机上的成像位置,以此作为精跟踪模块的动态跟踪中心,由精跟踪控制器控制FSM偏转,使量子光出射方向偏离信标光光轴来实现超前瞄准.然后量子光在ATP子系统中沿着入射信标光的逆向光路方向由光学天线发射出去.

图2.7是量子光的发射与接收过程.

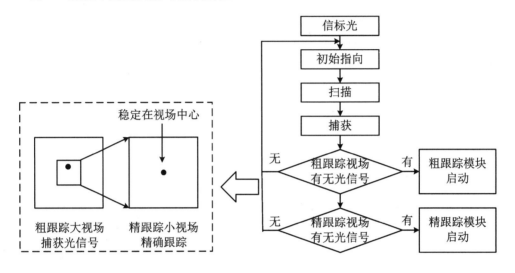

图2.6 ATP子系统的捕获与跟踪过程

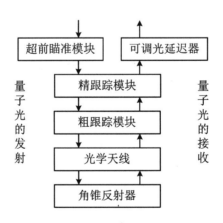

图2.7 量子光的发射与接收过程

以基于六颗卫星的星基量子导航定位系统为例,纠缠光子对的两路量子光分别经由两颗卫星携带的 ATP 子系统发射出去,先经过超前瞄准模块的反射镜反射到精跟踪模块,然后沿着精跟踪模块的 FSM 反射到粗跟踪模块,再沿着粗跟踪模块的反射镜反射到光学天线中,经过光学天线将量子光发射到地面端的角锥反射器中,从而完成对量子光的精确发射.两路量子光发射至角锥反射器后,原路返回到各自卫星端的 ATP 子系统中,先从光学天线进入粗跟踪模块的反射镜中,再反射到精跟踪模块的 FSM 上,最后不经过超前瞄准模块而直接进入光子干涉测量子系统的可调光延迟器,从而完成对量子光的准确接收.

2.1.4　光子干涉测量子系统的组成结构与工作过程

光子干涉测量子系统将自发参量下转换制备的两路相互纠缠的信号光和闲置光进行干涉,并对干涉结果进行符合测量记录,为后续的数据解算提供时间延迟值.这里的干涉采用的是 HOM 干涉仪,这是因为 HOM 干涉具有位相稳定、偶阶色散取消等独特性质(Ou,Mandel,1988).图 2.8 是光子干涉测量子系统的 HOM 干涉过程示意图,该子系统由反射镜、角锥反射器、50∶50 分光镜、自动可调光延迟器、单光子探测器和符合测量单元组成.其中,反射镜利用反射定律工作,将入射光线沿着一定角度反射出去;角锥反射器又叫角锥棱镜,光束入射到角锥棱镜时,能够精确地以与入射角度相同的角度返回,所以它可以作为量子导航定位系统中地面用户端的反射镜使用;分光镜用来重定向部分光束,让剩下的光继续沿着直线路径出射,其中 50∶50 分光镜就是一半透射一半反射,两路光的输出概率相等;自动可调光延迟器使用的是电动可调光延迟线(Motorized Delay Line,简称 MDL),用于自动调节纠缠光子对的两路信号光与闲置光之间的延迟时间,直至在符合测量单元上观测到双光子计数值达到最小值时,干涉过程处于平衡状态;单光子探测器用来对单个光子进行探测和计数,它对光子信号探测的效率直接关系到定位精度.

目前比较常用的单光子探测器主要是光电倍增管(Photomultiplier Tube,简称 PMT)和雪崩光电二极管(Avalanche Photo Diode,简称 APD);符合测量单元由纳秒延迟器(Delay Box,简称 DB)、时幅转换器(Time-Amplitude Converter,简称 TAC)和多通道分析仪(Multi-Channel Analyzer,简称 MCA)共同组成,将两个单光子探测器输出的电脉冲信号分别通过一路 DB,实现将延迟值调节到 TAC 的量程内,然后作为开始和结束信号送入 TAC,TAC 输出至 MCA 以完成符合计数的时间谱图.

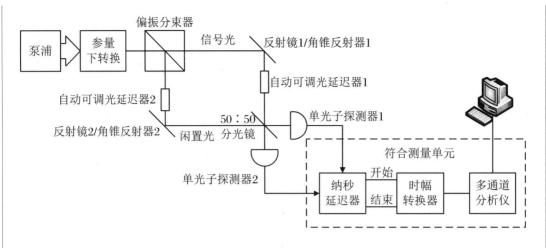

图 2.8　光子干涉测量子系统的 HOM 干涉过程示意图

　　光子干涉测量子系统的工作过程是:纠缠光子源产生的纠缠光子对分别发射到地面,再通过反射等方式汇聚到空间同一处,在此处分别从 HOM 干涉仪中 50∶50 分光镜的两个入射端口入射到 50∶50 分光镜上,该过程的两条光路上均安置电动可调光延迟线(MDL),可以通过设计自动测量算法自动调节 MDL 延迟值,使得两路信号光和闲置光同时到达 50∶50 分光镜.在 50∶50 分光镜的两个出射端口放置两个单光子探测器对出射的光子进行光电探测,再把单光子探测器产生的电信号输入到符合测量单元,通过MCA 对两个单光子探测器的光电探测事件进行符合计数测量分析,再通过 USB 接口连接到计算机上,以便于数据分析与处理,使用自动测量算法记录 HOM 干涉仪在不同MDL 延迟值下的符合计数事件来得到 HOM 干涉符合计数的时间谱图.

　　图 2.9 为单光子探测器的信号转换示意图,当纠缠光子对产生的两路光信号经过不同路径进入单光子检测器后,产生 TTL 方波信号,当两路有同时到达的光子时刻信息时即为一次符合.在实际应用中,由于两光子同时到达的时刻不可能绝对一致,光子检测设备也存在死时间,这使得在具体实现符合计数时需要引入符合门宽的概念,即两路 TTL脉冲的到达时间之差在一个所设定的符合门宽内就认为同时到达,也称为"一次符合",符合计数示意图如图 2.10 所示.符合计数测量可以使用软件算法来实现,并通过拟合的方式来提高测量精度,这种软件算法称为符合算法.此时光子干涉测量子系统中不需要自动可调光延迟器,符合测量单元则为高速采集电路,如德国 Picoquant 公司生产的PH300,从高速采集电路获取数据包,解压出两路信号的时间序列标签,然后利用符合算法,根据得到的时间序列标签计算出一系列的二阶关联函数样本点,最后由函数样本点估算出曲线峰值对应的延迟时间.在本小节的量子导航定位系统中,符合测量单元里面

实现符合计数是直接通过符合电路来实现的,由图 2.8 中 DB、TAC 和 MCA 组成的符合电路可以进行实时测量,直接得到不同时间延迟下的符合计数结果.

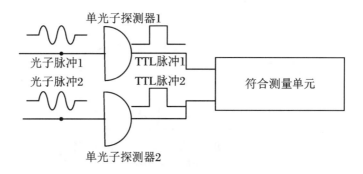

图 2.9　信号转换示意图

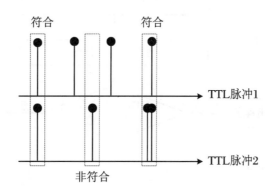

图 2.10　符合计数示意图

　　光子干涉测量子系统要先对 MDL 进行高精度扫描,在扫描范围内的每个 MDL 延迟点上,通过 MCA 采集一组符合计数值,之后用自动测量算法自动进行下一个 MDL 延迟点的测量,如此不断重复,直到扫描完成为止.若发现在某段延迟范围内符合计数值明显减小,则说明双光子发生了相消干涉,在 MDL 的延迟调节至最小符合计数值时,两路相互纠缠的信号光和闲置光的光程最为接近.当两路光程严格相等时,MCA 上显示的符合计数会明显降低.若能观察到这一现象,则说明下转换光子发生了二阶量子干涉,就得到了纠缠光子对.在 MCA 通过 USB 接口连接到计算机后,用自动测量算法自动采集符合测量数据,图 2.11 是该算法的流程图.

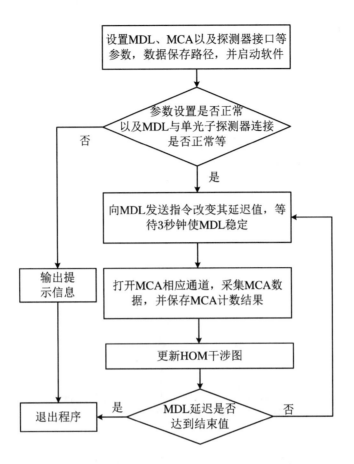

图 2.11　自动测量算法流程图

　　数据采集过程需要不断地改变 MDL 的延迟,在每个延迟点上进行一次数据采集.在算法控制中体现为首先通过串口给 MDL 发送指令,将其延迟数值调至需要的点上,然后等待一定的时间以使系统稳定,接下来打开 MCA,通过 USB 接口进行数据采集,采集完成之后将 MDL 延迟值设为下一个点,如此循环,直到 MDL 延迟到达预设的结束值则退出程序(张羽,2013).

　　通过采用自动测量算法调节 MDL 延迟值,可以得到如图 2.12 所示的 HOM 干涉符合计数的时间谱图,其中曲线为真实记录的符合计数曲线,折线为该符合计数曲线的曲线拟合结果,曲线的平坦部分表示两路相互纠缠的信号光和闲置光的光程不相等时所记录的符合计数值,凹陷部分表示信号光和闲置光的光程几乎相等时所记录的符合计数值,当信号光和闲置光的光程被调节到完全相等时,符合计数所对应的最小值就是曲线的底部,这是因为两束纠缠光子的频率不同,在同一介质中的传播时间不相等,信号光和闲置光的二阶相关函数与延时有关,当延时为零时,双光子光谱函数产生干涉,不可区分,导致干涉符合计数为最小. 符合计数记录曲线凹陷部分的宽度在飞秒量级,表示 HOM 干涉仪可以以飞秒的时间精度判断纠缠光子对是否同时到达 HOM 干涉仪的两个单光子探测器,这一时间精度在空间上对应于微米的量级,从而实现了量子导航定位系统对一般用户达到微米量级的空间定位.

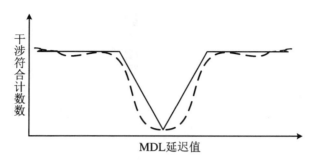

图 2.12　HOM 干涉符合计数的时间谱图

2.1.5　信号处理子系统的数据解算原理

信号处理子系统根据由符合测量单元通过最小符合计数性质下获得的时间延迟值和卫星坐标值来解算用户三维坐标,为用户提供精确的位置信息,它由信号接收单元和数据解算单元组成,用户端的信号接收单元有一个量子通信信道接收设备,星基系统用来接收可调光延迟器的时间延迟信息和卫星的坐标位置信息,而地基系统用来接收卫星的坐标位置信息. 当三条坐标轴的干涉测量子系统同时平衡时,根据三个时间延迟量和量子卫星的三维坐标并利用数据解算单元就可以得到用户的三维坐标值.

量子导航定位系统中数据解算过程是基于纠缠光子对二阶量子相干的到达时间差(TDOA)原理实现的. 图 2.13 是基于六颗卫星的星基量子导航定位系统的一条基线示意图,两颗卫星 $R_1(X_1,Y_1,Z_1)$ 和 $R_2(X_2,Y_2,Z_2)$ 组成一条测量基线,E1 位于这条基线中任意位置 $r_1(x_1,y_1,z_1)$,由一个纠缠光子源、一个分束器、两个 ATP、一个 50∶50 分光镜、两个光子探测器和一个 HOM 干涉仪组成,E1 左右两侧基线光路中的右侧(任选其中的一侧)有一个可调光延迟器 D1,被定位用户位于位置 $r_0(x,y,z)$.

纠缠光子对在 E1 产生后分别沿左、右两路到达基线端点 R_1 和 R_2,再转向发射到被定位用户 r_0. 左、右两条路径的区别在于右侧路径多了一个可调光延迟器 D1. 假定 D1 已被校准,且可以被精确调整到任意延迟值. 纠缠光子对到达用户反射镜位置后,沿原路径反射,经 R_1 和 R_2 端点后到达 E1,经 50∶50 分光镜分光后,到达两个单光子探测器和符合测量单元.为了便于讨论,我们忽略 E1 内部设备的位置差别,即认为纠缠光子源、分束器、分光镜、ATP、单光子探测器和符合测量单元位于同一个点上,光子在 E1 内部传输没有路径延迟.此时,左、右两条光路上的往返时间 t_L 和 t_R 分别为

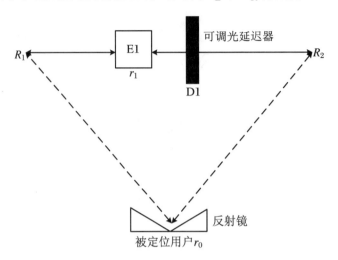

图 2.13　基于六颗卫星的星基量子导航定位系统的一条基线示意图

$$t_L = \frac{2(\,|\,r_0 - R_1\,|\,+\,|\,r_1 - R_1\,|\,)}{c} \tag{2.1}$$

$$t_R = \frac{2(\,|\,r_0 - R_2\,|\,+\,|\,r_1 - R_2\,|\,+\,c\Delta t\,)}{c} \tag{2.2}$$

式(2.2)中 Δt 是 D1 的延迟值,c 为光速.调整 D1 的延迟值,直至在 E1 的 HOM 干涉仪上观测到双光子计数值达到最小值时,HOM 干涉仪处于平衡状态.因为双光子计数值最小值具有唯一性,所以 HOM 干涉仪平衡状态下只对应唯一的 D1 延迟值.此时,纠缠光子对分别沿左、右两条路径传输的延迟相等,即 $t_L = t_R$,得到

$$|\,r_0 - R_1\,|\,+\,|\,r_1 - R_1\,|\,=\,|\,r_0 - R_2\,|\,+\,|\,r_1 - R_2\,|\,+\,c\Delta t \tag{2.3}$$

式(2.3)中 Δt_1 是在 HOM 干涉仪平衡时对应可调光延迟器的延迟时间,即基线端点 R_1 和 R_2 到用户位置 r_0 的到达时间差.

式(2.3)是利用一条基线测量建立起的一个方程,它是定位解算的一个基本方程.其他两条基线也有相同的结论,当基于六颗卫星的量子导航定位系统中三个用于定位的 HOM 干涉仪都处于平衡时,就可得到

$$\begin{cases} \sqrt{(X_1-x)^2+(Y_1-y)^2+(Z_1-z)^2}+\sqrt{(X_1-x_1)^2+(Y_1-y_1)^2+(Z_1-z_1)^2} \\ \quad = \sqrt{(X_2-x)^2+(Y_2-y)^2+(Z_2-z)^2}+\sqrt{(X_2-x_1)^2+(Y_2-y_1)^2+(Z_2-z_1)^2}+c\Delta t_1 \\ \sqrt{(X_3-x)^2+(Y_3-y)^2+(Z_3-z)^2}+\sqrt{(X_3-x_1)^2+(Y_3-y_1)^2+(Z_3-z_1)^2} \\ \quad = \sqrt{(X_4-x)^2+(Y_4-y)^2+(Z_4-z)^2}+\sqrt{(X_4-x_1)^2+(Y_4-y_1)^2+(Z_4-z_1)^2}+c\Delta t_2 \\ \sqrt{(X_5-x)^2+(Y_5-y)^2+(Z_5-z)^2}+\sqrt{(X_5-x_1)^2+(Y_5-y_1)^2+(Z_5-z_1)^2} \\ \quad = \sqrt{(X_6-x)^2+(Y_6-y)^2+(Z_6-z)^2}+\sqrt{(X_6-x_1)^2+(Y_6-y_1)^2+(Z_6-z_1)^2}+c\Delta t_3 \end{cases}$$

$$\tag{2.4}$$

式(2.4)中 $\Delta t_i (i=1,2,3)$ 是三个可调光延迟器的时间延迟量.数据解算单元就是根据式(2.4)来解算出用户的空间位置坐标的.

不同于基于六颗卫星的量子导航定位系统中单基线下利用两颗卫星与地面用户的光程来建立距离方程,基于三颗卫星的量子导航定位系统因为纠缠态光子对中的一个光子仅在可调光延迟器中延迟,所以单颗卫星与地面用户只有一条光路.设被定位用户位于位置 $r_0(x,y,z)$,三颗量子卫星分别位于 $R_1(X_1,Y_1,Z_1)$, $R_2(X_2,Y_2,Z_2)$ 和 $R_3(X_3,Y_3,Z_3)$, $\Delta t_i (i=1,2,3)$ 分别是三颗卫星与地面用户间的可调光延迟器的时间延迟量,此时,数据解算单元是根据式(2.5)来解算出用户的空间位置坐标的:

$$\begin{cases} 2\sqrt{(X_1-x)^2+(Y_1-y)^2+(Z_1-z)^2}=c\Delta t_1 \\ 2\sqrt{(X_2-x)^2+(Y_2-y)^2+(Z_2-z)^2}=c\Delta t_2 \\ 2\sqrt{(X_3-x)^2+(Y_3-y)^2+(Z_3-z)^2}=c\Delta t_3 \end{cases} \tag{2.5}$$

目前,计算分析和实验结果证实,通过调整光延迟产生符合计数值的唯一最小值已经可以达到飞秒级的 TDOA 测量精度.对应的距离差 $c\Delta t_i$ 的标准差 $\sigma \leqslant 1~\mu m$.

理论研究表明,基于量子相干的 QPS 可以为地面用户提供微米量级的定位精度.但这是在理想条件下得出的原理性结论,忽略了一些误差因素,缺少充分的工程计算和详细的系统设计.例如,卫星的运动特性带来的基线位置误差和大气传输延迟误差都未做充分的考虑.对此,GPS 的很多理论和工程实践可以提供借鉴.例如,利用卡尔曼滤波技术对卫星移动特性进行估算.参考 GPS 双频电离层传播延迟修正的方法,采用多种波长的光子进行大气传播延迟修正.由于纠缠光子对的群延迟没有扩散性,QPS 可以获得明显优于 GPS 的大气延迟修正精度.一套实用的 QPS 可以获得相对于 GPS 多大的精度提升,还有赖于大量的理论分析、工程计算和实验验证.

2.1.6 小结

本节主要对量子导航定位系统进行框架结构的设计,提出了分别基于六颗和三颗卫星的地基与星基量子导航定位系统的实现结构框架,并详细地研究了系统中量子纠缠光源子系统、ATP 子系统、光子干涉测量子系统和信号处理子系统的相关原理与组成结构.本节为后续实现整个量子导航定位系统,进一步提高量子定位精度的研究做好了准备.

2.2 星基量子定位导航系统的测距、定位与导航

全球定位系统通过测量用户接收机接收到的卫星星历信号的传播时间,计算出卫星与用户之间的距离,由于卫星与用户之间的时钟无法完全同步,存在钟差,用户利用该方法需获取到四颗卫星与自身的距离,再根据距离与坐标的关系,联立方程组,解算出用户的空间坐标,实现对用户的定位(Taylan et al.,2018).量子定位导航系统在全球定位系统的基础上,利用具有量子纠缠特性的纠缠光取代了电磁波,通过测量相互关联的两束纠缠光的到达时间差,再根据获取到的到达时间差解算出卫星与用户的距离以及用户的空间坐标(Bahder,2008).另外,纠缠光的纠缠度、带宽、光谱、功率以及脉冲中光子数都会影响量子定位导航系统的精度,光子数越多,量子定位导航系统的定位精度越高(李永放 等,2010).

根据纠缠光子对发生器在卫星端还是地面端的不同,可以将量子定位导航系统分为星基量子定位导航系统和地基量子定位导航系统.作者所在研究小组提出了基于三颗卫星的量子定位导航系统,利用三颗量子卫星实现对用户的定位,当其工作于星基模式时,卫星上的纠缠光子对发生器发射的两束纠缠光,其中一束沿星地光链路到达用户,并从用户处反射回卫星,被卫星上的一个单光子探测器接收;另一束直接发射向卫星上的另一个单光子探测器,完成纠缠光子对的发射与接收.此时卫星内部直接发射向单光子探测器的纠缠光一直在卫星内部,利用两路纠缠光的到达时间差计算出的两路纠缠光的光程差是卫星与地面的距离的两倍,根据三颗卫星得到的三个到达时间差,分别计算出三颗卫星到用户的距离,通过联立解算所获得的三个距离方程,计算用户的空间坐标.

本节将对基于三颗卫星的星基量子定位导航系统的测距与定位完整过程的分析,进

行系统结构的设计.首先在星地之间建立信标光链路;之后针对卫星发射量子纠缠光,分别接收沿着星地光链路发射向用户,再沿原路返回卫星,被单光子探测器接收的信号光,以及直接被单光子探测器接收的闲置光,通过符合计数,再采用最小二乘法进行数据拟合,获取到信号光和闲置光的到达时间差;最后根据三颗卫星发射的纠缠光获取到的到达时间差联立方程组,解算出卫星到用户距离和用户空间坐标,并通过对用户的不间断定位,获取到用户的运动轨迹,实现对用户的导航.

2.2.1 星地光链路的建立

星基量子定位导航系统的测距与定位过程可以分成两个部分:星地光链路的建立和利用量子纠缠光动态通信进行导航定位.星地光链路的建立是为量子纠缠光信号在卫星与用户之间传播提供精准的光链路,其包括信标光发射、捕获、跟踪和瞄准四个过程,这四个过程都是通过捕获、跟踪和瞄准(Acquisition Tracking and Pointing,简称 ATP)系统实现的.基于量子纠缠光的测距、定位与导航是根据建立好的星地光链路,采用量子纠缠光动态通信进行测距、定位和导航,其工作过程分为量子纠缠光的发射与接收、纠缠光到达时间差的获取,以及基于到达时间差的量子测距、定位与导航三个部分.星地光链路的建立过程如图 2.14 所示,其中,上半部分为卫星端 ATP 系统,下半部分为地面端 ATP 系统,图中绿色实线及区域代表信标光光束,蓝色虚线代表电信号.ATP 系统由信标光模块、粗跟踪模块、精跟踪模块以及超前瞄准模块四部分构成,其中,粗跟踪模块由光学天线、二维转台、粗跟踪探测器以及粗跟踪控制器组成(丛爽,汪海伦 等,2017);精跟踪模块由快速反射镜(Fast Steering Mirror,简称 FSM)、精跟踪探测器和精跟踪控制器组成.

通过卫星端与地面端各自的信标光发射器相互发射信标光,利用 ATP 系统对对方发射的信标光实施捕获跟踪瞄准,建立起双向瞄准的星地光链路(Zhang et al.,2014),其具体建立的过程为:首先,地面端作为信标光的发射方,卫星端作为捕获方.地面端根据卫星的轨道信息,计算出卫星经过地面端所在位置上空的轨道和时间段,随后转动粗跟踪模块中的二维转台,使其视轴指向此时经过地面端上空卫星的不确定区域,随后令信标光发射器发射一束波长为 800~900 nm、散角较宽的信标光 1a,覆盖卫星端所在区域;卫星端同样依据星历表或 GPS 计算用户的大致位置,通过二维转台调整光学天线的方位角和俯仰角,将粗跟踪探测器的视轴指向用户.随后卫星端光学天线将对用户所在的不确定区域进行扫描,并启动粗跟踪控制器调整信标光的扫描模式,通过扫描,地面端发射的上行信标光 1a 进入了卫星端粗跟踪探测器视场,完成捕获过程.之后卫星端转入粗跟踪阶段,实现大范围跟踪信标光.粗跟踪探测器探测上行信标光光轴的变化,主要通过处理入射信标光光束在探测阵面上的光斑位置表征地面端方向,然后粗跟踪控制器根据光轴变化量即光斑数据采用控制算法计算控制量,驱动二维转台电机,完成对光学天线指向的调整,将上行信标光引入精跟踪模块视场中,随后进入精跟踪阶段.FSM 先对经由光学天线输出并经过准直透镜处理的上行信标光 3a 进行反射,通过精跟踪探测器的镜头后进入精跟踪探测器,并在探测器上形成光斑.精跟踪探测器将光斑信号转换成在探测器上分布的电流信号,经由模数转换形成数字的光斑能量信号,然后对分布的光斑能量信号进行采集,计算获取精跟踪角度误差,并将误差信号 S3a 传递给精跟踪控制器,精跟踪控制器经过一定的控制算法计算输出控制信号 S4a,控制 FSM 偏转一定角度,使上行信标光能够精确对准精跟踪探测器中心,从而实现精跟踪过程,达到入射光轴与主光学天线光轴精确对准.当卫星端发射下行信标光后,地面端也先后工作在与上行信标光类似的捕获跟踪瞄准过程,此时,卫星端与地面端均处在跟踪状态.当星地两端完成双向跟踪,就实现了星地光链路的建立与维持,可以进行下一步的量子纠缠光的发射与接收.

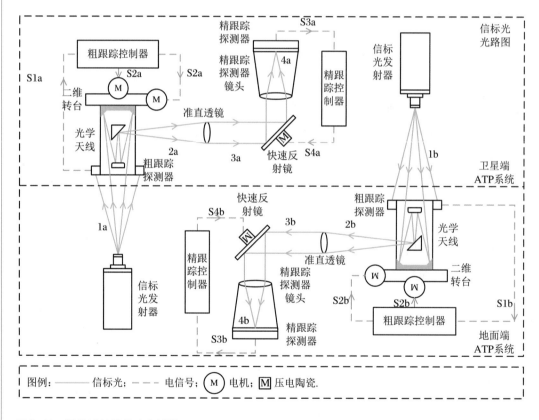

图 2.14　星地光链路的建立过程

2.2.2　纠缠光到达时间差的获取

在所建立的已经精确对准的星地光链路上,基于量子纠缠光进行测距与定位是整个量子导航定位系统工作的关键.一组三星星基量子定位导航系统的测距与定位过程如图2.15所示,其中红色实线代表量子纠缠光光束,蓝色虚线代表电信号,其过程主要由纠缠光子对发生器、ATP系统、单光子探测器、数据处理单元四部分完成.

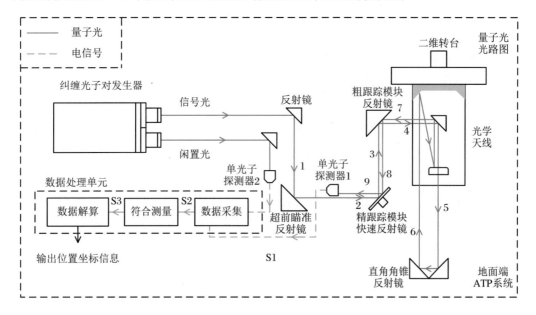

图2.15　三星星基量子定位导航系统的测距与定位过程

图2.15中的纠缠光子对发生器的组成如图2.16所示,纠缠光子对发生器由泵浦光光源、波片、Ⅱ型相位匹配晶体、偏振分束器(Polarizing Beam Splitter,简称PBS)、滤光片、反射镜及可变光圈组成(丛爽,邹紫盛 等,2017);数据处理单元由数据采集、符合测量和数据解算三个模块组成.下面我们通过量子纠缠光子对的发射与接收、纠缠光到达时间差的获取,以及基于到达时间差的量子测距、定位与导航来具体阐述基于量子纠缠光的测距与定位过程.

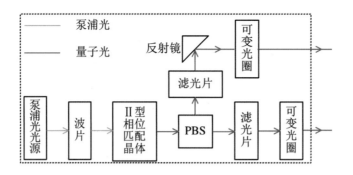

图 2.16　纠缠光子对发生器的组成

1. 量子纠缠光子对的发射与接收

图 2.15 中的红线标注的为量子纠缠光子对的发射与接收过程:卫星端和地面端的 ATP 系统利用信标光建立星地光链路,卫星端开始进行量子纠缠光发射与接收.发射过程为:纠缠光子对发生器产生相互关联的信号光与闲置光,其中,信号光入射至超前瞄准反射镜,超前瞄准模块通过计算星地端相对运动产生的瞬时角度偏差,驱动超前瞄准反射镜调整一个角度,从而实现对信号光角度偏差的补偿;随后信号光进入精跟踪模块的 FSM,利用 FSM 反射至粗跟踪模块的反射镜中,再反射至光学天线;光学天线将信号光发射至地面端的角锥反射器中,从而完成量子纠缠光的精确发射.接收过程为:纠缠光子对中的信号光经由地面角锥反射器,原路径返回卫星端 ATP 系统,先从光学天线进入粗跟踪模块反射镜反射至精跟踪模块的 FSM 上,入射至单光子探测器 1;闲置光在纠缠光子对发生器发出后,经反射镜反射后直接进入单光子探测器 2 中被接收.

2. 纠缠光到达时间差的计算

纠缠光到达时间差的计算过程是在图 2.15 中的数据处理单元中完成的.纠缠光子对发生器产生的纠缠光子对同时产生一组信号光子和闲置光子,其中,闲置光直接发射向单光子探测器 2,而信号光通过星地光链路发射向地面,地面再反射回卫星,由单光子探测器 1 接收,信号光子经过了两次卫星与地面之间的发射,到达探测器 1 的时间与闲置光到达探测器 2 的时间之间存在的时间差,称为到达时间差 Δt.我们通过对所获的纠缠光子对信号数据的处理来获得这个到达时间差,并将其与光速相乘得到信号光与闲置光传播的光程差,计算出卫星与地面用户的距离.

为了获得这个到达时间差,需要首先利用数据采集模块采集两个单光子探测器输出的脉冲信号 S1,生成两路具有时间戳标记的时间序列数据 S2,闲置光时间序列 CH2 以及含有与其存在到达时间差 Δt 的信号光时间序列 CH1,并对所获得的时间序列 CH2 和 CH1 进行符合测量,通过数据拟合来得到所需要的到达时间差 Δt 的值.我们提出了一种基于软件完成的符合测量及其数据拟合获取到达时间差的过程,整个过程如图 2.17 所示,包括符合计算、归一化处理和数据拟合三个部分.

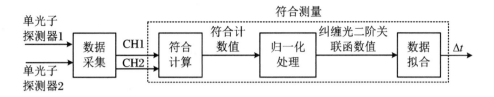

图 2.17 符合测量过程

　　符合计算软件实现的思想为:通过对获得的两路时间序列中的序列 CH2 给定不同的延时,对所获得的两路时间序列 CH1 与每个给定延时下的 CH2 分别进行符合计数,得到一系列的符合计数值.当给定 CH2 的延时与到达时间差相等时,CH1 与 CH2 上的所有脉冲点都能完成符合计数,此时符合计数值达到最大,由于纠缠光的二阶关联函数符合计数值与延时之间的关系,所以它的最大值所对应的延时就是纠缠光的到达时间差 Δt.根据所给定的不同的延时所获得的相应的符合计数值,可以作出一条由给定的不同延时下的符合计数值组成的离散点曲线.因为我们关心的是获得最大符合计数值下的延时,而最大符合计数值的多少不重要,所以通过对所获得的符合计数值进行归一化处理,将符合计算得到的符合计数值的最大值归一化为 1,与实际得到的符合计数值的多少无关.最后通过对归一化处理得到的离散的纠缠光二阶关联函数值进行数据拟合,来得到最大值所对应的延时就是纠缠光的到达时间.

　　软件实现符合测量过程中涉及 3 个参数:采集时间、符合门宽、延时增加步长.采集时间是数据采集模块采集来自两个单光子探测器的电脉冲信号所用的时间;符合门宽是被视为同时到达的两个单光子到达的最大时间差;延时增加步长是相邻两次符合计数之间给定的延时变化量.图 2.18 是符合计数示意图,它是在一个符合门宽时间范围内,将时间序列 CH1 和 CH2 上同时存在脉冲的情况记为一次符合,并将符合计数值加 1(王盟盟 等,2015).符合测量的具体过程为:在预计的一个延时范围内,一般为 0～10 ms,以皮秒为延时增加步长,将延时范围除以延时增加步长,得出最大循环次数,人为利用软件给序列 CH2 加一个初始延时,初始延时一般为 0,并对 CH1 和延时后的序列 CH2 进行符合计数,得到在给定的延时下的符合计数值.每次得到一个符合计数值之后,将施加的延时增加一个延时增加步长,再次符合计数得到又一个符合计数值,直到达到最大循环次数 N,完成符合计算过程,得到在不同延时 $\tau_j (j = 1, 2, 3, \cdots, N)$ 下对应的符合计数值 $n(\tau_j)$.

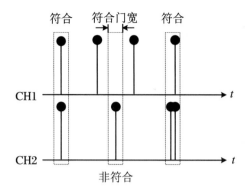

图 2.18 符合计数示意图

理论上,符合计数值 $n(\tau_j)$ 和对应延时 τ_j 下的归一化纠缠光二阶关联函数值 $g^{(2)}(\tau_j)$(归一化的符合光子数)之间关系为

$$n(\tau_j) = T\delta(R_1 + \gamma_1)(R_2 + \gamma_2)\left[1 + \frac{g^{(2)}(\tau_j) - 1}{(1 + \gamma_1/R_1)(1 + \gamma_2/R_2)}\right] \quad (2.6)$$

其中,T 为采集时间,δ 为符合门宽,R_1 和 R_2 为单光子探测器 1 和单光子探测器 2 的光子计数率,γ_1 和 γ_2 为对应单光子探测器暗计数率和环境噪声引起的计数率之和.

在单光子探测器探测单光子过程中,$R_k \gg \gamma_k (k = 1,2)$,式(2.6)可化简为 $n(\tau_j) = T\delta R_1 R_2 g^{(2)}(\tau_j)$,由此可以得到在对应延时 τ_j 下的归一化纠缠光二阶关联函数值 $g^{(2)}(\tau_j)$ 为

$$g^{(2)}(\tau_j) = \frac{n(\tau_j)}{T\delta R_1 R_2} \quad (2.7)$$

通过式(2.7)可以分别计算出在对应的 N 个延时 τ_j 下离散的归一化纠缠光二阶关联函数值 $g^{(2)}(\tau_j)$,并采用最小二乘法对获得的 N 个 $g^{(2)}(\tau_j)$ 进行数据拟合,拟合后的曲线上的最大值所对应的延时值就是纠缠光子对的到达时间差.归一化的纠缠光二阶关联函数 $g^{(2)}(\tau)$ 与延时 τ 之间的关系为(朱俊,2012)

$$g^{(2)}(\tau) = \exp\left[-\frac{(\tau - \Delta t)^2}{q^2}\right] \quad (2.8)$$

其中,Δt 为归一化的二阶关联函数峰值对应的横坐标延时,表示二阶关联函数中心偏移位置,即两路纠缠光的到达时间差;q 为相干光的线宽参数,决定二阶关联函数的半高宽.

为了避免复杂的指数运算，我们对式(2.8)求对数，可得

$$\ln g^{(2)}(\tau) = -\frac{(\tau - \Delta t)^2}{q^2} = -\frac{1}{q^2}\tau^2 + \frac{2\Delta t}{q^2}\tau - \frac{(\Delta t)^2}{q^2}$$

将 N 个延时 τ_j，以及由式(2.7)计算出的所对应的 $g^{(2)}(\tau_j)$ 值带入其中，可得到 $N \times 3$ 矩阵方程：

$$
\begin{bmatrix}
\ln g^{(2)}(\tau_1) \\
\ln g^{(2)}(\tau_2) \\
\vdots \\
\ln g^{(2)}(\tau_N)
\end{bmatrix}
=
\begin{bmatrix}
\tau_1^2 & \tau_1 & 1 \\
\tau_2^2 & \tau_2 & 1 \\
\vdots & \vdots & \vdots \\
\tau_N^2 & \tau_N & 1
\end{bmatrix}
\begin{bmatrix}
-\dfrac{1}{q^2} \\
\dfrac{2\Delta t}{q^2} \\
-\dfrac{(\Delta t)^2}{q^2}
\end{bmatrix}
\tag{2.9a}
$$

即

$$Y = XA \tag{2.9b}$$

其中

$$Y = \begin{bmatrix} \ln g^{(2)}(\tau_1) & \ln g^{(2)}(\tau_2) & \cdots & \ln g^{(2)}(\tau_N) \end{bmatrix}^{\mathrm{T}}, \quad X = \begin{bmatrix} \tau_1^2 & \tau_1 & 1 \\ \tau_2^2 & \tau_2 & 1 \\ \vdots & \vdots & \vdots \\ \tau_N^2 & \tau_N & 1 \end{bmatrix}$$

$$A = \begin{bmatrix} -\dfrac{1}{q^2} & \dfrac{2\Delta t}{q^2} & -\dfrac{(\Delta t)^2}{q^2} \end{bmatrix}^{\mathrm{T}}$$

根据广义矩阵原理，向量 A 与 X 和 Y 满足下列关系式：

$$A = (X^{\mathrm{T}}X)^{-1}X^{\mathrm{T}}Y \tag{2.10}$$

根据式(2.10)，可以计算出向量 A 的值，然后，将所求出的 A 值与向量 A 中每一项 $-(\Delta t)^2/q^2$，$2\Delta t/q^2$ 和 $-1/q^2$ 值相对应，由此计算出参数 Δt 和 q 的值，将其代入式 (2.8)，得到纠缠光在延时 τ 下的一个二阶关联函数 $g^{(2)}(\tau)$，此时，根据不同的时间延时 τ，可以作出一个二阶关联函数曲线，该曲线上二阶关联函数的峰值对应的横坐标就是纠缠光的到达时间差.

图 2.19 是我们通过符合测量得到的纠缠光在延时 τ 下的一个二阶关联函数曲线，

其中,红色点为归一化后的离散样本点,蓝色实线为拟合后的二阶关联函数曲线,绿色实线对应拟合曲线的峰值点坐标,通过该曲线获得的纠缠光到达时间差为 $\Delta t = 4.906\,242\,0 \times 10^{-3}$ s.

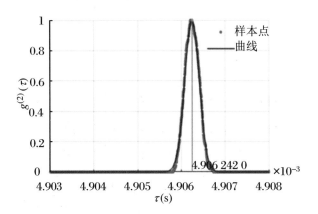

图 2.19　纠缠光在延时下的二阶关联函数曲线

在纠缠光到达时间差获取的过程中,采集时间、符合门宽和延时增加步长 3 个参数会对纠缠光到达时间差测量精度产生影响,具体的影响为:

(1) 采集时间越长,采集到单光子脉冲就越多,符合测量和数据拟合得到的到达时间差就越接近真实值,在我们设计的系统中,采集时间等于 10 ms 时,系统就已经达到最高精度,且采集时间越长,数据处理所占用的系统资源越多,计算速度越慢.

(2) 符合门宽过大,符合计数得到的离散样本点的值在一段延时范围内均达到最大值,对这样的样本点拟合出的函数,最终得到的纠缠光到达时间差是不够准确的;符合门宽过小,符合计数得到的离散样本点在峰值附近相对较稀疏,对它们数据拟合后得到的纠缠光到达时间差也会存在较大误差,我们一般将其选取为 0.2 ns.

(3) 延时增加步长 s 越小,符合计数得到的离散样本点越密集,最终拟合出的纠缠光在延时 τ 下的二阶关联函数越接近实际情况,获取到的纠缠光到达时间差精度越高.

2.2.3　基于到达时间差的量子测距、定位与导航

通过符合测量和数据拟合得到卫星 $R_i(i=1,2,3)$ 发射的纠缠光的到达时间差 Δt_i,由纠缠光到达时间差与卫星到用户的距离之间的关系,可以得到卫星到用户之间的距离为

$$L_i = c\Delta t_i/2 \tag{2.11}$$

设三颗量子卫星的空间坐标分别为 $R_1(x_1,y_1,z_1)$，$R_2(x_2,y_2,z_2)$ 和 $R_3(x_3,y_3,z_3)$，地面用户的空间坐标为 (x,y,z)．根据基于到达时间差所获得的卫星和用户之间距离差的计算公式 $c\Delta t_i/2$，以及卫星和用户之间距离差与用户坐标之间的关系，可以得到每一颗卫星和用户之间距离与地面用户坐标之间的关系公式：$c\Delta t_i/2 = \sqrt{(x_i-x)^2+(y_i-y)^2+(z_i-z)^2}$．通过分别测量 3 颗卫星发射的纠缠光的到达时间差，我们可以得到一个含有 3 个不同时间差以及用户空间坐标的方程组：

$$\begin{cases} \sqrt{(x_1-x)^2+(y_1-y)^2+(z_1-z)^2} = c\Delta t_1/2 \\ \sqrt{(x_2-x)^2+(y_2-y)^2+(z_2-z)^2} = c\Delta t_2/2 \\ \sqrt{(x_3-x)^2+(y_3-y)^2+(z_3-z)^2} = c\Delta t_3/2 \end{cases} \tag{2.12}$$

联立求解方程组 (2.12)，我们可获得用户的空间坐标 (x,y,z)．

量子定位导航系统通过超前瞄准模块在运动的卫星与用户之间维持星地光链路，实现对用户的不间断定位，获取到用户的连续运动轨迹，实现量子定位导航系统的导航功能．

2.2.4　小结

本节对星基量子定位导航系统的测距、定位与导航进行了系统的研究，其研究成果是研究组经过三年全面研究的系统的集成，包括星地光链路的建立、定位导航系统的测距与定位过程、纠缠光到达时间差的获取．所做研究为基于到达时间差的量子测距、定位与导航的实现做好了准备．

2.3　量子导航定位系统中光学信号传输系统设计

基于电磁波技术的全球定位系统作为运用最为广泛的导航技术，可以为陆海空三大领域提供实时、全天候和全球性的导航服务，具有成本低、精度较高、实时性优良的优点，但是由于经典噪声的限制,它存在定位精度无法进一步改善的不足.随着国防和民用对导航定位服务的精度和保密性要求越来越高,基于量子力学论和量子信息论的量子导航定位系统成为未来定位导航系统发展的趋势.量子导航定位系统是美国麻省理工学院(Massachusetts Institute of Technology,简称 MIT)实验室于 2001 年首次提出的,并且在理论上证明了利用双光子纠缠光子对和量子压缩态实现提高定位精度的设想(Giovannetti et al.,2001).中国在量子通信技术方面走在世界前沿,2016 年 8 月由中国科学院上海微小卫星工程中心制造的世界首颗量子科学实验卫星"墨子号"成功发射,2017 年 6 月 16 日首次成功实现两个量子纠缠光子被分发到超过 1 200 km 的距离后仍可继续保持量子纠缠的状态.中国还计划发射更多的量子通信卫星,如将在 2020 年建成亚洲与欧洲的洲际量子卫星通信网络,在 2030 年建成 20 颗卫星规模的全球量子通信网络.这些都为量子导航定位系统的实现奠定了良好的基础.

人造地球卫星的轨道按照高度可分为高轨道(Geostationary Orbit,简称 GEO)和低轨道(Low Earth Orbit,简称 LEO),一般把轨道高度超过 1 000 km 的卫星轨道称为高轨道,离地面几百千米的称为低轨道.由于低轨道卫星轨道高度仅是高轨道卫星的 1/80~1/20,低轨道卫星传播延时仅为高轨道卫星的 1/75,因此低轨道卫星具有路径损耗小、传输延时短的优点,更容易获得目标物的高分辨率图像,而且多个低轨道卫星组成的通信系统可以实现信号全球覆盖,因此量子导航定位系统中的工作卫星都选用低轨道卫星.一个量子导航定位系统可由六颗分布在低轨道的卫星构成,六颗卫星两两一组,构成三条独立的基线,每条基线上的两颗卫星分别与地面用户端建立光链路;每条基线上都有一个可产生纠缠光子对的光源.根据纠缠光子源发射装置的安放位置,量子导航定位系统可以分为星基模式和地基模式,对于光学信号传输系统而言,无论是星基还是地基都需要借助信标光的互相瞄准来建立量子光链路.卫星端和地面用户端各有一套光学信号传输系统,区别在于,若是星基模式,则卫星端为发射方,其光学信号传输系统包括完整的 ATP 系统和 HOM 干涉仪,反射方地面用户端是直角反射器和不包括超前瞄准模块的 ATP 系统;若是地基模式,则地面用户端为发射方,须安装完整的 ATP 系统和 HOM 干涉仪,反射方卫星端是直角反射器和不包括超前瞄准模块的 ATP 系统.ATP 系统可以实现信标光和量子光的高精度捕获、跟踪和瞄准,为用户端和卫星端之间建立通信链路以及恢复中断的通信链路.在完成光链路建立的基础上,需要由 HOM 干涉仪对单光子进行计数处理,为后续光学信号处理系统提供数据;反射端特有的直角反射器用来反射量子光.此外,还有基于四颗卫星的量子导航定位系统,其原理是基于算法实现两条光路上单光子的同时到达,无需可调节光延时器,降低系统搭建和运行成本,在基于四颗卫星量子导航定位系统的整个工作过程中还存在传播延迟误差和对流层传播误差等问题.

量子定位系统利用量子自身的纠缠特性(纠缠光子对无论被分开多远都能相互感应),可突破经典无线电定位系统因信号的带宽和功率对最大定位误差的限制,提高定位精度;利用量子自身的不可克隆特性(任何试图窃取量子信息的行为都会导致关联量子态的坍缩而被发现),可完成理论上绝对保密的量子通信,提供保密的导航定位服务.量子导航定位系统的定位精度由ATP系统的跟踪精度和HOM干涉仪中的单光子探测器参数共同决定.ATP系统在星地间建立光链路的基础上,由以单光子探测器为核心的计数模块完成最终的定位工作.量子导航定位系统中的光学信号传输系统设计是整个量子导航定位系统的基础,也是量子导航定位系统的关键.

本节以六颗卫星的量子导航定位系统的地基模式为例,对量子导航定位系统中光学信号传输系统的设计进行研究,从量子导航定位系统中的发射方与反射方的光学信号传输系统结构设计入手,结合相关参数提出系统性能指标;根据所设置的系统最终精跟踪性能指标为 $\Delta\theta_F = \pm 2\ \mu\mathrm{rad}$ 的情况下,对光学信号传输系统中的ATP系统和HOM干涉仪进行设计,重点针对ATP系统中粗跟踪系统、精跟踪系统、ATP复合轴控制系统和HOM干涉仪中单光子探测器的参数与系统性能之间的关系进行详细研究,分析各部件特性及其与部件参数选型之间的关系,并通过具体实例阐述部件选型的具体过程.

本节结构安排如下:首先为光学信号传输系统的结构、工作过程和性能指标,然后根据给定的性能指标,针对光学信号传输系统中的光学天线、二维转台、粗跟踪探测器、快速反射镜、精跟踪探测器、ATP控制器和单光子探测器等关键部件的特性和选型进行研究.之后为小结.

2.3.1 光学信号传输系统的结构和性能指标

2.3.1.1 发射方与反射方的光学信号传输系统的结构设计

量子导航定位系统光学信号传输系统的工作过程分为捕获、粗跟踪、精跟踪和动态通信四个阶段.典型的星地量子通信链路的建立是从量子卫星和地面用户互相发射和接收信标光开始的,卫星绕地球运动,在经过接收端所在地上方时,双方的跟瞄系统开始工作:跟瞄系统根据轨道预报初步判定对方位置,并发射一定发散角的信标光以覆盖对方,双方的跟瞄系统各自探测对方的信标光,并调整自己的光轴方向,以便精确确定对方的位置,建立起光链路,完成捕获过程.此后跟瞄系统接收到信标光的方向,不断地调整自身的光轴,在相对运动中维持光链路的对准和跟踪过程.然后位于地面用户端的光源发射器开始发射纠缠光子对,经卫星端的直角反射器反射后,进入地面用户端的 HOM 干涉仪,用户端通过调整光延时器,使纠缠光子对中的两个单光子分别通过不同的路径同时到达单光子探测器,完成通信链路的建立.最终,将三组光延时器的参数分别带入计算距离的数学模型中,联立求解出用户端位置的精确三维坐标,从而实现量子导航定位.

由于量子导航定位系统的信号传输介质——量子光的发散角仅几十微弧度,并且用户端和卫星端相距较远,因此光束对准跟踪精度要求在微弧度量级,光学信号传输系统工作过程的前三个阶段都用来建立信标光链路,在完成信标光链路搭建的基础上,量子光可直接进行动态通信.捕获过程是根据星历表轨道预报或 GPS 坐标计算得到地面光学望远镜的方位角和俯仰角,然后驱动望远镜转动对准信标光,在开环状态下实施捕捉动作,完成捕获过程;粗跟踪过程是在通信双方相互完成捕获过程的基础上,在闭环状态下根据接收到的信标光方向不断调整自身的光轴,在相对运动中维持光链路的对准;精跟踪过程是将信标光光斑位置从精跟踪探测器的边缘引入精跟踪探测器中心并维持(姜会林,佟首峰,2010);动态通信过程是在通信光轴精密对准的前提下,发射方启动纠缠光子源发射装置和单光子探测器装置,接收反射方用直角反射器反射回来的量子光并计数,实现信息传输.其中,捕获工作和粗跟踪工作都由粗跟踪系统完成,精跟踪工作由精跟踪系统完成,动态通信工作由 HOM 干涉仪完成,信标光模块参与捕获工作.

典型的量子导航定位系统中光学信号传输系统光路图如图 2.20 所示,其中,发射方光学信号传输系统由 ATP 系统和 HOM 干涉仪两部分组成,ATP 系统用来完成对信标光和量子光的捕获、跟踪、对准,主要由信标光模块(beacon light module)、粗跟踪系统(coarse tracking system)和精跟踪系统(fine tracking system)构成:信标光模块负责向卫星端发送上行信标光,它实际上是一个信标光发射器;粗跟踪系统负责完成信标光的捕获和粗跟踪,典型的粗跟踪系统主要由光学天线(optical antennas)、二维转台(two-dimensional turntables)、粗跟踪探测器(coarse tracking detector)组成;精跟踪系统用来完成信标光的精跟踪工作,主要由准直镜头(collimating lens)、快速反射镜(fast mirror)、分光镜(spectroscope)、聚焦镜头(focusing lens)、精跟踪探测器(fine tracking detector)组成;此外,还有超前瞄准模块(advance aiming module)用于补偿由于光束远距离传输过程中,信号在空间传输时间的同时,卫星运动引起的超前位移角度.它根据星历表计算出瞬时超前角,通过超前瞄准探测器控制倾斜镜动作,使出射光相对于接收光偏转指定超前角度,使出射光精确瞄准卫星在信号传输时间内到达的位置.HOM 干涉仪用来完成单光子计数和时间同步的任务,由单光子探测器(single photon detector)、光延时器(optical delay)、分束器(beam splitter)和纠缠光子源(entangled photon source)组成.单光子探测器负责对由分束器接到的量子光进行单光子计数,光延时器可以用来调整接收单光子的时间,分束器的功能是将一束光线分成两束,纠缠光子源可以产生纠缠光子对.反射方的光学信号传输系统为直角反射器和不包括超前瞄准模块的 ATP 系统.直角反射器(right angle reflector)用来使量子光沿原路返回.

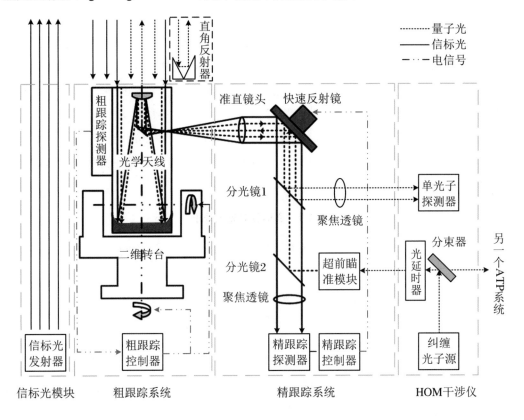

图 2.20　光学信号传输系统光路图

2.3.1.2　光学信号传输系统的性能指标

光学信号传输系统的性能指标主要是 ATP 系统性能指标.ATP 系统性能指标可以分为粗跟踪系统性能指标和精跟踪系统性能指标,其中,粗跟踪系统的参数指标有初始捕获时间(capture time)、工作范围(scope of work)、最大跟踪角速度(maximum tracking angular speed)、最大跟踪角加速度(maximum tracking angular acceleration)、粗精跟踪视场(field of view)、粗精跟踪精度(tracking accuracy).

在确定光学信号传输系统性能指标之前,首先需要确定一些必要参数,它们包括卫星与地球表面距离 R、入射/出射量子光和信标光的波长 $\lambda_1,\lambda_2,\lambda_3,\lambda_4$ 和量子光发散角

θ.量子导航定位系统中的卫星选择低轨道卫星,参考"墨子号"量子卫星近地点 488 km,远地点 584 km 的轨道参数,我们以距离地球表面 $R = 500$ m 为例进行研究.

目前国内外通信链路频段主要采用微波波段(Zhang,Zhang,2001),GPS 的传输介质电磁波具体来说是一种微波,由于量子导航定位系统是基于量子光的定位技术,其光链路应采用基于光波的光学链路频段,光波与微波的本质区别是频率不同,光波频率要比微波频率大数个数量级,波长比微波的波长短,相对的光波具有传输频带宽、通信容量大和抗电磁干扰能力强等优点(王文朋,2014).根据国际电联对于卫星通信链路的频段规划建议,表 2.1 给出了通信卫星光波频段的划分.目前,较为成熟的纠缠光子对制备方法有光学非破坏测量、非线性晶体的自发参量下转换、光学参量放大、非线性光纤、光子晶体的四波混频等,其产生的纠缠源波长范围包括 $650 \sim 1\,080$ nm 和 $1\,520 \sim 1\,560$ nm (钱锋,2014),因此,可以选用 $0.8 \sim 0.9\ \mu m$ 及 $1.06\ \mu m$ 频段的波长作为量子导航定位系统光链路的工作频率.

表 2.1　通信卫星光波频段

频段名称	频率范围(THz)	波长范围(μm)
	564	0.532
光学频段	$333 \sim 375$	$0.8 \sim 0.9$
	283	1.06
	28	10.6

另一方面,入射/出射量子光和信标光的波长 $\lambda_1, \lambda_2, \lambda_3$ 和 λ_4 的选择还取决于衍射现象、信道传输特性、空间背景光特性和探测器特性.若波长选择过长,则衍射现象严重,成像质量低;若波长选择过短,则信道传输特性差,大气信道衰减大,而且天空背景光影响也会大.此外,考虑到探测器的材料特性,波长应选择在 800 nm 附近或 1 550 nm 附近.在此我们选择 Si 探测器,因此输入/输出的量子光和信标光的波长都在 800 nm 附近,本节选择的入射/出射量子光和信标光的波长 $\lambda_1, \lambda_2, \lambda_3$ 和 λ_4 如表 2.2 所示.

表 2.2　入射/出射量子光和信标光的波长 $\lambda_1, \lambda_2, \lambda_3$ 和 λ_4

名称	符号	参数(nm)
入射量子光波长	λ_1	850
出射量子光波长	λ_2	830
入射信标光波长	λ_3	790
出射信标光波长	λ_4	810

空间光通信中量子光发散角的显著特点是非常小.一方面,量子光发散角越小,自由空间损耗就越小,但同时也使接收端的功率密度过小,提高了捕获、跟踪、对准的难度,反而有可能使导航定位精度下降;另一方面,受制造工艺和技术的限制,复合轴 ATP 系统的跟踪精度存在一定极限,量子光发散角也不能无限制小,因此不同跟踪精度都有与之对应的最佳量子光发散角.

可以根据接收端所接受的光功率,或者根据链路可靠性来计算量子光发散角的大小.针对以精跟踪精度为最终性能指标的情况,我们通过对量子光接收端所接收的光功率 P_r 与精跟踪精度 $\Delta\theta_F$ 之间关系式中的量子光发散角 θ 求偏导,并令其等于零,可以求得量子光接收端所接收的光功率 P_r 为最大值情况下的量子光发散角 θ 与精跟踪精度 $\Delta\theta_F$ 之间的关系为

$$\theta/\Delta\theta_F \approx 5 \tag{2.13}$$

我们可以通过式(2.13)来求得最大光功率下的最优量子光发散角 θ_{opt}.

另一方面,为保证 98% 的高斯光束能量通过光学天线口径 D,需要量子光的束腰半径 ω_0 与光学天线口径 D 之间满足关系式:$2\omega_0 = 0.7D$;再按照衍射极限的理论,量子光发散角 θ 的最大极限值应当满足 $\theta_{max} = 2\lambda/(\pi\omega_0)$.联立这两个关系式,我们可以计算出最大光发散角 θ_{max} 与光波长及光学天线口径 D 应满足 $\theta_{max} = 4\lambda/(0.7\pi D)$.

ATP 系统的最终性能指标是 ATP 系统的跟踪精度,即精跟踪精度 $\Delta\theta_F$,本书设定预期达到的性能指标为 $\Delta\theta_F = \pm 2\ \mu\text{rad}$ 的跟踪精度.由于精跟踪是在粗跟踪基础上实现的,因此相邻两级跟踪系统的视场和精度要相互匹配,一般精跟踪系统精度是粗跟踪系统精度的 5~10 倍,所以精跟踪系统视场与粗跟踪系统视场之比为 5~10.设定卫星端的不确定区域为 3 mrad,则粗跟踪探测器的视场应大于等于 3 mrad×3 mrad,我们取粗跟踪探测器视场 $\theta_D = 3\ \text{mrad} \times 3\ \text{mrad}$;此时可得精跟踪探测器视场的范围为 0.3~0.6 mrad,我们选取精跟踪探测器视场 $\theta_{FOV} = 0.5\ \text{mrad} \times 0.5\ \text{mrad}$.为了使信标光能够被控制在所选取的精跟踪视场内,一般粗跟踪精度应该小于精跟踪视场边长的 1/3,在目标丢失概率低的情况下可以取两者相等,因此本书选定粗跟踪的精度为 $\Delta\theta_C = \pm 0.5\ \text{mrad}$.粗/精跟踪视场与各自精度之间的关系如表 2.3 所示.

卫星运动的角速度 $\dot{\theta}_s$ 是卫星与地球自转之间的相对角速度.由于地球自转角速度非常小($4.167 \times 10^{-3\ \circ}/\text{s}$),可忽略不计,卫星的圆周运动加速度由万有引力提供,因此粗跟踪角速度 $\dot{\theta}$ 与万有引力 mg 的关系为

$$mg = \dot{\theta}_s^2(R + r) \tag{2.14}$$

其中，m 为卫星的质量，g 为重力加速度，$\dot{\theta}_s$ 为卫星圆周运动的角速度，r 为地球半径，R 为卫星与地面的距离.

假定卫星质量 $m = 850$ kg，地球半径 $r = 6\,378$ km，可计算出卫星运动的角速度 $\dot{\theta}_s$ 为

表 2.3　粗/精跟踪视场与各自精度之间的关系

名称	符号	关系	取值
精跟踪精度	$\Delta\theta_F$	$\theta = 5\Delta\theta_F$	$\pm 2\ \mu$rad
量子光发散角	θ		$10\ \mu$rad
粗跟踪探测器视场	θ_D	$\theta_D : \theta_{FOV} = 5\sim10 : 1$	3 mrad×3 mrad
精跟踪探测器视场	θ_{FOV}	$\Delta\theta_{FOV} : \Delta\theta_C = 1\sim3 : 1$	0.5 mrad×0.5 mrad
粗跟踪精度	$\Delta\theta_C$		± 0.5 mrad

$$\dot{\theta}_s = \sqrt{\frac{mg}{R+r}} = \sqrt{\frac{850 \times 9.8}{500 \times 10^3 + 6\,378 \times 10^3}} = 1.995(°/s) \tag{2.15}$$

由式(2.15)计算出的卫星角速度也是最小粗跟踪角速度，因为为了完成粗跟踪的工作任务，粗跟踪系统中二维转台的最大粗跟踪角速度 $\dot{\theta}$ 应大于卫星做圆周运动的角速度 $\dot{\theta}_{opt}$，即 $\dot{\theta}_{opt} > \dot{\theta} = 1.995$ °/s，可取 $\dot{\theta}_{max} = 2$ °/s. 根据经验和实验测量，取最大跟踪加速度为 $\dot{\theta}_{max} = 0.5$ °/s^2.

量子导航定位系统中 ATP 系统技术参数性能指标如表 2.4 所示，其中，初始捕获时间是指从星地量子通信跟瞄系统开始工作到稳定建立星地光链路的时间，主要取决于卫星根据星历表的预报精度以及粗跟踪系统扫描捕获的能力；工作范围是指粗跟踪系统中的执行装置的转动范围，由于粗跟踪的工作特性，需要有较大的工作范围，因此本书选择二维转台作为粗跟踪系统的执行装置；最大跟踪角速度和最大跟踪角加速度由卫星和地面之间相对运动决定；跟踪带宽是衡量跟踪系统的控制性能，取决于控制系统各环节的频率特性；跟踪视场是跟踪探测器的视场，粗跟踪视场要大于初始指向精度，精跟踪视场要大于粗跟踪精度；跟踪精度是跟瞄误差的最大值，精跟踪精度为 ATP 系统的最终跟踪精度.

表 2.4　ATP 系统技术参数性能指标

参数类型	参数名称	参数要求
粗跟踪参数指标	初始捕获时间	小于 10 s
	工作范围	方位角大于 $\pm 70°$，俯仰角大于 $\pm 45°$
	最大跟踪角速度	大于 2 °/s
	最大跟踪角加速度	大于 0.5 °/s²
	粗跟踪带宽	大于 200 Hz
	粗跟踪视场 $\Delta\theta_D$	3 mrad×3 mrad
	粗跟踪精度 $\Delta\theta_C$	优于 ± 0.5 mrad
精跟踪参数指标	精跟踪带宽	大于 200 Hz
	精跟踪视场 $\Delta\theta_{FOV}$	0.5 mrad×0.5 mrad
	精跟踪精度 $\Delta\theta_F$	优于 ± 2 μrad

　　根据设定预期达到 $\Delta\theta_F = \pm 2$ μrad 的精跟踪精度、$\Delta\theta_C = \pm 0.5$ mrad 的粗跟踪精度，量子导航定位系统中光学信号传输系统控制回路图如图 2.21 所示，其中，左侧回路为粗跟踪回路，右侧回路为精跟踪回路，精跟踪回路输出的结果经过单光子探测器可得到最终导航定位结果．

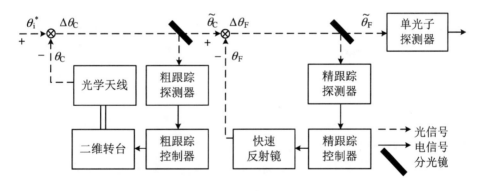

图 2.21　量子导航定位系统中光学信号传输系统控制回路图

2.3.2 光学信号传输系统设计

2.3.2.1 ATP 系统设计

1. 粗跟踪系统部件特性分析与选型

粗跟踪系统工作在捕获阶段和粗跟踪阶段,通过对信标光的捕获完成星地之间通信链路的建立,并维持光链路的粗跟踪将信标光和量子光引入精跟踪系统.典型的粗跟踪系统主要由光学天线、二维转台、粗跟踪探测器组成.

(1) 光学天线

光学天线在量子导航定位系统中用来发送与接收信标光和量子光,是一种由望远镜组成的光学系统,用来压缩所接收和发射光束的发散角,使光束能够传播更远的距离.需要从光学天线的类型、机架结构、口径 D 和放大倍率 M 三个方面来选择光学天线.

按照工作方式划分,光学天线可分为透射式、反射式和折反射组合式(马晓军,2014).透射式光学天线又可分为伽利略型和开普勒型两种,透射式光学天线制作简单、造价低,但是由于制作工艺的限制,口径不能过大,因此只适用于天线孔径较小的情况,如日本的 EST-Ⅵ 系统的 75 mm 天线.反射式光学天线主要有格里高利型、牛顿型和卡塞格林型三种形式,其中,卡塞格林型光学天线由焦点重合的旋转抛物面主镜和旋转双曲面次镜以及球面后置目镜组成,具有结构简单、像质优良、没有球差的特点,并且可以用于口径较大的光学天线中,因此在空间光学系统中有广泛应用(冉英华,2009).折反射组合式光学天线结合了透射式和反射式光学天线的优点,但是这种光学天线体积大、加工困难、成本高,目前应用较少,或许会成为未来的发展趋势.本书选择实际应用较为广泛的卡塞格林型光学天线.

在光学信号传输系统工作过程中,需要转动光学天线来捕获、跟踪、瞄准光信号,因此必须为光学天线配备合适的机架结构以满足其工作要求.光学天线的机架结构可分为赤道式和地平式,两者主要区别是传动轴中的一根转轴(被称为极轴)是水平方向还是竖直方向.赤道式光学天线的优势是极轴的匀速运动可以补偿天体的视运动,并且赤道式光学天线的天顶位置没有盲区.当圆顶装置尺寸较小时,地平式光学天线因为回转半径小,可跟随光学天线转动,其安装无需考虑当地的纬度.考虑量子导航定位系统的高精度要求,本节中选择赤道式光学天线机架结构.

光学天线口径 D 会对通信链路总衰减率 η 产生影响,进而影响量子导航定位系统的误码率.光学天线的口径直接影响天线的光功率增益,孔径越大,增益越大.因此,从提高天线增益的角度考虑,光学天线口径越大越好.但是,随着光学天线口径的增大,整个光学天线甚至整个 ATP 系统的体积、重量也要增加.光学天线口径 D 与通信链路总衰减率 η 之间的关系满足

$$D = z \cdot \theta \sqrt{\frac{\eta}{2 \cdot \eta_1 \cdot \eta_a \cdot \eta_r \cdot \eta_p}} \tag{2.16}$$

其中,z 为束腰距离,η_1 为发射端光学效率,η_a 为链路经过大气通道时造成的衰减率,η_r 为接收端光学效率,η_p 为由于发射端瞄准误差造成的衰减率.

发射端光学效率 η_1 与波前相位均方根值 R_m 有关,波前相位均方根值 R_m 越小,系统像质越好,同时对于加工精度和装配要求也会更高,一般选取典型终端光学天线波前相位均方根值为 $R_m \leqslant \lambda/10$(Jin et al.,2010),我们选取 $R_m = \lambda/10$,可得对应的发射端光学效率为

$$\eta_1 = \exp(-2\pi R_m/\lambda) = \exp(-\pi/5) = 0.53$$

对于自由空间光通信,链路经过大气通道时造成的衰减率 η_a 接近 1,所以可以取 $\eta_a = 1$. 接收端光学效率选取为 $\eta_r = \eta_1 = 0.53$.由精跟踪精度和量子光发散角,可以求得发射端瞄准误差造成的衰减率为

$$\eta_p = \exp[-8(\widetilde{\theta}_F/\theta)^2] = \exp(-1/8) = 0.8$$

束腰距离可以根据公式获得为

$$z = \pi w_0^2/\lambda_1 = (3.14 \times 2.5^2)/(850 \times 10^{-9}) = 2.31 \times 10^7 (\text{m})$$

由此,根据式(2.16)可以求出光学天线口径为

$$D = z \cdot \theta \sqrt{\frac{\eta}{2 \cdot \eta_1 \cdot \eta_a \cdot \eta_r \cdot \eta_p}} = 1.18(\text{m})$$

光学天线的放大倍率 M 是其主镜焦距和次镜焦距之比,由光学天线口径和反射镜的口径决定,它们之间的关系为

$$M = \frac{D}{D_{SM}\cos\theta_M} = \frac{1.18}{0.2 \times 0.5} = 11.8 \tag{2.17}$$

其中,D 为光学天线的口径,D_{SM} 为反射镜口径,θ_M 为反射镜法线与零视场主光线的夹角.

通过式(2.17)可以看出:放大倍率 M 与反射镜口径 D_{SM} 成反比,放大倍率 M 越小,

反射镜口径 D_{SM} 越大,光学天线的质量、体积也会相应增大,同时背景噪声也会增强;相反,若放大倍率越大,则反射镜法线与零视场主光线的夹角 θ_M 越大,因此会引起角分辨率减小.反射镜法线与零视场主光线的夹角取 $60°$,根据现有的反射镜产品,在满足转角范围和带宽要求的前提下,我们选择反射镜的口径为 $D_{SM} = 0.2 \, m$,代入式(2.17)可以计算出光学天线的放大倍率为11.8.

(2) 二维转台

二维转台主要由转台部分和驱动机构组成,驱动机构是整个 ATP 粗跟踪系统的动力来源,一般用电机来实现,主要根据星历表计算的方向,产生大的光学天线偏转,使光学天线完成初始指向,实现捕获和粗跟踪工作,二维伺服转台作为执行器,整个工作过程中直接驱动光学天线对准信标光,根据指令实现初始指向、扫描、捕获和粗跟踪的功能,其类型的选择会影响粗跟踪精度,进而影响精跟踪精度.

二维转台的设计主要应考虑其结构形式、驱动器的类型、粗跟踪最大跟踪角速度 $\dot{\theta}$、粗跟踪最大跟踪角加速度 $\ddot{\theta}$、最大直径和最大负载,其中,粗跟踪最大跟踪角速度和粗跟踪最大跟踪角加速度都是为了适应卫星与地面用户端之间的快速相对运动.二维转台结构一般有三种形式,分别为单反射镜式、潜望式和十字跟踪架式.单反射镜式二维转台利用单个反射镜对信标光进行一次反射,使反射后的光路射入固定在平台上的光学天线内,因此系统可靠性较高、功耗较小,缺点是外置的反射镜容易受损,且轴系运动范围较小、结构体积大.潜望式二维转台含有两个折叠镜,可以实现空间的任意指向,因此转动范围大、转动负载小,但是由于光束需经过两个折叠镜的发射也存在转动时所需空间大、角度误差大、指向精度低的缺点.十字跟踪架式二维转台结构简单、尺寸较大,由电机驱动光学天线直到信标光直接射入光学天线内.由于体积较大,带来了转动惯量较大、功耗较大、驱动力矩要求高、响应频率较低等缺点,但是该结构无工作死区、控制精度高、系统稳定性好,因此应用较多.二维转台的驱动器方面,由于粗跟踪装置要求扫描范围大(300 mrad 左右)、转角大、可靠性高、精度高、响应速度快,普通的步进电机和转角有限的电机无法实现,因此只有直流无刷力矩电机(BLDC)和交流永磁同步电机(PMSM)两种可选(钱锋,2014).两者在结构上具有相似性,都含有一个永磁体构成的转子、三相电枢构成的钉子,驱动方式方面都需要电子换相装置,在控制方面交流永磁同步电机相对复杂,但是其效率更高、转矩脉动更小,同时具备优异的调速性能(鄢永耀,2016).此外,应当注意,交流永磁同步电机的工作状态受温度影响很大.根据所提出的技术参数:粗跟踪系统最大跟踪速度大于 $2 °/s$ 和最大跟踪加速度大于 $0.5 °/s^2$,可以选择十字跟踪架式二维转台,驱动器选择控制简单的直流无刷力矩电机.

二维转台的最大直径和最大负载应参考光学天线的口径 D 和质量,二维转台的最大直径应大于光学天线的口径 D，二维转台的最大负载应大于光学天线的质量.几种二维转台参数及性能如表2.5所示.

表2.5 几种二维转台参数及性能

型号	公司	最大直径(mm)	最大负载(kg)	精度(μrad)
AOM360D-50	AEROTECH	489	50	± 5
AMG-600	AEROTECH	591	70	± 24
AMG-200LP	AEROTECH	193.8	16	± 24
8MLAOM	Standa	100	150	± 15

(3) 粗跟踪探测器

粗跟踪探测器用于粗跟踪系统跟瞄过程中信标光光轴偏离中心位置的位移差测量.它必须与光学天线的主光轴同轴.粗跟踪系统通过粗跟踪探测器得到信标光光斑成像的位置,通过粗跟踪控制器来调整光学天线的位移大小、方向以及主光轴指向.因此,粗跟踪探测器的类型、像元阵列 d_a 和帧频对整个量子导航定位系统的精度有很大的影响.

粗跟踪探测器一般选用四象限雪崩管探测器(4QD)或电荷耦合器件图像传感器(CCD).目前,4QD 由于响应速度快且分辨率高、存在探测盲区等因素,大多用于精跟踪探测器,在粗跟踪探测器上应用很少.粗跟踪探测器应用 CCD 更为广泛,因为其阵列视场大,可以实现对大的不确定区域(FOU)内目标的快速捕获和粗跟踪,同时还有噪音低、非均匀信号、动态范围大、读出速率高的优点.CCD 是一种电荷转移的半导体光敏元件阵列器件,可以把信标光转换成多路电脉冲信号,信号的幅值反映光敏元件接收到光的强度,信号的输出顺序反映光敏元件接收到光的位置(江昊,2012).因此,我们选择的粗跟踪探测器是 CCD.

探测器的视场由像元组成,像元阵列即像元数量越大,像元空间分辨力越大.由于粗跟踪系统通常兼具捕获和粗跟踪两种功能,在捕获阶段,为了减小捕获时间,尽量增加捕获视场;而在粗跟踪阶段,又需要保证一定的粗跟踪精度.光斑检测误差是粗跟踪的主要误差之一,为了减小光斑检测误差,提高像元空间分辨力是必需的,需要选择高分辨力大面阵的探测器实现光斑检测.探测器像元阵列 d_a 满足

$$d_a \geqslant \frac{2f_D}{d_b} \tan\left(\frac{M \cdot \theta_D}{2}\right) \tag{2.18}$$

其中,θ_D 为粗跟踪探测器视场,M 为光学天线放大倍率,f_D 为粗跟踪系统中聚焦透镜的焦距,d_b 为像元尺寸大小,$\Delta\theta_C$ 为粗跟踪精度,将像元大小 $d_b = 2 \cdot \Delta\theta_C \cdot M \cdot f$，$\theta_D = 3$ mrad，$\Delta\theta_C = 0.5$ mrad 带入式(2.18),可得

$$d_{\mathrm{a}} \approx \frac{\theta_{\mathrm{D}}}{2\Delta\theta_{\mathrm{C}}} = \frac{3}{2\times0.5} = 3$$

由于光斑探测和信号处理存在一定延迟时间,此延迟时间对于控制系统而言,会降低控制系统的稳定相对裕量,进而影响系统的带宽和稳定性.为了尽量减少此延迟时间对于控制系统的影响,通常需要保证粗跟踪探测器的工作帧频为伺服带宽的10倍以上.

目前有能力生产 CCD 的厂家主要有 FUJIFILM、Panasonic、Princeton Instrument、Avantes、SANYO、Sharp、Kodak、贝尔实验室、Phillips、汤姆孙无线电公司(CSF)、EEV、英国通用电气公司(GEC)等.几种粗跟踪探测器如表2.6所示.

表2.6　几种粗跟踪探测器

探测器型号	类型	供应厂家	帧频(全帧)(fps)	像元阵列
GS3-U3-15S5C	CCD	美国菲力尔公司	45	1 384×1 036
VA-2MC-M/C 68	CCD	泰洛科技股份有限公司	70	1 600×1 200
CL300	CCD	德国 Optronis 公司	150	1 280×1 024
U3S230-H	CCD	深圳市度申科技有限公司	40	1 920×1 200

2. 精跟踪系统部件特性分析与选型

(1) 快速反射镜

快速反射镜作为精跟踪探测器的执行器是精跟踪系统的控制对象,其特点是可高频微角度转动,以满足精跟踪的要求.快速反射镜需要具有动态滞后误差小、响应速度快、谐振频率高的特点.快速反射镜的选型主要涉及类型、谐振频率 f_{c}、口径 D_{FSM}、厚度和转角 α_{F}.

快速反射镜根据其驱动器可以分为压电陶瓷式反射镜(PZT)、音圈电机式反射镜(VCA)、静电微驱动式反射镜、电致伸缩式反射镜、形状记忆合金式反射镜和磁致伸缩式反射镜等.其中,最常用的只有压电陶瓷式反射镜和音圈电机式反射镜,因为这两种驱动器可以以更小的成本达到高带宽、高精度的驱动目标.压电陶瓷式驱动器利用逆压电效应,其径向伸长量根据加在两级的高压信号的调整而变化,具有高载荷、大驱力、高频响、不受磁场干扰、没有磨损以及不需润滑等特点(罗彤,2005).而音圈电机式驱动器是一种直线驱动电机,由永磁场、管状线圈、铁磁圆柱、线圈支撑等部件构成(江常杯,2007),利用洛伦兹力使线圈在磁钢的作用下做往复直线运动,行程较大(罗文嘉,2016),与压电陶瓷式驱动器相比其存在位置分辨率低、噪声大、惯量大、能耗大、谐振频率低等缺点.考虑到压电陶瓷式快速反射镜的高速响应能力以及高定位精度的要求,因此本书选择压电陶瓷式快速反射镜.

快速反射镜与工作平台的链接方式有两种:一是柔性环和铰链结构,快速反射镜通过柔性铰链连接驱动器,实现驱动器和反射镜的联动;二是与二维转台固定链接结构,此时快速反射镜固定在二维转台上,通过驱动装置来驱动反射镜的方位轴和俯仰轴的转动.快速反射镜的类型选择主要考虑系统结构,音圈电机行程大,结构谐振频率一般为几十赫兹,而压电陶瓷驱动行程小,结构谐振频率高达上千赫兹.因此,在确定快速反射镜的类型的同时,也确定了其谐振频率的大概范围.常规控制方法为了避开FSM固有弹性结构的谐振影响,闭环带宽一般设计为结构谐振频率的1/6,实际应用时多在1/10左右.

根据精跟踪系统带宽为 200 Hz,可知快速反射镜不带载的谐振频率应大于 1 200 Hz,取 $f_o = 1\ 200$ Hz. 光学天线的总转动惯量为 $I_m = \sqrt{J_{A\Sigma}^2 + J_{E\Sigma}^2} = \sqrt{(27.85)^2 + (73.92)^2} = 78.99$ kg·m,快速反射镜平台自身的转动惯量 $I_o = 10$ kg·m,根据带载条件下的谐振频率 f_c 与不带载条件下的谐振频率关系(姜会林,佟首峰,2010),可以求得带载的谐振频率

$$f_c = \frac{f_o}{\sqrt{1 + \dfrac{I_m}{I_o}}} = \frac{1\ 200}{\sqrt{1 + \dfrac{78.99}{10}}} = 402.26 \text{(Hz)} \tag{2.19}$$

其中,f_c 为带载条件下的谐振频率,f_o 为不带载条件下的谐振频率,I_m 为光学天线的转动惯量,I_o 为快速反射镜平台自身的转动惯量.

由式(2.19)可知,快速反射镜在带载条件下的谐振频率不仅与快速反射镜自身的谐振频率和转动惯量有关,而且随着负载的转动惯量增加而减小.快速反射镜自身的转动惯量与其口径有关,口径越小,厚度越薄,转动惯量越小,越有利于提高谐振频率.在实际工作中,快速反射镜的口径 D_{FSM} 应满足

$$D_{FSM} > \sqrt{2}\,\frac{D}{M} = \sqrt{2}\,\frac{1.18}{11.8} = 0.14 \text{(m)} \tag{2.20}$$

其中,D 为式(2.16)中的光学天线口径,M 为式(2.17)中的光学天线放大倍率.

快速反射镜的厚度要求,通常为其直径的1/4以上,即大于 35 mm.

为了保证光斑可以通过粗跟踪系统可靠进入精跟踪视场,要求快速反射镜的控制角度必须大于精跟踪视场,放大倍率越大,要求快速反射镜的角度伺服范围越宽.快速发射镜的控制角度 α_F 和精跟踪视场 θ_{FOV}、光学天线放大倍率 M 的关系为

$$\alpha_F = \frac{\theta_{FOV} \cdot M}{2} = \frac{0.5 \times 10^{-6} \times 11.8}{2} = 2.95 (\mu\text{rad}) \tag{2.21}$$

其中，α_F 为快速反射镜的控制角度，θ_{FOV} 为精跟踪视场，M 为式（2.17）中的光学天线放大倍率.

(2) 精跟踪探测器

ATP 系统要达到一定的跟踪精度，不仅要选择合适的精跟踪探测器的类型，还要有足够高的位置分辨率 p.由于精跟踪探测器的跟踪精度很大程度上取决于光斑质心提取精度，因此，在精跟踪探测器的选型方面还应考虑精跟踪探测器的探测器尺寸 d_R.

随着 CCD 技术的发展，其帧频大大提高，高帧频 CCD 也可以用作精跟踪探测器.欧洲航天局 SILEX 计划精跟踪探测器使用了有开窗功能的高速小面阵高频 CCD 探测器.此外，互补金属氧化物半导体传感器（CMOS）和四象限探测器（4QD）也可以作为精跟踪探测器.CMOS 是三种备选精跟踪探测器中较新的一种，和 CCD 均为面阵探测器，其主要由像元阵列、开关阵列、地址选通器、输出放大器等单元构成，可以根据地址选择需要输出的像元，工作中依次取出各像元的光电转换信号即可得到全帧图像.与 CCD 相比不会受到漏光噪声影响，不存在拖尾现象，此外，由于 CMOS 的像元各自有独立的功能单元，因此读取顺序容易改变，具有很高的扫描自由度.CMOS 的集成化程度相对较高，外围配置电路数量少，抗激光损坏的能力强（申屠国樑，2014），复杂性低，可靠性强.在供电方面，CMOS 也具有一定的优势，耗电小，且只需要一种电源电压.但是，不具有开窗功能的 CMOS 帧频速率较小，不能满足精跟踪探测器的要求，因此本装置中不予考虑.4QD 由四个光电二极管构成，在已经实现的美国 LLCD 计划、ETS-Ⅵ 计划和 OICETS 计划的精跟踪探测器采用的都是 4QD.4QD 具有响应速度快且位置分辨率高的优点，可以满足精跟踪探测器小视场高频帧的要求.根据精跟踪精度 $\Delta\theta_F = \pm 2\,\mu\mathrm{rad}$ 和精跟踪视场 θ_{FOV} $= 0.5\,\mathrm{mrad} \times 0.5\,\mathrm{mrad}$ 可以选择 4QD 作为精跟踪探测器.

在相同的光斑质心提取算法条件下，当焦距和位置分辨率固定时，精跟踪探测器的像元越小，光斑质心提取精度越高.但是，如果像元过小，每个像元上接收到的能量太低，会导致信噪比降低，进而影响跟踪精度.同一个精跟踪探测器在镜头对准不同的视场情况下，像元大小不同，因此像元大小不作为精跟踪探测器的性能指标.

精跟踪探测器的主要技术参数为位置分辨率和帧频.当系统要达到一定的跟踪精度时，可以增大光学系统的焦距或者提高位置分辨率.而受限于星地光通信系统的体积，光学系统焦距不宜太大，因此要达到较高的跟踪精度，只有提高精跟踪探测器的位置分辨率.根据前面已经确定的精跟踪系统的跟踪精度 $\Delta\theta_F$，固定精跟踪光学系统焦距 f，可以算出位置分辨率 p.固定焦距为 $f = 300\,\mathrm{mm}$，精跟踪系统最大入射光偏角 $\alpha = 90°$，计算出精跟踪探测器的位置分辨率

$$p = \Delta\theta_F f = 2 \times 0.3 = 0.6(\mu\mathrm{m}) \tag{2.22}$$

其中，p 为位置分辨率，$\Delta\theta_F$ 为跟踪精度，f 为精跟踪光学系统焦距.

因为复合轴系统的误差抑制能力是主轴与子轴能力之和，抑制带宽主要由子轴决定，因此子轴要比主轴具有更高采样频率的探测器. 为了实现系统高的闭环带宽，精跟踪探测器的帧频在满足探测能力的前提下要尽量高. 对于科学级的探测相机（量子效率为 0.2～0.4）来说，精跟踪探测器的帧频需达到 2 000 Hz 以上.

精跟踪系统最大入射光偏角即为精跟踪视场，在确定了位置分辨率和帧频后，可以根据公式计算精跟踪探测器尺寸：

$$d_{\mathrm{R}} = 2f\tan\frac{\theta_{\mathrm{FOV}}}{2} = 2 \times 0.3 \times \tan\frac{0.5}{2} = 17.4(\mathrm{mm}) \tag{2.23}$$

其中，d_{R} 为精跟踪探测器直径的最小值，f 为精跟踪系统焦距，θ_{FOV} 为精跟踪系统最大入射光偏角.

2.3.2.2 ATP 复合轴控制系统设计

ATP 复合轴系统包括粗跟踪系统、精跟踪系统和超前瞄准模块，ATP 复合轴控制系统包括粗跟踪控制单元、精跟踪控制单元、超前瞄准控制单元和 ATP 主控单元，如图 2.22 所示，其中，ATP 主控单元负责完成对系统内部各模块的控制，以及与 HOM 干涉仪和卫星姿态控制系统进行交互. ATP 控制系统执行 ATP 子系统内部的时序与状态控制：在接收光信号时，其工作方式为在链路建立阶段（捕获阶段）开环，在链路保持阶段（跟踪阶段）闭环. 当系统达到粗跟踪精度后，粗跟踪控制器向 ATP 主控单元发送确认信号，由 ATP 主控单元启动精跟踪控制器，执行精跟踪，当系统达到精跟踪精度后，精跟踪控制器向 ATP 主控单元发送确认信号，ATP 主控单元通过控制总线启动 HOM 干涉仪；在发送量子光信号时，其工作方式为先向 HOM 干涉仪中的纠缠光子源发送信号，再将发射量子光光轴与接收到量子光光轴的角度差发送给超前瞄准控制器，来控制超前瞄准镜偏转，直到发射量子光光轴偏离接收量子光光轴的角度达到计算好的超前瞄准角度，完成量子光的发射. 复合轴控制器通常由两个串联回路组成，低带宽的粗跟踪环嵌套高带宽的精跟踪环，通常是在二维转台的主光路中插入一个高谐振频率的快速反射镜（Fast Steering Mirror，简称 FSM）. 粗跟踪环具有驱动能力大、动态范围大、控制带宽小等特点，跟踪精度低于最终要求的精度；精跟踪环具有位置分辨能力强、控制带宽大等特点，对粗跟踪环未能补偿的残差进行校正，最终达到系统要求的跟踪精度性能指标. 超前瞄准控制器用于补偿两个通信终端之间的传输时间.

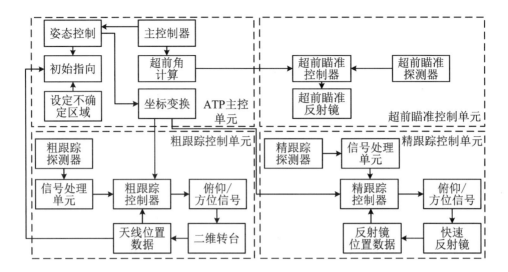

图 2.22　ATP 复合轴控制系统

当粗跟踪系统工作在粗跟踪阶段时,粗跟踪控制器根据光轴变化量,采用控制算法计算控制量,通常采用多环路控制的方案,该方案可以从内到外将调整好的内环作为外环的简单负载,分别调节,简化外环调试难度,提高控制精度,在控制领域运用广泛.粗跟踪控制环路具体如图 2.23 所示,其中多环路控制从内到外一般分为电流环、速度环、位置环,三环控制器均采用比例积分(PI)调节器:电流环输入信号为目标电流,输出信号为实际电机电流,同时采集实际电机电流作为反馈;速度环输入信号为目标速度与实际速度之差,输出需要产生的电机电流,即电流环的输入,采用测角机构测量电机绝对角度并差分求出电机速度信息作为反馈;位置环输入信号为目标位置与实际位置之差,输出信号为需要产生的运动角速度,即速度环输入信号,反馈由粗跟踪探测器对目标信标光成像提供光斑质心位置.

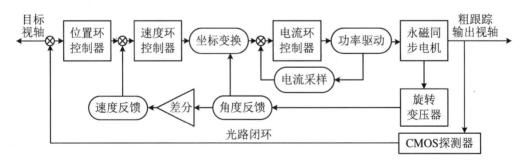

图 2.23　粗跟踪控制环路

精跟踪控制环路如图 2.24 所示,其中,精跟踪环的执行结构是 FSM,精跟踪环的反馈机构为 4QD.ATP 系统中的粗跟踪系统完成粗跟踪信标光捕获与粗跟踪任务后,光信号经过 FSM 的反射和分光镜的分光将一部分光信号引入 4QD,对信标光进行实时跟踪,为系统视轴精确对准对方发射的通信光做准备,其余的光束进入 HOM 干涉仪.精跟踪控制器的控制算法影响了精跟踪环的控制精度、带宽和鲁棒性,目前多采用超前校正算法、PID 算法、零极点对消以及现代控制理论的 LQ 最优控制.

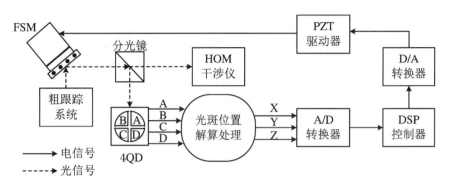

图 2.24　精跟踪控制环路

超前瞄准控制环路如图 2.25 所示,其中,超前瞄准角是发射光束与接收光束之间预先偏离的一个角度,用于补偿两个通信终端之间的传输时间引起的位置差.超前瞄准控制器的执行装置是一个二维压电陶瓷驱动振镜,反馈装置是超前量传感器.

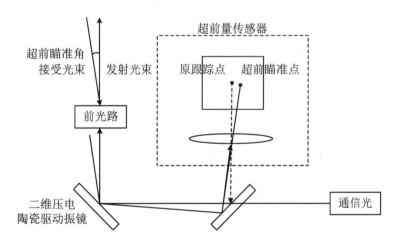

图 2.25　超前瞄准控制环路

2.3.3　HOM 干涉仪

HOM 干涉仪包括光延时器、分束器和两个单光子探测器,其中单光子信号的探测效率高低直接决定定位精度的高低.在量子导航定位方案中,两路纠缠光子信号分别采用单光子探测器进行探测,然后进行复合计数处理,若两边光子调整光延时器的情况下同时达到单光子探测器,HOM 干涉仪达到平衡,即可实现定位.

量子导航定位系统对单光子探测器的要求为:

(1) 波长匹配.在选定的量子光波长处具有高的量子探测效率和灵敏度.

(2) 响应速度快、带宽大以满足高速信息传输的要求.

(3) 低噪声,即暗计数低.

(4) 体积小、可靠性强、价格低.单光子探测器的选型主要考虑其类型、量子探测效率 ε 和灵敏度 S(姚立 等,2007),此外,暗计数、时间分辨率和芯片厚度也应纳入考虑.

传统的单光子探测器以光电倍增管(PMT)和雪崩光电二极管(APD)为代表,为弱光检测提供了较高的灵敏度.近年来研究人员在传统单光子探测器的基础上进行改进,研制出了以超导单光子探测器为代表的新型低温单光子探测器件,其性能与传统单光子探测器相比有显著的提升.光电倍增管是最早出现也是技术最成熟的单光子探测器,其工作原理是一种基于外光电效应和二次电子发射效应的电真空器件,由光电阴极、电子被增加(打拿极)和收集极(阳极)等构成(吴青林 等,2010).光电倍增管的最大计数率可达 30 MHz,暗计数率可以做到非常低(10 Hz),其优点是灵敏度高、噪声低、探测面积大(直径可达 50 cm)(黄红梅,许录平,2015)、响应速度快、高增益和光谱覆盖范围宽.在合适的工作电压范围内,输出信号幅度与输入光强成正比.当该种单光子计数器用于量子光探测时,需要改光电阴极材料为 InGaAs/InP,这会引起探测效率的降低(低于 1%)和暗计数率的增加(约 200 kHz),因此极少采用.雪崩光电二极管是一种基于电离碰撞效应的光电检测器件,工作于线性模式,增益较低,因此在此基础上演变出一种单光子雪崩光电二极管(SAPD).单光子雪崩光电二极管虽然探测面积较小,但是探测效率高、功耗小、时间分辨率高、体积小且易于集成化(戴志强,2015),因此比光电倍增管应用更加广泛.根据材料的不同单光子雪崩光电二极管又可以分为硅单光子雪崩光电二极管(SiSAPD)和 InGaAs/InP 单光子雪崩光电二极管.其中,因为 InGaAs/InP 单光子雪崩光电二极管具有较高的探测效率(25%)和极低的暗计数率(每纳秒约 10^{-6})的优点,因此其在现在和将来的一段时间内都将在量子信息技术领域起到至关重要的作用.目前普遍使用的单光子探测器是基于硅单光子雪崩光电二极管或 InGaAs/InP 单光子雪崩光电二极管.其中,基于硅单光子雪崩光电二极管的波长响应范围为 300~1 000 nm,InGaAs/InP 单光子雪崩光电二极管的波长响应范围为 1 100~1 700 nm.

最近兴起的量子信息技术的发展,要求单光子探测器的探测效率接近 100%,同时具有光子数分辨功能和极低的暗计数,因此以低温超导材料制作的单光子探测器应运而生,以基于超导临界温度跃迁(TES)的单光子探测器和超导纳米线单光子探测器(SNSPD)两种为主,它们具有噪声小、时间分辨率高、工作频率大、单光子探测效率高(最高可以达到 93%)、抖动时间短(几十皮秒)等优点.在应用方面,SNSPD 已经在光纤量子密钥分配方面有所应用,但是,新型单光子探测器需工作在低温环境,因而离广泛应用还有很多困难尚待克服.

根据确定的入射量子光波长 $\lambda_1 = 850$ nm,量子导航定位系统所需的单光子探测器宜选择基于硅单光子的雪崩光电二极管.

量子探测效率是指当一个信号光光子耦合进入探测器,其经过探测器上的半导体等材料吸收,然后经过增益放大成宏观可观测的电流信号,最终记录得到一个电信号的概率.量子探测效率的大小与器件设计结构和抗反射膜的设计优劣有关,在一定温度下,偏压越大,结区场强越强,触发概率也越大.但同时噪声也随着偏压的升高而增大,暗计数也相应增大,所以偏压的取值是需要折中的.单光子探测器的输出平均电流取 $I_\mathrm{p} = $ 40 mA(肖连团 等,2004),电子电荷为 $e = 1.602\,176\,62 \times 10^{-19}$ C,光子的能量取 $h\nu = 4.2 \times 10^{-19}$ J,入射光的功率平均值取 $P = 0.15$ W,求得单光子探测器的量子探测效率(韩宇宏,2010)

$$\varepsilon = \frac{流出结区的光生载流子对数}{入射光子到器件上的光子数} = \frac{I_\mathrm{p}/e}{P/(h\nu)} = \frac{40 \times 10^{-3}/(1.6 \times 10^{-19})}{0.15/(4.2 \times 10^{-19})} \approx 70\%$$

(2.24)

其中,I_p 为单光子探测器的输出平均电流,e 为电子的电荷,P 为入射光的功率平均值,$h = 6.626 \times 10^{-34}$ J·s 是普朗克常数,ν 是光的频率.

由式(2.24)计算得到量子探测效率 $\varepsilon \approx 70\%$,符合一般量子探测效率大于 55% 的要求.

由于雪崩光电二极管单光子探测器是基于内部光电效应进行工作的,因此光电流 I_p 与单光子探测器上接收到的光功率 P_rs 成正比.单光子探测器的灵敏度 S 与光电流 I_p、输入功率 P_rs 之间的关系为

$$S = \frac{I_\mathrm{p}}{P_\mathrm{rs}} = \frac{\varepsilon \lambda_1}{1.24} = \frac{70\% \times 850 \times 10^{-9}}{1.24} = 4.8 \times 10^{-7} \, (\mathrm{A/W})$$

(2.25)

由式(2.25)可以得雪崩光电二极管单光子探测器的灵敏度为 4.8×10^{-7} A/W.

暗计数指的是当外界没有任何信号光的输入,且避免所有的环境引起的杂散光的情况下,探测器由于自身材料或者电路等存在的缺陷而产生的电信号.单光子探测器的暗计数会导致计数误差,因此越小越好,通常要求单光子探测器的暗计数小于 50 即可.基于硅单光子的雪崩光电二极管单光子探测器中,其噪声主要来自材料自身的热激发载流子,因此为了减少噪声,进而降低暗计数,一般选择在低温环境(210～250 K)下工作,而这个低温环境可以通过多节帕尔贴制冷片来实现.对于有些器件,低温环境工作中,雪崩电压会低于贯穿电压,导致噪声引起的雪崩掩盖了光信号的探测,因此需要对所用的每个雪崩二极管的雪崩电压温度特性进行标定(魏先政,2013).

时间分辨率是指光生载流子穿越吸收区进入倍增区的时间,与单光子探测器的结构和场强大小有关.增大过电压会提高时间分辨率,但是噪声和后脉冲将增大.时间分辨率影响到整个系统的传输速率,死时间、恢复时间、后脉冲是影响时间分辨率的关键,也是设计者需要考虑的.

此外,单光子探测器的芯片厚度会直接影响量子探测效率和噪声,厚度越厚,其吸收效率越高,量子探测效率也越高,但是时间晃动也会随之增大,因此需要根据具体的实验情况进行权衡.综合来看,环境温度和工作电压是影响单光子探测器的主要因素.在环境温度方面,噪声和捕获态电子寿命是一组矛盾;在工作电压方面,量子探测效率、暗计数和时间分辨率也是一组矛盾.所以,单光子探测器的工作条件的选择过程是一个折中取优的过程.几种单光子探测器如表 2.7 所示.

表 2.7　几种单光子探测器

产品型号	供应厂家	类型	暗计数	探测效率
WT-SPD300-ULN	问天量子科技股份有限公司	雪崩二极管	10^{-6}/pulse	25% (1.55 μm)
SPDSi	上海屹持光电技术有限公司	雪崩二极管	200～2 000 cps	>60% (0.7 μm)
SSPD	SCONTEL	低温超导	<10 cps	85% (0.7～1.3 μm)
SPD_A_VIS	AUREA Technology	雪崩二极管	100 cps	45% (0.83 μm)

2.3.4　小结

本节系统地研究了量子导航定位系统中光学信号传输系统的设计,在跟踪精度为 $\Delta\theta_F = \pm 2\,\mu\mathrm{rad}$ 的性能指标下,针对 ATP 系统和 HOM 干涉仪中的关键部件进行特性分析和选型,完整搭建了量子导航定位系统的光学信号传输系统,为量子导航定位系统的实际工程设计提供参考.

第 3 章

捕获瞄准与跟踪系统技术

3.1　量子导航定位系统中的捕获和粗跟踪技术

　　捕获、跟踪和瞄准(Acquisition Tracking and Pointing,简称 ATP)系统是空间量子卫星信息通信的重要组成部分,用来快速建立量子通信链路或者恢复中断的通信链路;粗跟踪和精跟踪的相互配合,可以确保通信双方处于通信状态.量子导航定位系统也是借助于空间量子卫星信息通信系统来进行信号的捕获、跟踪和对准的,所以需要对空间量子卫星信息通信系统中的 ATP 技术进行研究.根据星历表轨道预报或 GPS 坐标计算得到地面光学望远镜的方位角和俯仰角,然后驱动望远镜转动,对准信标光,实施捕捉动作,完成 ATP 系统的捕获过程.粗跟踪过程是在通信双方相互完成捕获过程的基础上,根据接收到的信标光方向不断调整自身的光轴,在相对运动中维持光链路的对准.空间量子通信的捕获工作和粗跟踪工作都由粗跟踪系统完成,其中,光学天线是粗跟踪系统中的一个重要组成部分(鄢永耀,2016).在空间量子通信的捕获过程中,当接收方和主动方之间的光学天线的范围角变化很大时,需要 ATP 系统中的粗跟踪系统控制光学天线转动来使通信链路双方准确指向对方位置(潘浩杰,2012).

由于空间量子通信具有通信距离远、通信光束狭窄的特点,实际应用中对有效载荷的体积、重量和功耗要求十分苛刻,所以高精度、高带宽的捕获、跟踪和对准技术成为空间量子通信的一个关键技术(李德辉,2007).在空间量子通信系统中,需要采用捕获、跟踪和对准技术来建立并维持量子光通信链路.捕获是指在双方开始通信前,地面用户端(主动方)发送信标光,使空间量子卫星端(接收方)探测到该信标光,作为构建通信链路的引导;跟踪是指将对方的信标光通过跟踪装置引导到跟踪探测器的中心位置,确保接收光路的对准;对准是指量子光准确地照准对方,并保持量子光的高精度指向稳定(王娟娟,2014).空间 ATP 技术的难点在于两方面:一是高对准精度的要求,二是高稳定性的要求.常见的星载 ATP 系统有二维转台结构、二维摆镜结构和潜望镜结构,其中,二维转台结构兼具运动范围大和跟踪精度高的优点.

美国从 20 世纪 60 年代就开始了星地大气光传输方面的研究.1968 年,JPL 实验室在地面和轨道高度为 1 250 km 的 GEOS-Ⅱ 卫星之间进行了波长为 488 nm 的上行激光传输实验.1976 年,NASA 利用轨道高度为 1 000 km 的 GEOS-Ⅲ 卫星进行了地-空-地的星地激光传输实验.该实验中的 GEOS-Ⅲ 上装有反射器阵列,光学天线口径为 760 mm(姜义君,2010).1998~2000 年,JPL 实验室利用口径为 600 mm 的光学天线 TMF 地面站和光学通信演示(OCD)系统进行了 46.8 km 的地面远距离激光链路实验,光信号波长先后设置为 844 nm 和 852 nm,捕获时间大于 100 s,精跟踪精度为 2 μrad(皮德忠,尹道素,1998).

欧洲航天局从 1985 年开始实施 SILEX 计划来研究和验证与星地和星间激光通信相关的技术.在低轨道卫星方面,SILEX 终端的 ATP 系统选用孔径为 180 mm 的望远镜作为光学天线,L 形经纬仪结构的步进电机作为粗跟踪执行机构,电荷耦合器件(CCD)作为粗、精跟踪探测器,可以获得 ±160 mrad 的粗跟踪范围、±180° 的粗跟踪方位角和 ±90° 的粗跟踪俯仰角、0.02° 的粗跟踪系统误差和 0.02° 的粗跟踪随机误差.在星地通信中的指向精度为 3.5 mrad,捕获时间约为 240 s,经过精跟踪和超前瞄准阶段最终可以达到 ±1 μrad 的精跟踪精度.

日本从 20 世纪 80 年代末开始开展技术测试卫星(ETS-Ⅵ)计划,目的是进行星地之间的空间对地光通信实验.ETS-Ⅵ 计划具体为 GEO 轨道卫星搭载有效载荷 LCE(Laser Communication Equipment,激光通信设备),采用了口径为 75 mm 的收发共用光学天线,粗跟踪万向节采用移动线圈驱动的双轴反射镜形式,粗跟踪探测器是用面阵 CCD 探测器,精跟踪和超前瞄准机构采用音圈电机驱动的双轴反射镜形式,精跟踪探测器使用四象限探测器(4QD),可以获得 $\pm 453\ \mu\text{rad}$ 的粗跟踪范围、$\pm 1.5°$ 的粗跟踪方位角和俯仰角、720 s 的捕获时间、$\pm 120\ \mu\text{rad}$ 的粗跟踪精度和 $\pm 2\ \mu\text{rad}$ 的精跟踪精度.日本的另一个激光通信计划 OICETS 开始于 1985 年,采用低轨道卫星搭载激光使用通信设备 LUCE(Laser Utilizing Communication Equipment)方案,以验证星间激光通信跟瞄技术、光通信技术以及器件的空间环境适应性.LUCE 终端采用转台结构,光学天线口径为 260 mm,质量为 140 kg,功耗为 220 W,粗跟踪万向节直接由驱动电机驱动,附带两个光学编码器作为测角机构,粗跟踪探测器选用 672×488 的面阵 CCD 探测器.精跟踪系统由两个一维压电陶瓷驱动的快速反射镜和 4QD 构成,超前瞄准系统同样采用 4QD.组成的 ATP 系统粗跟踪方位角和俯仰角范围分别为 $\pm 190°$ 和 $\pm 60°$,捕获时间为 360 s,粗跟踪精度为 $\pm 175\ \mu\text{rad}$,精跟踪精度为 $\pm 1\ \mu\text{rad}$.

我国对卫星光通信技术的研究起步较晚,20 世纪 90 年代后才开始进行比较深入的研究,其中,中国科学院上海技术物理研究所研制了基于指向镜的口径为 300 mm 的星地 ATP 系统,该系统与量子收发模块集成,已在热气球上完成 3.4 km 互瞄实验,精度优于 5 μrad.中国科学院光电技术研究所复合轴跟踪技术应用成熟,设计研制的系统对空间飞行目标的跟踪精度达到了 10 μrad,设计的针对慢变化的点目标信号实验系统的精跟踪精度可达 5 μrad.这些工作都为下一步进行空间激光通信技术系统的设计和研究打下了坚实的基础(季力,2003).

综合以上背景,本节主要以用于量子导航定位系统的空间量子卫星通信系统中的捕获阶段技术为研究对象,在介绍了空间量子通信的背景和 ATP 系统工作过程及相关结构的基础上,从捕获和粗跟踪两个方面展开了研究,详细分析了捕获阶段中涉及的各种技术和粗跟踪阶段的性能指标,并针对性能指标及其影响因素提供了提高捕获性能的建议.

3.1.1 ATP 系统的组成和工作过程

在空间量子通信系统中,由 ATP 系统完成捕获、跟踪和对准任务.ATP 系统原理框图如图 3.1 所示,主要是由粗跟踪系统、精跟踪系统,以及超前瞄准系统组成,其中,粗跟踪系统主要完成目标的捕获和粗跟踪.典型的粗跟踪机构主要包括常平架以及安装在上面的收发光学天线、分束器、粗跟踪探测器、粗跟踪控制器、万向架、角传感器、伺服机构.系统的发射和接收的光学天线实际上就是一个光学望远镜;分束器(又称分束片、分束镜、分光镜)的作用是将信标光分为两路,一路给粗跟踪探测器,另一路给精跟踪探测器.

精跟踪系统主要包括两轴快速反射镜、精跟踪探测器、精跟踪控制器、执行机构和位置传感器.精跟踪控制器根据精跟踪探测器给出的偏差,控制快速反射镜动作,跟踪入射光,使通信两端视轴误差达到跟踪精度要求.典型的超前瞄准机构一般由两轴快速反射镜及其执行机构,以及超前瞄准探测器构成.超前瞄准机构主要补偿由于光束远距离传输引起的位置偏差,它根据星历表计算出瞬时超前角,通过超前瞄准探测器控制倾斜镜动作,使出射光相对于接收光偏转指定的角度,从而使出射光精确瞄准对方(汪海伦 等,2017).

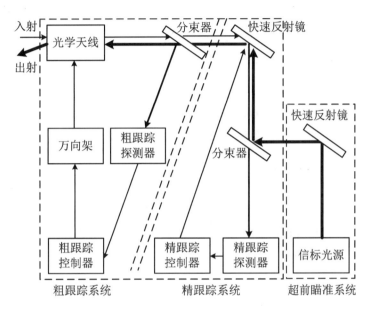

图 3.1　ATP 系统原理框图

　　ATP 主控单元通过姿态控制单元获得卫星姿态变化的信息,通过卫星主控单元获得卫星的轨道参数,经坐标变换后,ATP 主控单元得到卫星当前位置数据.ATP 的工作过程可分为如下 4 个步骤:

　　(1) 通信双方的地面用户端作为发起方,空间量子卫星端作为捕获方.用户端根据星历表轨道预报坐标计算卫星端所在位置,转动粗跟踪系统中的执行机构将发散角较宽的信标光,覆盖卫星端所在的不确定区域.卫星端同样根据星历表计算用户的大致位置,转动粗跟踪机构将粗跟踪相机 CCD 的视轴指向用户.当卫星端的粗跟踪相机 CCD 接收到上行信标光,便完成了捕获阶段.

　　(2) 卫星端捕获到用户端发射的信标光后,转入跟踪状态,将信标光的光斑位置引导到跟踪中心,然后卫星端指向用户端发射一发散角较窄的下行信标光.

　　(3) 用户端探测到卫星端发射出来的下行信标光,也进入跟踪阶段.

(4) 双方均各自跟踪对方视轴后,卫星端作为通信发射端发射量子通信光,将量子光对准用户端,开始量子通信过程.

捕获阶段可以分为三个过程:初始指向、扫描和捕获动作.初始指向是指通信视轴从零位开始转动到指向通信对方所在不确定区域的过程,其原理是:在己方和对方方位大致已知的情况下,使用坐标转换计算视轴互指的方位角和俯仰角,并根据此角度信息,驱动转台带动视轴从初始零位开始旋转,直到指向对方(赵馨 等,2014).扫描是指在通信视轴完成初始指向工作后,对通信对方所在不确定区域内的扫描.ATP 系统需要在完成初始指向工作和扫描工作的基础上,实施捕获动作.通过扫描,当地面端发射的信标光进入了卫星端 ATP 系统的粗跟踪相机 CCD 视场,卫星端 ATP 系统将发起捕获动作,驱动二维转台,将信标光的光斑引导到捕获视场中心,从而使得卫星端视轴与入射光轴对准(白帅,2015),完成整个系统的 ATP 过程.

在整个 ATP 工作过程中,视轴的初始指向主要由光学天线、粗跟踪探测器、粗跟踪控制器以及万向架组成的粗跟踪系统来实现.光学天线的本质是一个光学望远镜,用来接收和发射光信号(熊金涛,张秉华,1998).粗跟踪探测器一般采用 CCD,其特点是阵列视场大,配合与光学天线同轴的镜头可以完成对目标信标光的成像(江昊,2012),控制光学天线改变自身方向以瞄准目标,实现对大的不确定区域内目标的快速捕捉和粗跟踪.跟踪控制器可分为粗跟踪控制器和精跟踪控制器,当粗跟踪系统工作在捕获阶段时,粗跟踪控制器会根据接收到的指令将万向架上的光学天线固定在发送端的方位上,然后开始初始指向、扫描和捕获动作过程.粗跟踪系统具有动态范围大、驱动能力强、跟踪精度低、带宽窄的特点.

精跟踪系统由精跟踪控制器、精跟踪探测器和快速反射镜(Fast Steering Mirror,简称 FSM)构成,具有高的控制带宽和位置精度,其中,快速反射镜一般采用高带宽高精度的压电陶瓷驱动或音圈电机驱动,以满足精跟踪高频微角转动的要求,实现粗跟踪系统的跟踪误差补偿(钱锋,2014).精跟踪探测器一般采用小面积 CCD 或四象限探测器(4QD)、CMOS 等高灵敏度传感器(赵玉鹏,2007).精跟踪控制器是精跟踪系统的核心,为了实现高带宽、高精度、鲁棒性优良的控制,需选用适合的控制算法.

超前瞄准系统作用是对在运动的卫星与运动的地面用户之间进行导航的通信过程中,由于通信双方的相对以及光的有限传播速度,所产生的位置变化的补偿,使发射光相对于接受光超前偏转一定角度,以便使得发射光到达对方目标时,目标正好运动到预先超前的设定角度,该角度被称为超前瞄准角,它可根据星历表或卫星轨道计算得到.

3.1.2　捕获阶段的初始指向和扫描技术

捕获是 ATP 系统中的关键技术之一.通信双方虽然有卫星轨道参数,但其预报精度有限,需要用信标光对不确定区域进行扫描,双方完成彼此的捕获.由于量子通信中通信光很弱,无法作为信标光使用(梁延鹏,2014),所以当前的星地自由空间量子通信 ATP 系统初始指向过程主要采用双信标双端捕获.在这种捕获策略下,通信的两个终端之间的信标链路和通信链路彼此完全分开,各自拥有独立的发射和接收装置.双信标双端捕获策略的工作过程为:首先由用户端发射宽信标光,经卫星端的开环对准捕获到该信标光,一旦卫星端检测到该信标光,则立即结束快速扫描过程,同时卫星端发射宽信标光.由于卫星端已经成功捕获到用户端的信标光,通信双方的信标光发射与接收互为对称,所以用户端也能捕获到卫星端发射的信标光.同样,一旦用户端检测到卫星端发射的信标光,则立即停止快速扫描过程,从而使通信的双方完成粗跟踪和精跟踪过程.当信标光稳定在视轴中心时,启动量子通信光,建立量子通信链路,开始量子通信过程.在量子通信过程中,通信双方的信标光仍然处于工作状态,以便实时完成光束的精确定位.

3.1.2.1　初始指向技术

捕获中的初始指向过程通常采用光学天线扫描完成,用于用户端和卫星端链路的建立以及中断时的恢复.初始指向的实质是用户端和卫星端视轴指向方向的统一.实现初始指向的捕获技术通常有三种(王娟娟,2014).

1.凝视-凝视技术

凝视-凝视技术又称为直接捕获技术,要求卫星端的信标光发散角大于用户端的不确定区域,同时,用户端的捕获视场角大于卫星端的不确定区域.这样,用户端的接收视场(Field Of View,简称 FOV)完全覆盖卫星端光束的任何可能位置,可以实现直接捕获,捕获用时短,但是对功率和卫星轨道姿态定位精度要求极高,实现起来难度较大.

2.凝视-扫描技术

凝视-扫描技术又称为单端扫描技术,分为卫星端扫描和用户端扫描.当卫星端的接收视场足够大且用户端不满足信标光发散角完全覆盖条件时,ATP 系统采用用户端扫描、卫星端凝视的技术.用户端按一定的扫描技术对不确定区域进行扫描,要求用户端的扫描完全覆盖不确定区域,且扫描时间尽可能短(江常杯,2007).此时,捕获时间是驻留时间、信标光束和不确定区域的函数.

3. 扫描-扫描技术

扫描-扫描技术又称为双端扫描技术.当用户端发送的信标光不能满足完全覆盖条件,并且卫星端的接收视场也不满足完全覆盖条件时,ATP系统必须采用扫描-扫描技术,即用户端和卫星端都执行扫描动作.该种扫描技术常用嵌套扫描来实现,即双方在时间上必须保持一致,在一方的停留时间段内和另一方的扫描范围上留出一定的富余量,避免两端时间上存在误差,确保捕获成功.

上述三种扫描捕获技术在同一捕获概率下,捕获时间最短的是凝视-凝视技术,但此技术存在发送光束的覆盖问题,对功率要求较高,因此该种捕获技术并不适用于长距离的星地空间量子通信.而扫描-扫描技术虽然对于功率要求不高,但是在同一捕获概率下的捕获时间最长,嵌套扫描机构设计复杂,成本较高.相比之下,凝视-扫描技术对发送光束功率要求不高,扫描时间也相对较短,是目前星地量子通信中的最佳捕获技术.欧洲航天局的SILEX计划即采用凝视-扫描技术来实现ATP系统对于量子光信号的捕获.

3.1.2.2　扫描技术

在捕获阶段的扫描过程中,需要确定扫描路径和扫描响应方式.

卫星端对用户端不确定区域的最初扫描是由星历表轨道预报来确定的.在设计扫描路径算法时,一般需要对扫描过程中卫星的切向速度、卫星的振动和噪声模型,以及测量结果误差进行补偿.扫描路径一般分为以下4种(王娟娟,2014):分行扫描、螺旋扫描、分行式螺旋扫描、其他扫描.

分行扫描(Raster Scan)又称为矩形扫描、光栅扫描.该种扫描路径容易实现,但是耗费时间较长,而且对于整个扫描区域都以等概率的方式扫描,无法从高概率区域开始扫描,因此扫描效率比较低.在任意时刻,控制扫描的步进电机只有一台工作,到达预定位置后另一台电机再开始运转.

螺旋扫描(Spiral Scan)与分行扫描相比,具有扫描效率较高、捕获时间较短的优点.但螺旋扫描的缺点是只能对某些扫描区域的三分之一进行搜索,而且实现螺旋扫描需要复杂的驱动电流来控制,在实际操作中不易实现.

分行式螺旋扫描(Raster-Spiral Scan)又称为矩形螺旋扫描、矩形向外扩展扫描.这种扫描路径结合了分行扫描和螺旋扫描的优点,可以先捕获概率最高的中心开始扫描,理论上可以实现在更短的时间内捕获到信标光,而且硬件结构和控制设计较为简单.

其他复杂的扫描路径还有利萨如曲线扫描(Lissajours Scan)以及玫瑰形曲线扫描(Rose Scan)等,这两种扫描路径实现起来都比较复杂,而且在扫描路径中存在盲区.因此在实际中应用较少.

表3.1显示了在均匀分布和高斯分布情况下,几种不同的扫描路径的平均捕获时

间.由于实际中,目标的分布更接近于高斯分布,由表 3.1 可知,分行式螺旋扫描的平均捕获时间最短.此外,考虑简化系统结构,降低工程难度,分行式螺旋扫描是目前星地量子通信中的最佳扫描路径.

表 3.1　几种不同扫描方式平均捕获时间比较

扫描方式	分行扫描	螺旋扫描	分行式螺旋扫描	利萨如曲线扫描	玫瑰形曲线扫描
均匀分布下平均捕获时间(s)	18.45	18.76	15.8	8.09	8.40
高斯分布下平均捕获时间(s)	19.31	11.30	6.70	7.50	8.49

在 ATP 系统的扫描过程中,需要考虑通信双方反馈信号的两种不同响应方式,根据响应方式的不同,扫描方式可以分为两种:快速全场扫描、步进式扫描,其中,快速全场扫描要求发射端捕获探测器的接收视场大于接收端的不确定区域.快速全场扫描指的是发射端用信标光从初始指向开始按照一定的扫描方式快速地扫过接收端不确定区域中的每个地方,完成后再回到初始点处检测是否有反馈信号.因为发射端对反馈信号的响应只能发生在信标光全场扫描之后,因此,快速全场扫描的捕获时间取决于全场扫描时间.而步进式扫描与快速全场扫描不同之处在于,在步进式扫描过程中的每个驻留点都需要足够长的时间来等待反馈信号.因此,步进式扫描的捕获时间与接收端在扫描不确定区域内出现的位置、链路距离和接收端系统的响应时间有关.

3.1.3　捕获阶段的精度和性能

在量子导航定位系统中,捕获是建立星间光通信链路的必要条件.在捕获阶段的初始指向、扫描和捕获动作三个过程中,分别有各自的性能指标:预指向精度、平均捕获时间和捕获概率、探测器的能量阈值,其中,预指向精度是初始指向过程的性能指标;平均捕获时间和捕获概率是扫描过程的性能指标;探测器的能量阈值是决定系统开始捕获动作的性能指标.

通常情况下,预指向精度符合瑞利(Rayleigh)分布(赵玉鹏,2007),要求卫星经过用户运动过程中用于粗跟踪预指向精度为 0.5°.指向精度直接影响不确定区域的大小,不确定区域是量子通信系统的重要参数之一.不确定区域小,捕获概率低;不确定区域大,捕获时间长.为了实现大于 99%视场捕获概率,捕获视场的不确定区域的大小一般应定为预指向精度的三倍,即 3σ(双边)(赵馨 等,2014).预指向精度受到指向误差的影响,指向误差包括万向架指向误差和光学天线指向误差,万向架上装有光学天线,通过 GPS 系统给出旋转姿态角,通过粗跟踪控制器控制万向架转动.但是由于存在着安装误差、应力、控制延迟误差、噪声、空间温度的变换等因素的影响,预指向精度下降,这些因素必须在设计中给予考虑.

3.1.3.1　平均捕获时间和捕获概率

假设在卫星经过用户上空的过程中,地面信标光完全覆盖卫星,则星地链路的建立由卫星上载荷预指向精度决定.根据中心极限定理,在俯仰和滚动方向的分量独立且符合正态分布,则概率密度 $f(\theta_{v,h})$ 可表示为

$$f(\theta_{v,h}) = \frac{1}{\sigma_{v,h}\sqrt{2\pi}}\exp\left(-\frac{\theta_{v,h}^2}{2\sigma_{v,h}^2}\right) \tag{3.1}$$

其中,$f(\theta_{v,h})$ 为目标在不确定区域内的概率密度,$\sigma_{v,h}$ 为该概率密度的方差,$\theta_{v,h}$ 为目标的位置坐标.

捕获的关键是在不确定区域内,利用光学天线进行扫描,以找出信标光到达的方向.在保持适当捕获概率的情况下,捕获时间应当尽可能短.在扫描角度范围 Ω_u 内的捕获概率为

$$P_u = \iint\limits_{\Omega_u} f(\theta_v, \theta_h)\,\mathrm{d}\theta_v \mathrm{d}\theta_h = \iint\limits_{\Omega_u} f(\theta_v)f(\theta_h)\,\mathrm{d}\theta_v \mathrm{d}\theta_h \tag{3.2}$$

其中,P_u 为扫描角度范围 Ω_u 内的捕获概率,θ_v 为俯仰角,θ_h 为滚动角.在给定的捕获覆盖率情况下,Ω_u 由固定偏移量在两轴方向分布的均方差 σ_θ 决定,同时积分范围 Ω_u 的选择还与扫描方式有关.

1. 平均捕获时间

捕获时间定义为:粗跟踪系统的执行机构使光学天线的视轴开始向不确定区域移动,一直到粗跟踪探测器 CCD 视场接收到对方发射来的信标光为止的时间.

对于星地量子通信系统,一方面,由于通信时间可以很长,所以对链路建立时间的要求相对较宽;另一方面,由于通信距离很长,所以信标光的输出功率应作为参数选取的首要依据.视频信号处理时间和粗跟踪执行机构的转动时间应小于 CCD 的积分时间,而且视频信号处理和粗跟踪执行机构的转动与 CCD 的积分是并行工作的,但是视频信号处理和粗跟踪执行机构的转动相对于 CCD 积分要延迟一帧时间,只有这样,才能保证整个开环扫描的开环带宽以及粗跟踪过程的闭环带宽.所以每次捕获时间为 CCD 在开环扫

描阶段的积分时间.

下面我们将基于建立的捕获模型,以分行式螺旋扫描为例,给出平均捕获时间的计算公式.

图 3.2 为分行式螺旋扫描过程.将扫描范围的中心作为原点,建立直角坐标系.设扫描步长为 I_θ,则当视场中心指向的坐标位于第 N 圈时,前 $N-1$ 圈的角度路程为 $S_{N-1} = 8I_\theta \dfrac{N(N-1)}{2}$.

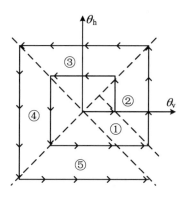

图 3.2 分行式螺旋扫描

当视场中心指向的坐标为 (θ_v,θ_h) 时,分行式螺旋扫描的角度路程可表示为

$$L(\theta_v,\theta_h) = \begin{cases} S_N + \theta_v - NI_\theta \\ S_{N-1} + I_\theta + (N-1)I_\theta + \theta_h \\ S_{N-1} + I_\theta + (2N-1)I_\theta + NI_\theta - \theta_h \\ S_{N-1} + I_\theta + (2N-1)I_\theta + 2NI_\theta - \theta_h \\ S_{N-1} + I_\theta + (2N-1)I_\theta + 2 \times 2NI_\theta + NI_\theta + \theta_h \end{cases} \tag{3.3}$$

根据扫描的角度路程,设系统的带宽为 F_{AC},可以得到时间函数为

$$T(\theta_v,\theta_v) = \frac{L(\theta_v,\theta_v)}{I_\theta F_{AC}} \tag{3.4}$$

由此可以得到平均捕获时间的公式为

$$\overline{ET} = \iint\limits_{\Omega_u} T(\theta_v,\theta_v) f(\theta_v,\theta_v)\, \mathrm{d}\theta_v \mathrm{d}\theta_h \tag{3.5}$$

当设定捕获概率要求不小于99%时,在相同捕获概率的条件下,可以根据平均捕获时间长短,来判断不同参数对于ATP系统捕获性能的影响.根据式(3.5),可以获得分行式螺旋扫描的平均捕获时间与扫描速度、扫描步长之间的关系.在给定的捕获概率要求下,通过固定偏移量分布的均方差 σ_θ 来确定扫描角度范围 Ω_u,然后通过选取合适的扫描步长和扫描速度,可以缩短平均捕获时间,提高捕获性能.捕获时间与系统带宽、捕获步长、扫描角度路程、概率密度等有关,同时还受到不确定区域大小、信标光的束散角、CCD的视场角,以及CCD的积分时间的影响.

影响初始捕获不确定区域的因素有指令引导误差、指向误差、动态滞后误差、平台振动抑制残差、坐标变换误差.减小不确定区域,应着重通过提高GPS精度、振动抑制、提高指向精度、减小坐标变换误差、提高采样频率等来实现.具体的措施包括:应用高精度的GPS捷联式组合系统来提高定位和姿态的检测精度;减小数据采集的动态滞后性;从光学仪器和卫星的相互运动,以及卫星的振动等方面来提高指向精度.

2. 捕获概率

考虑到存在干扰和振动的情况,可以通过适当地减小扫描步长,增加每一步扫描范围之间的重叠区域,达到漏扫概率为 $P_s = 0$ 的目标,设预扫描不确定区域的覆盖率为 P_u,那么捕获概率公式 P_{AC} 可以表示为

$$P_{AC} = 1 - \exp\left(-\frac{\theta_u^2}{8\sigma_\theta^2}\right) \tag{3.6}$$

其中,θ_u 为捕获视场角.

从式(3.6)中可以看出,捕获视场角 θ_u 越大,捕获概率 P_{AC} 越大;当固定偏移量分布均方差 σ_θ 增加时,捕获概率降低.通常情况下,粗跟踪系统的捕获视场大于 $2°\times 2°$,当粗跟踪系统的捕获视场取 $2.5°\times 2.5°$,固定偏移量分布均方差 σ_θ 小于0.5时,可以保证捕获概率大于95%.

由于捕获时通信两端处于开环扫描阶段,系统的外部参数测量误差和系统执行误差都会影响信标光覆盖不确定区域的概率,其中,系统的外部参数误差有卫星姿态和轨道误差、卫星平台振动误差等,系统执行的误差是指跟踪机构的指向误差.

3.1.3.2 探测器的电流阈值和灰度阈值

捕获过程中,当信标光经过系统链路传输投射到接收端粗跟踪探测器CCD上的光斑能量在一个比特时间内达到一定阈值时,扫描过程结束,开始捕获过程.由于光斑能量的大小经过粗跟踪探测器,转换成电流值,所以称该阈值为电流阈值.粗跟踪探测器CCD的电流决判阈值选择取决于噪声和粗跟踪探测器的灵敏度.

在星载平台中,在粗跟踪探测器采用面阵探测器 CCD 的情况下,可以采用质心算法计算光斑质心.设粗跟踪探测器 CCD 光敏面上图像光强分布为 $v(x, y)$,其中 (x, y) 表示图像像元在粗跟踪探测器焦平面坐标系中的位置,光斑的能量中心的图像灰度质心 (C_x, C_y) 计算公式为

$$
\begin{cases}
C_x = \dfrac{\displaystyle\sum_{(x,y)\in S} x \cdot W(x,y)}{\displaystyle\sum_{(x,y)\in S} W(x,y)} \\[4ex]
C_y = \dfrac{\displaystyle\sum_{(x,y)\in S} y \cdot W(x,y)}{\displaystyle\sum_{(x,y)\in S} W(x,y)}
\end{cases}
\tag{3.7}
$$

其中,$W(x, y)$ 为质心计算过程中的权重.

在实际应用中,由于图像存在噪声,因此并不是直接将像元的灰度值作为权重,而是利用一定的阈值判别法,来区分背景与光斑像元,将低于灰度阈值的像元当作零灰度值,将高于灰度阈值的像元当作有效灰度值,并减去灰度阈值后作为权重(白帅,2015),权重 $W(x, y)$ 的计算方式为

$$
W(x, y) = \begin{cases}
v(x, y) - T, & v(x, y) \geqslant T \\
0, & v(x, y) \leqslant T
\end{cases}
\tag{3.8}
$$

其中,T 为区分光斑和背景的灰度阈值,受到粗跟踪探测器 CCD 的最小信噪比的影响.

灰度阈值的选取会对虚预警率和捕获概率产生较大影响:灰度阈值过低,对一定的噪声水平来说虚预警率增大;灰度阈值过高,对一定的信号水平来说捕获概率降低.所以在系统参数设计中,一般将灰度阈值定为粗跟踪探测器暗背景最低值与 7 倍信噪比之和,这样可以保证虚预警率接近 0.

虽然质心法可以获得很高的计算精度,但在计算质心前,需要对采集的图像进行一系列的预处理,来消除通信链路以及探测器本身的干扰.在星地量子通信的过程中,传输链路上存在大气信道,该干扰对粗跟踪探测器 CCD 会产生较大的影响.大气对信标光光束的折射、扩展、闪烁、分裂等作用,会使得粗跟踪探测器的成像光斑变为形状不规则、亮度分布不均匀的光斑,而非理想的圆形光斑.此外,粗跟踪探测器本身具有的非均匀性、坏点等缺陷也会影响探测的精度.

在捕获阶段,主要是判断有无光斑,因此可以要求最少有一个像元的信号超出灰度阈值即可,采用最亮像元 P_0 的能量 E_0 来表征光斑信号的强弱.假设粗跟踪探测器的曝光时间为 T_{int},则

$$E_o = k \cdot P_r \cdot T_{int} \tag{3.9}$$

其中,系数 k 表示系统要求超出灰度阈值的像元能量占光斑总能量的最小百分比,它与系统对有效光斑尺寸的要求和光斑的功率分布有关.粗跟踪探测器焦平面上所需要的最小接收光功率 P_{rmin} 的计算公式为

$$P_{rmin} \cdot k \cdot T_{int} \cdot R_v = \beta \cdot V_n \tag{3.10}$$

其中,β 为电流阈值和噪声的倍数关系,V_n 为噪声电压,R_v 为电压响应率,表征了粗跟踪探测器将光功率转换为电信号时的转换关系,其计算公式为

$$R_v = \frac{\lambda}{hc} \cdot QE \cdot CG \tag{3.11}$$

其中,h 为普朗克常数,c 为光速,λ 为信标光波长,QE 为探测器的量子效率,一般取 20%,CG 为转换增益,一般取 $11.5\ \mu V/e$.

3.1.4 粗跟踪阶段的精度和性能

3.1.4.1 粗跟踪控制系统

当捕获完成后,主控单元发指令,粗、精跟踪控制器将接收来自各自传感器的信号,此时系统可以从粗跟踪和精跟踪探测器上分别获得信标光的位置.为了实现空间量子通信中量子光的捕获和跟踪,典型的 ATP 系统采用复合轴伺服控制,在捕获阶段,采用低带宽的粗跟踪控制系统进行大范围跟踪,同时,用高带宽的精跟踪控制系统对粗跟踪误差进行补偿.

粗跟踪系统先后在捕获和粗跟踪两个阶段工作:在捕获阶段时处于开环控制,采用较多的像素和较大的视场,此时只能形成内闭环的控制回路,其反馈单元检测速度信息,同时经积分获得位置信息,来有效抑制各种干扰,但是不能纠正其他因素引起的两视轴的偏差;粗跟踪阶段处于闭环控制,此阶段采用较少的像素和较小的视场,不过帧频较高,角度分辨率也较高,此时通信两终端形成外闭环,以达到纠正两视轴的装校、热扰动等误差.粗跟踪系统一般采用多环路控制方案,即将控制系统分解成多个环路,使用不同的反馈量分别进行闭环控制.粗跟踪控制系统内环电流环采集实际电机相电流作为反馈;速度环采用测角机构测量电机的绝对角度,并差分求出电机速度信息作为反馈;位置闭环反馈由粗跟踪探测器对目标信标光成像提取光斑质心位置.

3.1.4.2　粗跟踪阶段性能指标

粗、精视场的分级控制,是为了达到精跟踪系统的控制精度为粗跟踪精度的 $2\sim3$ 倍,所以应当通过最终精跟踪系统控制精度来反推粗跟踪系统控制精度.粗跟踪系统的性能指标主要有以下四项:粗跟踪探测器 CCD 检测精度、光学天线视轴稳定精度、粗跟踪控制系统控制精度、光电机械加工和调校精度.

1. 粗跟踪探测器 CCD 检测精度

当粗跟踪系统工作在粗跟踪阶段时,误差检测元件,也就是粗跟踪探测器 CCD 的输出误差,决定闭环控制系统的误差.由于检测元件自身的误差不可避免,因此这部分误差将直接转变为粗跟踪系统的误差,影响粗跟踪系统精度.对于通信终端,宽信标光视场应为粗跟踪精度的 4 倍以上,才能保证在捕获过程中减小覆盖,进而减小捕获时间、增加捕获概率.以选择 CCD810 作为粗跟踪探测器为例,它的接收视场角为 20 mrad,CCD 器件的像元帧数取 480×480,求得对应的像元分辨率为 $\theta_{\rm p}=\dfrac{20\ {\rm mrad}}{480}\approx42\ \mu{\rm rad}$.采用能量对中算法,将光斑成像于 3×3 像元之内,最终可以实现 $\sigma_1=50\ \mu{\rm rad}$ 的检测精度.

2. 光学天线视轴稳定精度

在星间光通信中,ATP 系统捕获与跟踪精度在很大程度上取决于光学天线系统对接收的光信号成像的精度,所以光学天线起着重要作用.光学天线视轴稳定精度主要受两个方面的影响:负载承受的扰动力矩引起的误差、光电传感器平台振动引起的误差.针对这两方面的误差,粗跟踪控制系统在采用惯性稳定控制(被动减震措施)使视轴稳定在固定的惯性空间方向的基础上,同时采用主动抑制(主动减震措施)来消除平台振动对光学天线视轴稳定精度的影响.

3. 粗跟踪控制系统控制精度

对于时变系统,由于输入参数信号不断变化,系统的动态响应能力有限,会使得系统动态信号产生滞后误差,对粗跟踪控制系统的控制精度有很大影响.动态滞后误差可以表示为

$$\Delta\theta_{\rm d}=\sqrt{\Delta\theta_1^2+\Delta\theta_2^2}=\sqrt{\left(\frac{\dot\theta}{K_{\rm v}}\right)^2+\left(\frac{\ddot\theta}{K_{\rm a}}\right)^2} \tag{3.12}$$

其中,$\dot\theta,\ddot\theta$ 分别为目标的角速度、角加速度,$K_{\rm v},K_{\rm a}$ 分别为系统的速度误差系数、加速度误差系数,它们的值越大,动态滞后误差越小,控制系统精度越高.

本节中粗跟踪控制系统控制精度指标取为 $\sigma_3=35\ \mu{\rm rad}$.

4. 光电机械加工和调校精度

光电机械加工和调校精度主要受到轴系同轴度、摩擦力矩误差、不平衡力矩误差、线扰和风扰力矩误差等影响,取精度为 $\sigma_4 = 20\ \mu\text{rad}$.粗跟踪系统跟踪精度的计算公式为

$$\sigma = \sqrt{\sigma_1^2 + \sigma_2^2 + \sigma_3^2 + \sigma_4^2} = \sqrt{50^2 + 30^2 + 35^2 + 20^2} = 71(\mu\text{rad}) \qquad (3.13)$$

从最优化的角度,系统同时满足四项性能指标,同时达到最优是相互矛盾且不容易实现的.一种解决办法是分析哪种精度是最主要的,然后针对这种性能指标采取相应的方法来提高精度.

ATP主控单元根据星历表的信息和光学设计要求确定出的超前角,卫星轨道计算的超前角度精度、超前瞄准子系统的控制精度,以及跟踪系统的跟踪精度和跟瞄精度等,决定了通信光是否被主动方接收到,这些都是卫星光链路成功的关键,也是量子导航定位系统的关键.ATP系统将信标光捕获到粗跟踪相机视场,粗跟踪机构将光斑引到粗跟踪相机中心,再由其后的精跟踪机构,通过复合控制环路进一步动作,将光斑稳定在相机中心实现精跟踪过程.采用粗、精两级跟踪方式,可以在精度和准确度上实现跟踪的更高性能.

3.1.5　小结

在对量子导航定位系统进行捕获系统设计时,为了得到高性能,需要考虑的因素较多,包括不确定区域的大小、初始指向误差和期望的指向误差、扫描方式、总扫描时间、捕获时间、在扫描子区的驻留时间、卫星的位置信息和相对运动、捕获的功率要求、卫星振动和噪声、捕获用激光束宽和波长等.在进行跟踪系统设计时,需要考虑的因素包括跟踪视场大小、跟踪角度范围、跟踪控制精度、跟踪控制带宽、跟踪探测器选择、卫星间的相对运动、卫星振动频谱特性、跟踪功率要求等.只有综合考虑各个方面的影响因素,才有可能设计出性能更好的ATP系统.

3.2　量子定位中粗跟踪控制系统设计与仿真实验

量子定位系统是基于量子力学和量子信息学的一个新兴方向,高精度、高保密性的

优势让其成为未来定位导航系统发展的趋势,其中,捕获、瞄准与跟踪系统用来快速建立量子通信链路或者恢复中断的通信链路,粗跟踪系统和精跟踪系统的相互配合,可以确保通信双方处于通信状态.粗跟踪系统作用于捕获和粗跟踪阶段,精跟踪系统作用于精跟踪和超前瞄准阶段.量子定位系统开始工作时,由粗跟踪系统的光学天线根据轨道预报坐标计算得到的卫星位置进行初始指向,然后在不确定区域内经过预定路径的扫描完成捕获动作;粗跟踪过程是在通信双方完成捕获的基础上,根据实际接收到的信标光角度和参考角度之间的角度差,不断调整自身光轴,引导信标光光斑进入精跟踪视场;精跟踪系统负责提高跟踪精度,以便于后续通信模块中的单光子探测器可以接收到更多的纠缠光子,为量子定位系统的定位精度提供保障.本节基于 ATP 系统的工作原理和工作过程,在已经完成捕获的基础上,对作用于粗跟踪阶段的粗跟踪控制系统进行建模,并在 Simulink 中对整个粗跟踪控制系统进行仿真,在给定不确定区域为 3 mrad,粗跟踪精度为 0.5 mrad 的情况下,仿真实验结果表明在 0.796 s 时可以达到期望的粗跟踪精度(汪海伦,丛爽,陈鼎,2018).

3.2.1 粗跟踪系统控制环路与传递函数建立

粗跟踪系统自内而外主要采用电流环、速度环和位置环来对电机进行系统控制,其三环控制结构图如图 3.3 所示,其中,系统内环电流环采集实际电机相电流作为反馈;速度环采用测角机构测量电机绝对角度,并差分求出电机速度信息作为反馈;位置闭环反馈由粗跟踪探测器对目标信标光成像提取光斑质心位置,作为输出提供给精跟踪系统的输入端,到此粗跟踪控制环路完成对相机光斑质心数据,方位、俯仰电机各相电流数据,以及方位、俯仰旋转变压器测角数据的采集,并根据这些信息,对两轴的粗跟踪电机分别进行控制的任务.由于方位、俯仰两轴在所使用的器件和电路上完全相同,仅仅在负载转动惯量上有所区别,因此本小节中,我们以方位轴的设计为例进行分析,俯仰轴与方位轴的设计方法一致.

图 3.3 中,外面的环路为位置环,使用粗跟踪探测器进行位置测量.当粗跟踪探测器接收到的光斑能量大于预设能量阈值时,将该光斑质心坐标通过采用角度偏差提取算法,来得到光学天线视轴与信标光光轴之间的角度差,也就是实际位置与目标位置的位置误差,经过位置调节器校正后产生速度指令,输出给速度环.理想的粗跟踪控制回路的输入角位置信号和输出角位置信号之间的角度误差为 0°,对于实际系统,该角度误差即为粗跟踪精度.

下面我们将分别建立各控制环具体的数学模型.

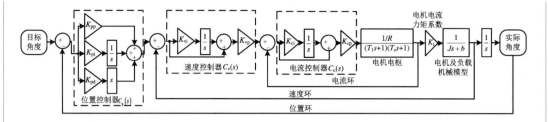

图 3.3　电流、速度和位置三环控制结构图

3.2.1.1　电流环模型与传递函数建立

电流环控制用来提高伺服系统控制精度和响应速度、改变控制性能.粗跟踪系统中电流环的控制对象为永磁同步电机的电枢回路中的电流,电流环输出的是电机的相电流,电机的力矩与其电枢电流成正比,控制电机的电流,等价于控制作用在电机及其负载的转台上的输入力矩,使转台产生响应的角速度.电流闭环控制回路结构图如图 3.4 所示,其中,电流控制器选用比例积分(PI)控制方法,K_{cp} 为比例调节系数,K_{ci} 为积分调节系数.电流环的被控对象 $P_1(s)$ 是直流电机电枢,其数学模型为

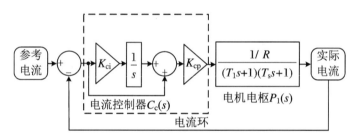

图 3.4　电流闭环控制回路结构图

$$P_1(s) = \frac{1/R}{(T_1 s + 1)(T_s s + 1)}$$

其中,R 为电枢回路总电阻,电枢回路电磁时间常数为 $T_1 = L/R$,L 为电枢回路总电感,T_s 为整流装置滞后时间常数.

电流控制器的传递函数 $C_c(s)$ 为

$$C_c(s) = K_{cp}\left(1 + \frac{K_{ci}}{s}\right) = K_{cp}\left(\frac{s}{K_{ci}} + 1\right) \Big/ \frac{s}{K_{ci}}$$

电流环的闭环传递函数 $G_c(s)$ 为

$$G_c(s) = \frac{C_c(s) \cdot P_1(s)}{1 + C_c(s) \cdot P_1(s)} = 1 \bigg/ \left[\frac{Rs(T_1 s + 1)(T_s s + 1)}{K_{cp} K_{ci}(s/K_{ci} + 1)} + 1 \right]$$

由于积分调节参数 K_{ci} 通常可以达到上百,电枢回路电磁时间常数 T_1 则较小,当取 $K_{ci} = 1/T_1$ 时,电流环的闭环传递函数 $G_c(s)$ 可以简化为 $G_c(s) = 1 \bigg/ \left[\dfrac{Rs(T_s s + 1)}{K_{cp} K_{ci}} + 1 \right]$. 在此基础上,整流装置滞后时间常数 T_s 非常小,K_{cp} 和 K_{ci} 又很大,因此,可以将电流环近似地等效成一个比例环节,令电流环等效后的传递函数相当于一个比例环节系数:

$$G_c(s) = K_C = 1 \tag{3.14}$$

3.2.1.2　速度环模型与传递函数建立

电机电流正比于电机的输出转矩,用于驱动电机和转台转动,速度环的控制结构框图如图 3.5 所示,其中,速度控制器选用比例积分(PI)控制方法,K_{vp} 为比例调节系数,K_{vi} 为积分调节系数.因此,速度环控制器的传递函数 $C_v(s)$ 为

$$C_v(s) = K_{vp} \left(\frac{K_{vi}}{s} + 1 \right) \tag{3.15}$$

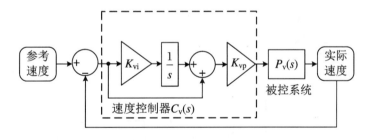

图 3.5　速度闭环控制回路结构图

速度环的被控系统 $P_v(s)$ 由三个部分组成:电流环、电机及其负载和电机电流力矩系数,其中,电流环等效后的传递函数由式(3.14)得到,电机电流力矩系数的传递函数为 K_t. 在不考虑摩擦力的情况下,电机机械系统的转矩平衡方程为 $J\dfrac{d\omega}{dt} = T - b\omega$,其中,$\omega$ 为角速度,J 为总转动惯量,T 为负载转矩,b 为摩擦系数.对转矩平衡方程进行变换,可

以得到图 3.3 中的电机及负载机械模型：$P_2(s) = \dfrac{1}{Js+b} = \dfrac{1/b}{Js/(b+1)}$. 由于 J/b 相比 1

非常小，因此 $P_2(s) \approx 1/(Js)$. 将总转动惯量 $J = C_e T_m / R$（C_e 为电势常数，T_m 为机电时间常数）带入 $P_2(s)$ 可以得到电机及其负载的数学模型 $P_2(s) = R/(C_e T_m s)$. 则速度环的被控系统 $P_v(s)$ 为

$$P_v(s) = K_C K_t P_2(s) = \frac{K_C K_t R}{C_e T_m s} \tag{3.16}$$

由式(3.15)和式(3.16)可以得到速度环闭环传递函数 $G_v(s)$ 为

$$G_v(s) = \frac{C_v(s) \cdot P_v(s)}{1 + C_v(s) \cdot P_v(s)} = \frac{K_{vp} K_C K_t R (s + K_{vi})}{C_e T_m s^2 + K_{vp} K_C K_t R (s + K_{vi})} \tag{3.17}$$

3.2.1.3 位置环模型与传递函数建立

位置环作为最外环，当粗跟踪探测器接收到的光斑能量大于预设能量阈值时，将该光斑质心坐标通过角度偏差提取算法得到光学天线视轴与信标光光轴之间的角度差，即实际位置与目标位置的位置误差，经位置调节器校正后产生速度指令，输出给速度环. 位置超前时产生负的速度指令，位置滞后时产生正的速度指令. 通过这一负反馈过程，位置校正环节将位置误差限制在一个较低的水平上，从而确保输出的角度位置尽可能与指令位置一致，保证量子通信光轴的对准. 位置环的结构框图如图 3.6 所示，其中，位置环控制器选用比例-积分-微分（PID）控制方法，K_{pp} 为比例调节系数，K_{pi} 为积分调节系数，K_{pd} 为微分调节系数.

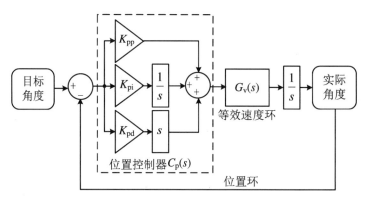

图 3.6 位置闭环控制回路结构图

量子导航定位系统
Quantum Navigation and Positioning Systems

位置环控制器的传递函数 $C_p(s) = K_{pp} + K_{pi}/s + K_{pd} \cdot s$. 将速度控制回路等效传递函数 $G_v(s)$ 带入，得到位置环的闭环传递函数 $G_p(s)$ 为

$$G_p(s) = \frac{C_p(s) G_v(s) \dfrac{1}{s}}{C_p(s) G_v(s) \dfrac{1}{s} + 1}$$

$$= \frac{K_{vp} K_C K_t R (s + K_{vi})(K_{pd} \cdot s^2 + K_{pp} \cdot s + K_{pi})}{C_e T_m s^4 + K_{vp} K_C K_t R (s + K_{vi})(K_{pd} \cdot s^2 + K_{pp} \cdot s + K_{pi}) + K_{vp} K_C K_t R \cdot s^2 (s + K_{vi})}$$

$$(3.18)$$

3.2.1.4 粗跟踪系统控制环路的输入信号及控制任务

根据粗跟踪的实际任务目标设计粗跟踪系统控制环路的输入信号. 粗跟踪系统控制环路的被控对象是粗跟踪系统的直流电机，粗跟踪系统的直流电机控制的是粗跟踪系统中光学天线的仰角，因此根据卫星运动，通过控制直流电机去控制光学天线的仰角，使光学天线的轴线与卫星位置轴线之间的角度保持在误差范围内是最终的任务目标，本节中粗跟踪系统控制环路的输入信号即理想状态下光学天线的仰角.

假设卫星平台始终保持指向地心的姿态，如图 3.7 所示，设卫星和地心之间的角度为 α，卫星相对于地面站的偏转角度为 β，地面站相对于水平位置的偏转角度即光学天线的仰角为 θ_e，粗跟踪系统的角速度为 $\dot{\theta}$，卫星的质量为 m，重力加速度为 g，卫星圆周运动的角速度为 ω，地球半径 $r = 6\,378$ km，卫星与地面的距离为 $R = 350$ km，β 与 r 的关系为

$$\frac{\sin\beta}{r} = \frac{\sin(\pi - \alpha - \beta)}{R + r} \qquad (3.19)$$

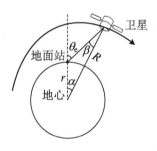

图 3.7 卫星与地面站位置关系图

式(3.19)经过积化和差变换可得

$$\beta = \arctan\left(\frac{r \cdot \sin\alpha}{R + r - r \cdot \cos\alpha}\right) \tag{3.20}$$

卫星运动的角速度 ω 是卫星与地球自转之间的相对角速度. 由于地球自转角速度非常小 $(4.167 \times 10^{-3}{}^\circ/\text{s})$，可忽略不计，卫星的圆周运动加速度由万有引力提供，因此角速度 ω 与万有引力 mg 的关系为 $mg = \omega^2(R + r)m$. 在时刻 t，卫星和地心之间的角度 α 与卫星运动的角速度 ω 关于时间 t 成正比：

$$\alpha = \omega \cdot t \tag{3.21}$$

光学天线的仰角 θ_e 与卫星和地心之间的角度 α 以及卫星相对于地面站的偏转角度 β 之间的关系为

$$\theta_e = \alpha + \beta \tag{3.22}$$

将式(3.20)和式(3.21)带入式(3.22)可以作出光学天线的仰角 θ_e 随时间 t 的变化曲线，即为本系统的输入信号，用弧度制表示，如图 3.8 所示.

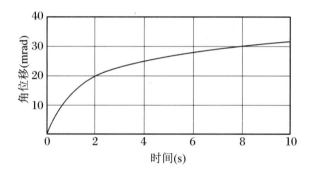

图 3.8　粗跟踪系统控制环路的输入信号

粗跟踪子系统在整个工作过程中的主要任务是粗跟踪，根据量子定位导航的应用需求，我们明确粗跟踪子系统控制环路的控制任务为：输入信号和输出信号之差，也就是粗跟踪误差小于 0.5 mrad. 此目标是根据精跟踪控制精度小于 2 μmad 来确定的.

结合粗跟踪系统的控制任务，本小节我们以下列各个参数为例，带入所建立的粗跟踪控制系统数学模型，进行设计计算和分析说明：直流电动机的额定电流 $I_N = 7.8$ A，允许过载倍数 $\lambda = 1.5$，电势常数 $C_e = 0.25$ V · min/r，飞轮惯量 $GD^2 = 283.5$ N · m^2，电枢回路总电阻 $R = 2.0\ \Omega$，总电感 $L = 13$ mH，整流装置滞后时间常数 $T_s = 0.001\ 7$ s，则系统的固有参数为：电枢回路电磁时间常数 $T_1 = L/R = 6.5$ ms；电机电流力矩系数 $K_t = 30C_e/\pi = 9.55C_e \approx 2.39$ N · m/A；机电时间常数

$$T_{\mathrm{m}} = \frac{GD^2 R}{375 C_{\mathrm{m}} C_{\mathrm{e}}} = \frac{283.5 \times 2.0}{375 \times 2.3875 \times 0.25} \approx 2.53 (\mathrm{s}) \tag{3.23}$$

将 $T_{\mathrm{s}} = 0.0017$ s 和 $R = 2.0\ \Omega$ 带入电流环的被控对象 $P_1(s)$,则直流电机电枢的数学模型为 $P_1 = 1/0.0034$ s;将电机机械模型 $C_{\mathrm{e}} = 0.25$ V·min/r,$T_{\mathrm{m}} = 2.53$ s 和 $R = 2.0\ \Omega$ 带入电机及其负载的数学模型,则 $P_2 = 1/0.32$ s.根据粗跟踪系统控制环路的最外环,即位置环的闭环传递函数式(3.18)可知,粗跟踪控制器的待定参数有 K_{vp},K_{vi},K_{pp},K_{pi} 和 K_{pd} 五个.

3.2.2　粗跟踪系统三环控制回路的设计

由于粗跟踪系统控制环路的输入信号是位置信号,因此在对速度环控制器的参数进行设计时,可以先将位置环的比例调节系数 K_{pp} 设为 1,积分调节系数 K_{pi} 和微分调节系数 K_{pd} 设为 0,使位置环的 PID 控制器不起作用,在此情况下调整速度环参数.在得到一组较好的速度环参数基础上,对位置环参数进行调节,得到一组较好的位置环参数.然后固定位置环参数,再对速度环进行调节,可以得到一组性能更好的参数.本小节使用 MATLAB 软件中的 Simulink 仿真模块对粗跟踪系统三环控制的环路进行仿真.

3.2.2.1　速度环参数 K_{vp} 和 K_{vi} 的设计

速度环的输入输出信号都是速度信号,粗跟踪系统要求快速瞄准和跟踪,因此速度环输出的最大速度越接近输入的最大速度越好,速度环输出的最大速度对应的横坐标与输入的最大速度对应的横坐标越接近越好.因此,本小节先讨论在位置环的比例调节系数 K_{pp} 设为 1,积分调节系数 K_{pi} 和微分调节系数 K_{pd} 设为 0 的情况下,速度环比例调节系数 K_{vp} 对速度环的影响,此时速度环的积分调节系数 K_{vi} 为 0.由控制学理论知识可知,比例系数与误差成正比,如果比例系数过小,调节力度不够,则系统输出量变化缓慢,调节所需的总时间过场;如果比例系数过大,调节力度太强,将造成调节过量,产生震荡.由于电机电流力矩系数 K_{t} 恒等于 2.39,选择比例调节系数 K_{vp} 与电机电流力矩系数 K_{t} 的乘积分别等于 0.5,1,2,3,5,10,查看比例调节系数 K_{vp} 对速度环的响应性能影响,如表 3.2 所示,其中,T_{in} 和 T_{out} 分别代表输入信号和输出信号最大点所对应的时间点,V_{in} 和 V_{out} 分别代表输入信号和输出信号的最大速度.

表 3.2 比例调节系数 K_{vp} 对速度环的响应性能影响

$K_{vp} \cdot K_t$	$T_{in}(s)$	$T_{out}(s)$	$V_{in}(mrad/s)$	$V_{out}(mrad/s)$
0.5	1.225	1.863	11.13	9.359
1	1.112	1.481	9.771	9.164
2	1.091	1.243	8.909	8.770
3	1.103	1.222	8.626	8.573
5	1.121	1.189	8.421	8.403
10	1.137	1.170	8.281	8.277

由表 3.2 可以看出,随着比例调节系数 K_{vp} 的增大,输入和输出的角速度越来越小,并逐渐趋近于一致;同时,输入和输出的响应也越来越快,$K_{vp} \cdot K_t = 2$ 以后响应变化不明显.因此,选择 $K_{vp} \cdot K_t = 2$,即比例调节系数 $K_{vp} = 0.84$.

在确定了比例调节系数 $K_{vp} = 0.84$ 的基础上,我们对积分调节系数 K_{vi} 进行调节.分别选择积分调节系数 K_{vi} 等于 $0.1, 0.5, 1, 2, 3, 5$,查看积分调节系数 K_{vi} 对速度环的响应性能影响,如表 3.3 所示,其中,T_{in} 和 T_{out} 分别代表输入信号和输出信号最大点所对应的时间点,V_{in} 和 V_{out} 分别代表输入信号和输出信号的最大速度.

表 3.3 积分调节系数 K_{vi} 对速度环的响应性能影响

K_{vi}	$T_{in}(s)$	$T_{out}(s)$	$V_{in}(mrad/s)$	$V_{out}(mrad/s)$
0.1	1.082	1.269	8.855	8.843
0.5	1.054	1.230	8.677	9.046
1	1.033	1.176	8.503	9.158
2	1.020	1.080	8.262	9.148
3	1.035	1.007	8.119	9.010
5	1.114	0.909	8.027	8.642

由表 3.3 可以看出,随着积分调节系数 K_{vi} 的增大,输入角速度越来越小,输出角速度先变大再变小,在 $K_{vi} = 1$ 时输出角速度最大;同时,输出信号的响应也越来越快.因此,本节选择积分调节系数 $K_{vi} = 1$.

3.2.2.2　位置环参数 K_{pp},K_{pi} 和 K_{pd} 的设计

在确定速度环参数的基础上,对位置控制器的三个参数:比例调节系数 K_{pp}、积分调节系数 K_{pi} 和微分调节系数 K_{pd} 进行设计.首先,将位置环的积分调节系数 K_{pi} 和微分

调节系数 K_{pd} 设为 0.分别选择比例调节系数 K_{pp} 等于 0.5,1,5,6,7,10,15,20,查看比例调节系数 K_{pp} 对位置环的响应性能影响,如表 3.4 所示,其中,T 代表输入信号和输出信号误差最大时所对应的时间点,φ_{max} 代表输入信号和输出信号的最大误差.由表 3.4 可以看出,随着比例调节系数 K_{pp} 的增大,输入信号和输出信号的最大误差越来越小,但是变化率越来越小,出现超调的次数也越来越多;输入信号和输出信号的最大误差对应的时间也越来越短,这说明系统能更快地进入期望误差的跟踪状态.由于比例调节系数 K_{pp} 越大,系统的响应性能越好,因此,在速度输入信号出现超调一次的前提下,选择比例调节系数 $K_{pp}=7$.在固定 $K_{pp}=7$ 的基础上,分别选择微分调节系数等于 0.01,0.05,0.1,0.11,0.12,0.13,0.14,查看微分调节系数 K_{pd} 对电机实际电流的影响,如表 3.5 所示,表格中的数据表示电机实际电流的峰值(单位:A),I_{max} 代表电机实际电流的峰值,φ_{max} 代表输入信号和输出信号的最大误差.

表 3.4　比例调节系数 K_{pp} 对位置环的响应性能影响

K_{pp}	T(s)	φ_{max}(mrad)	速度输入信号出现超调次数
0.5	1.503	1.504	1
1	1.033	8.503	1
5	0.384	3.524	1
6	0.342	3.173	1
7	0.310	2.905	1
10	0.249	2.372	2
15	0.195	1.890	2
20	0.164	1.613	3

表 3.5　微分调节系数 K_{pd} 对电机实际电流的影响

K_{pd}	I_{max}(A)	φ_{max}(mrad)
0.01	8.664	2.910
0.05	8.989	2.931
0.1	9.405	2.958
0.11	9.490	2.964
0.12	9.574	2.970
0.13	9.659	2.975
0.14	29.81	2.981

由表 3.5 可以看出,随着微分调节系数 K_{pd} 的增大,电机电流峰值越来越大,当微分调节系数 K_{pd} 大于 0.14 时电机电流峰值出现陡增,同时考虑微分调节系数 K_{pd} 越大,系统输出越稳定,另一方面,角位移误差在微分调节系数 K_{pd} 增大的过程中稍有上升,因此,可以选择微分调节系数 $K_{pd} = 0.13$.

分别选择积分调节系数 K_{pi} 等于 0.1,0.5,1,2,3,4,5,6,7,查看积分调节系数 K_{pi} 对位置环输入输出信号误差的影响,如表 3.6 所示,其中,φ_{max} 代表输入信号和输出信号的最大误差,$\varphi_{t=10}$ 代表时间 $t = 10$ 时刻输入信号和输出信号的误差.

表 3.6　积分调节系数 K_{pi} 对位置环输入输出信号误差的影响

K_{pi}	φ_{max}(mrad)	$\varphi_{t=10}$(mrad)	速度信号是否出现震荡
0.1	2.961	0.062 9	否
0.5	2.952	$-0.084\ 5$	否
1	2.939	$-0.134\ 4$	否
2	2.916	$-0.099\ 5$	否
3	2.904	$-0.054\ 2$	否
4	2.883	$-0.029\ 4$	否
5	2.862	$-0.017\ 8$	否
6	2.842	$-0.012\ 3$	是
7	2.823	$-0.009\ 2$	是

由表 3.6 可以看出,随着积分调节系数 K_{pi} 的增大,最大误差越来越小,时间 $t = 10$ 时刻的误差整体也呈越来越小的趋势,但是在积分调节系数 $K_{pi} = 5$ 以后速度信号出现震荡,因此,可以选择积分调节系数 $K_{pi} = 5$,此时的速度信号和位置信号的输入输出曲线如图 3.9(a)、图 3.9(c)所示(红虚线为输入信号,蓝实线为输出信号),输入输出速度信号和位置信号的误差曲线如图 3.9(b)、图 3.9(d)所示(红色双点划线为期望的粗跟踪性能指标 ± 0.5 mrad).在位置环比例调节系数 $K_{pp} = 7$、积分调节系数 $K_{pi} = 5$ 和微分调节系数 $K_{pd} = 0.13$ 的基础上,再对速度环的比例调节系数 K_{vp} 和积分调节系数 K_{vi} 进行微调.实验表明,速度环比例调节系数 K_{vp} 增大,电流环的电流峰值将会急剧增大,速度环比例调节系数 K_{vp} 减小,角位置误差会增大;积分调节系数 K_{vi} 增大,角速度信号不稳定性加剧,积分调节系数 K_{vi} 减小,角速度信号更加稳定,但是角位移误差会增大.由于该阶段的微调,系数变化较小,对角速度和角位移的变化以及误差影响也较小,因此本阶段不作调整.

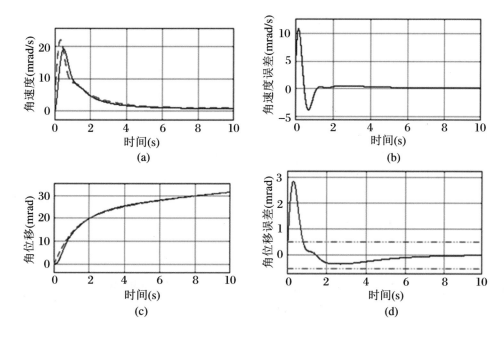

图 3.9 $K_{pi} = 5$ 情况下的实验结果

需要说明的是,此处控制系统仿真实验的采样频率设置为 1 ms,因此要求粗跟踪系统中的检测装置(通常选择 CCD)相机或 CMOS 相机的帧频大于 1 000 pfs,而实际应用中满足高分辨率的高频相机成本很高,因此需要考虑成本与性能的平衡性.

最终可以得到在速度环比例系数 $K_{vp} = 0.84$、积分系数 $K_{vi} = 1$、位置环比例系数 $K_{pp} = 7$、积分系数 $K_{pi} = 5$、微分系数 $K_{pd} = 1.3$ 的情况下,角位移误差最大,为 2.862 mrad,在 $t = 0.796$ s 以后粗跟踪精度可以保持在 0.5 mrad 之内,$t = 10$ s 时的角位移误差为 $-0.017\ 8$ mrad.此时的电机实际电流仿真结果如图 3.10 所示,最大的实际电流为 10.34 A$<I_{max} = 11.7$ A,满足电机参数.

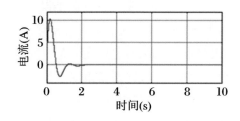

图 3.10 实际电流仿真结果

3.2.3 小结

本节对量子定位系统中的粗跟踪控制系统进行了研究,在给定不确定区域为 3 mrad,预期达到粗跟踪精度为 0.5 mrad 的情况下,设计了基于三环 PID 控制器的粗跟踪控制系统.Simulink 仿真实验结果表明,本节所设计的粗跟踪控制系统在 0.796 s 时刻可以达到预定粗跟踪精度.

3.3 量子定位系统中捕获与粗跟踪控制研究

量子定位系统利用光子对之间的纠缠特性在不同距离之间产生的时间差来精确定位目标位置,具有定位精度高、抗电磁干扰能力强、保密性强等优点.量子定位系统的工作需要借助量子卫星进行量子光通信,而量子光通信需要在完成信标光链路建立的基础上进行.由捕获、跟踪、对准系统完成对光信号的捕获、粗跟踪和精跟踪功能,只有当量子定位系统的跟踪精度达到一定要求时,系统才能开始建立信标光链路,进而进行量子光通信,最终通过测量和数据处理完成定位的任务(宋媛媛 等,2017a).基于量子光通信的量子定位系统具有传输距离长(Liao et al.,2017)、量子光发散角小、大气干扰强和卫星振动大等特点,粗精跟踪复合嵌套的 ATP 系统专门针对这些特点可以使量子定位系统的跟踪精度稳定在很小的范围内(丛爽,张慧,2015);粗跟踪系统负责在初始阶段扫描和捕获大范围的信标光,并引导信标光进入精跟踪视场;精跟踪系统负责在粗跟踪精度的基础上减少跟踪误差和补偿由卫星运动引起的超前瞄准误差.

ATP 系统中的粗跟踪系统和精跟踪系统分别具有相对独立的功能与不同性能要求,在物理实现上相互独立,粗跟踪控制系统的主要任务是快速、高效率地捕获信号并将捕获到的信号粗跟踪在一个较大的范围内,这是粗跟踪系统的关键和重点,因此本节将在 0.5 mrad 的粗跟踪误差条件下研究粗跟踪系统.整个 ATP 系统中的扰动和噪声放到精跟踪系统中考虑,在粗跟踪精度的基础上,精跟踪系统的性能为 0.002 mrad.

为了达到任务要求,本节首先计算得到粗跟踪系统需要的输入信号,也就是地面二维转台的方位角和俯仰角,然后对整个捕获和粗跟踪系统进行离散型模型的建立.在捕获阶段,基于分行式螺旋扫描的捕获策略对卫星发射的信号进行捕获;在粗跟踪阶段,对电流-速度-位置三闭环粗跟踪控制系统中的每一个环,分别设计相应的比例、积分或比例、积分、微分控制器.最后,在 Simulink 环境下,我们对卫星经过地面端(用户)可见区域的四种不同阶段情况下二维转台的方位轴和俯仰角分别进行信号捕获以及粗跟踪系统仿真实验.

3.3.1 卫星运行轨道与发射信号的获取

卫星运行轨道与发射信号的地面获取是把在轨运行的量子卫星在 WGS-84 坐标系中的运动轨迹经过坐标转换,得到该运动轨迹在地面站载荷设备坐标系中所对应的方位角和俯仰角,它就是地面获取的卫星发射信号.如图 3.11 所示,方位角与俯仰角获取的具体步骤如下:将卫星轨道在 WGS-84 坐标系变换到地球北东天坐标系,其中,WGS-84 坐标系为 GPS 定位系统专用坐标系,坐标原点为地球质心,z 轴指向 BIH1984.0 定义的协议地极(Conventional Terrestrial Pole,简称 CTP)方向,x 轴指向 BIH1984.0 的零度子午面和 CTP 赤道的交点,y 轴和 z 轴、x 轴构成右手坐标系;将北东天坐标系转换到地面站载荷设备坐标系,其中,地球北东天坐标系为原点设在地面站质心或载荷质心,y 轴为地理正北方向,x 轴为正东方向,z 轴垂直于水平面,并指向上,为右手坐标系;在地面站载荷设备坐标系中求得方位轴和俯仰轴的角度,其中地面站载荷设备坐标系为根据地面站安装角度定义的坐标系.若定义地面站设备的安装 z 轴垂直于地面,则设备坐标系到北东天坐标系只有一个绕 z 轴的旋转角度的差别.

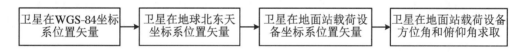

图 3.11 方位角与俯仰角求取流程图

下面我们给出具体的卫星发射信息的获取过程.

设卫星在运行轨道上的位置在 WGS-84 坐标系中的坐标为 $(x, y, z)_{\mathrm{w}}$,位置矢量为 OS_{w},速度矢量为 VS_{w},地面站的位置矢量为 OF_{w},地面站的速度矢量为 0.

(1)由 WGS-84 坐标系到地球北东天坐标系转换矩阵 M_{dw} 为

$$M_{\mathrm{dw}} = \begin{bmatrix} 0 & 1 & 0 \\ -1 & 0 & 0 \\ 0 & 0 & 1 \end{bmatrix} \begin{bmatrix} 0 & 0 & -1 \\ 0 & 1 & 0 \\ 1 & 0 & 0 \end{bmatrix} \begin{bmatrix} \cos B & 0 & \sin B \\ 0 & 1 & 0 \\ -\sin B & 0 & \cos B \end{bmatrix} \begin{bmatrix} \cos L & \sin L & 0 \\ -\sin L & \cos L & 1 \\ 0 & 0 & 1 \end{bmatrix} \quad (3.24)$$

其中，B 为纬度，L 为经度.

（2）由北东天坐标系到地面站载荷设备坐标系转换矩阵 M_{ed} 为

$$M_{ed} = \begin{bmatrix} 1 & 0 & 0 \\ 0 & \cos\partial & \sin\partial \\ 0 & -\sin\partial & \cos\partial \end{bmatrix} \tag{3.25}$$

其中，角度 ∂ 为绕 x 轴使北东天坐标系与地面站载荷设备坐标系重合所需旋转的角度.

（3）用 GS 表示卫星在地面站载荷设备坐标系下的位置矢量：

$$GS = M_{ed} \cdot M_{dw}(OS_w - OF_w)$$

然后方位角 A_S 和俯仰角 E_S 分别为

$$\begin{cases} A_S = \arctan(-x_{GS}/y_{GS}) \\ E_S = \arctan(z_{GS}/\sqrt{x_{GS}^2 + y_{GS}^2}) \end{cases} \tag{3.26}$$

其中，x_{GS}, y_{GS}, z_{GS} 为位置矢量 GS 的 x, y, z 坐标值.

以南京市为例，可以画出通过南京市地面站上方 500 km 的轨道如图 3.12(a)所示.根据图 3.11 中的坐标变换过程，可以计算出地面光学天线所接受到的输入信号，也就是卫星在运行轨道上发射的信号在地面站载荷设备坐标系中对应的方位角和俯仰角.坐标转换矩阵 M_{ed} 中的绕 x 轴使卫星本体坐标系与卫星载荷设备坐标系重合所需旋转的角度 ϕ 应由在卫星载荷实际安装后进行标定，此处取 $\phi = 12°$.最终可以算出进入 ATP 系统光学天线的输入信号如图 3.12(b)所示，蓝色实线为方位角 A_S，红色实线为俯仰角 E_S，绿色虚线框为实际可以进行星地间量子定位实验的时间段，根据二维转台的方位角范围为 0°～130° 和角度变换可以计算出该段时间约为 466 s.

3.3.2 基于两轴的粗跟踪控制系统设计

我们所设计的粗跟踪控制系统在接收卫星发射到地面的光信号时，其工作方式是在链路建立阶段（捕获阶段）为开环控制；在链路保持阶段（跟踪阶段）为闭环控制.在捕获阶段，粗跟踪控制系统的目标是驱动被控对象按预定路径进行搜索，直到输入信号与输出信号之间的误差小于设定阈值；在粗跟踪阶段，粗跟踪控制系统的目标转变为根据光斑信号的位置，实时跟踪被控对象，使输入信号和输出信号的误差保持在所设定范围内.因此，本小节设计的粗跟踪控制系统在捕获阶段和粗跟踪阶段分别采用捕获控制器和粗跟踪控制器.

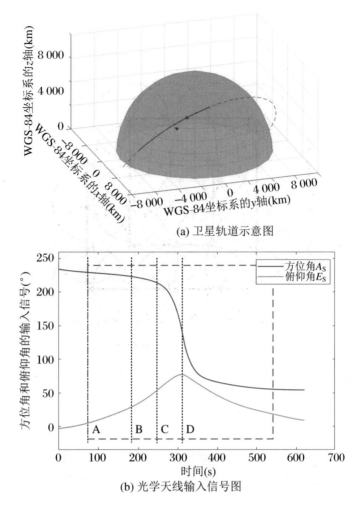

(a) 卫星轨道示意图

(b) 光学天线输入信号图

图 3.12　变换前后的卫星轨道信息

3.3.2.1　捕获策略及控制器设计

捕获阶段可以分为初始指向、扫描和捕获动作三个过程,其中,扫描过程的光学天线的轨迹规划需要根据具体情况进行设计.扫描阶段主要实现的是光学天线按照预定路径在空间中不断旋转,直到卫星端发射的信标光落入地面端的粗跟踪探测器内,同时满足平均捕获时间小于 0.5 s,捕获概率大于 99% 的性能指标.本小节选择理论上平均捕获时间最短、硬件结构和控制设计较简单的分行螺旋式扫描,可以达到理论上的捕获概率为 100%.

分行螺旋式扫描路径示意图如图 3.13 所示,其中,圆形框为粗跟踪探测器视野,蓝色虚线框为不确定区域,每个箭头为一步捕获.根据圆形内接正方形的边长为其直径的 $\sqrt{2}/2$ 倍,内接正方形可以无间隙地完全覆盖所有的不确定区域,本节选择的扫描步长为 $3\sqrt{2}/4$ 倍的粗跟踪探测器半径,因此理论上捕获概率可以达到 100%.

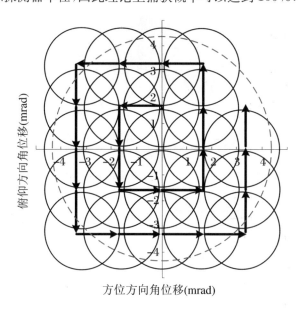

图 3.13　分行螺旋式扫描路径示意图

分行螺旋式扫描路径具体描述为:光学天线从捕获概率最高的中心开始扫描,选定一个方向,例如俯仰方向为正的方向前进一个步长,然后改变方向,向方位方向为负的方向前进一个步长,再改变方向,向俯仰方向为负的方向前进一个步长,此时已经改变两次方向,改变方向的步长间隔由一个步长改为两个步长,因此在俯仰方向为负的方向还需前进一个步长,接着改变方向,在方位方向为正的方向前进两个步长,以此类推.需要注意的是每改变两次方向,要增加一个单位的改变方向的步长间隔.具体地,已知步长为 I_θ,则当光学天线的视轴指向的坐标位于第 N 圈时,前 $N-1$ 圈的角度路程为 $S_{N-1}=8I_\theta N(N-1)/2$.用 θ_v 表示方位方向角坐标,θ_h 表示俯仰方向角坐标,当光学天线的视轴指向坐标为 $(\theta_\mathrm{v},\theta_\mathrm{h})$ 时,分行式螺旋扫描的前五圈的角度路程分别可以表示为

$$L(\theta_v, \theta_h) = \begin{cases} S_N + \theta_v - NI_\theta \\ S_{N-1} + I_\theta + (N-1)I_\theta + \theta_h \\ S_{N-1} + I_\theta + (2N-1)I_\theta + NI_\theta - \theta_h \\ S_{N-1} + I_\theta + (2N-1)I_\theta + 2NI_\theta - \theta_h \\ S_{N-1} + I_\theta + (2N-1)I_\theta + 2 \times 2NI_\theta + NI_\theta + \theta_h \end{cases} \tag{3.27}$$

将方位方向的角坐标单独拿出来看,可以得到以下数组$[0,0,-1,-1,-1,0,1,1,1,1,0,-1,-2,-2,-2,-2,-2,-2,-1,0,1,2,2,2,2,2,2,1,\cdots]$,单位为步长的长度.

为了使驱动光学天线的视轴能够按照预定路径移动,分别对方位轴和俯仰轴方向的捕获控制器进行设计.输入信号为位移,被控对象为电机及其负载,选择微分环节作为控制器.经过参数调整,比例与微分环节的增益均为13.4.

3.3.2.2 粗跟踪控制器设计及参数整定

我们所设计的粗跟踪系统自内而外分别采用电流控制环、速度控制环和位置控制环来对电机进行控制,整个粗跟踪控制系统需要完成对相机光斑质心数据、方位和俯仰电机各相电流数据,以及方位、俯仰旋转变压器测角数据的采集,根据这些信息,对两轴的位置角度分别进行控制(Jiang et al., 2012).由于方位和俯仰两轴在所使用的器件和电路上完全相同,仅在负载转动惯量上有所区别,因此本小节以方位轴为例进行粗跟踪系统设计和分析.完整的方位轴粗跟踪系统离散型三环控制回路结构图如图3.14所示,其中,控制系统中的电流内环采集电机相电流作为反馈;速度闭环采用测角机构测量出的电机绝对角度,并将其差分后求出电机速度信息作为反馈;位置闭环的反馈信号由粗跟踪探测器对目标信标光成像提取光斑质心位置提供.被控电机及其负载是连续模型加零阶保持器变换成离散系统.所有三环的控制器都是离散型设计.

粗跟踪系统中电流环的控制对象为永磁同步电机电枢回路产生的力矩,电流环的输出为实际的电机相电流,该电流正比于作用在电机及其负载的转台上的力矩,使转台产生转动的角速度.电流控制器选用比例积分(PI)控制,其中,K_{cp}为电流比例系数,K_{ci}为电流积分系数.由于K_{ci}通常可以达到上百,电枢回路电磁时间常数T_1则较小,整流装置滞后时间常数T_s非常小,K_{cp}和K_{ci}又很大,当取$K_{ci}=1/T_1$时,可以将电流环近似地等效成一个比例环节,电流闭环控制的传递函数$G_c(z)$可以简化为

$$G_c(z) = 1 \tag{3.28}$$

速度控制环的被控系统$P_v(z)$由三个部分组成:电流环、电机及其负载和电机电流力矩系数,其中,电流环等效后的传递函数由式(3.28)得到,电机电流力矩系数的传递函

数为 K_t. 速度控制器选用比例积分(PI)控制,K_{vp} 为速度比例系数,K_{vi} 为速度积分系数. 在忽略摩擦力的情况下,图 3.14 中的电机及负载机械模型 $1/(Js+b)$ 可以简化为 $1/(Js)$,此时的速度闭环的传递函数 $G_v(z)$ 为

$$G_v(z) = \frac{C_v(z) \cdot P_v(z)}{1 + C_v(z) \cdot P_v(z)} = \frac{m_0 + m_1 z^{-1}}{n_0 + n_1 z^{-1} + n_2 z^{-2}} \tag{3.29}$$

其中,$m_0 = K_v K_{vp} + K_v K_{vi}$,$m_1 = -K_v K_{vp}$,$n_0 = K_v K_{vp} + K_v K_{vi} + J$,$n_1 = -K_v K_{vp} - 2J$,$n_2 = J$.

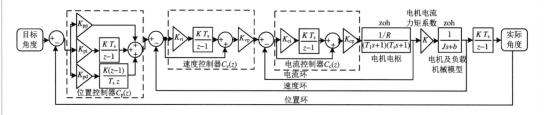

图 3.14　方位轴粗跟踪系统离散型三环控制回路结构图

　　位置控制环作为最外闭环,对所获得的有卫星发射信标光的光斑质心坐标,通过计算由位置闭环输出反馈回来的光学天线视轴角度与信标光光轴角度之间的角度差,作为位置控制器的输入信号,通过位置控制器产生速度指令,由速度闭环控制经过电流环,使电机进行角度的修正,直至光学天线视轴角度与信标光光轴角度之间的角度差被控制在期望的范围内,保证量子通信光轴的对准性能. 位置环控制器采用的是比例-积分-微分(PID)控制,K_{pp} 为位置比例系数,K_{pi} 为位置积分系数,K_{pd} 为位置微分系数. 位置闭环控制器的传递函数 $G_p(s)$ 为

$$G_p(s) = \frac{C_p(s) G_v(s) \dfrac{1}{1 - z^{-1}}}{C_p(s) G_v(s) \dfrac{1}{1 - z^{-1}} + 1} = \frac{x_0 + x_1 z^{-1} + x_2 z^{-2} + x_3 z^{-3} + x_4 z^{-4}}{y_0 + y_1 z^{-1} + y_2 z^{-2} + y_3 z^{-3} + y_4 z^{-4}}$$

$$\tag{3.30}$$

其中

$$x_0 = (K_{pp} + K_{pi} + K_{pd}) m_0$$

$$x_1 = (K_{pp} + K_{pi} + K_{pd}) m_1 + (K_{pi} - K_{pd}) m_0$$

$$x_2 = (K_{pp} + K_{pi} + K_{pd}) m_1 + K_{pd} m_0 - (K_{pp} + 2K_{pd})(m_1 + m_0)$$

$$x_3 = K_{pd}(m_0 - m_1) - K_{pp}m_1$$

$$x_4 = K_{pd}m_1$$

$$y_0 = (K_{pp} + K_{pi} + K_{pd})m_0 + n_0$$

$$y_1 = (K_{pp} + K_{pi} + K_{pd})m_1 + (K_{pi} - K_{pd})m_0 + n_1 - n_0$$

$$y_2 = (K_{pp} + K_{pi} + K_{pd})m_1 + K_{pd}m_0 - (K_{pp} + 2K_{pd})(m_1 + m_0) + n_2 - n_1$$

$$y_3 = K_{pd}(m_0 - m_1) - K_{pp}m_1 - n_2$$

$$y_4 = K_{pd}m_1$$

ATP 系统的执行结构光学天线,其方位轴和俯仰轴由两个电机分别进行驱动,需要分别对两个粗跟踪控制系统的参数进行调节.

3.3.2.3　量子定位系统中捕获与粗跟踪

整个粗跟踪系统分为捕获与粗跟踪两个过程,捕获控制器与粗跟踪控制器分别设计,并联运行,采用一个时钟驱动开关来控制两个控制器的切换,分别驱动二维转台的电机.具体工作过程为:通过 GPS 或轨道预报已知卫星轨道位置,然后根据式(3.24)、式(3.25)、式(3.26)把卫星轨道的坐标转换为控制系统的输入方位角与俯仰角信号.根据得到的角度信息,二维转台驱动光学天线对卫星进行初始指向.由于存在初始指向误差,光学天线视轴和卫星运动轨迹之间存在角度差,卫星端发射的信标光信号不能被地面端所接收,通过采用所设计的捕获策略,由捕获控制器控制二维转台电机进行信标光信号的捕获过程.当地面端粗跟踪探测器接收到卫星端的信标光信号时,捕获过程结束,记录捕获阶段花费的时间,记为捕获时间.此时,时钟驱动开关切换为粗跟踪控制器,转入粗跟踪阶段.在粗跟踪控制器的作用下,当粗跟踪精度达到 0.5 mrad 时,记录从初始指向到当前时刻的时间为粗跟踪时间.

3.3.3　基于两轴的捕获与粗跟踪系统仿真实验及其结果分析

根据 3.3.1 小节坐标变换以及计算所得到的输入信号,3.3.2.1 小节设计的捕获策略和 3.3.2.2 小节得到的粗跟踪控制器 PID 参数,我们对 ATP 系统的捕获阶段和粗跟踪阶段的联合系统,在 MATLAB 2017b 中的 Simulink 进行系统仿真实验.Simulink 下的仿真实验平台如图 3.15 所示,其中,图 3.15(a)为方位轴的控制系统,图 3.15(b)为俯仰轴的控制系统,两者之间相互独立.

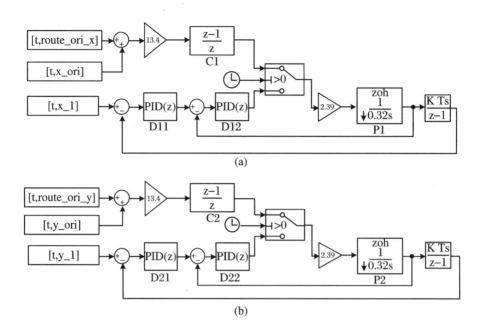

图 3.15　粗跟踪控制系统仿真实验平台示意图

图 3.15 中的每个控制系统都包含完整的被控对象 P1 和 P2、捕获控制器 C1 和 C2 以及粗跟踪控制器 D1(D11、D12) 和 D2(D21、D22). 实验中设卫星轨道为高度 500 km 的近地圆轨道,地面站在 WGS-84 坐标系下的经度为 118.78°,纬度为 32.04°,地面海拔高度为 0.5 km(南京),不确定区域为 0.5°(8.7 mrad),粗跟踪探测器视场为 3 mrad,粗跟踪探测器的帧频为 100 fps,扫描步长为 $3\sqrt{2}/4$ 倍的粗跟踪探测器半径,约 1.59 mrad. 设定仿真时长为 466 s.

实验的目的是研究不同初始指向误差,以及不同开始捕获时刻对捕获时间以及粗跟踪时间的性能影响.初始指向误差是光学天线在已知卫星运动轨道的前提下,对卫星进行初始指向后光学天线的指向与卫星之间的方向误差.捕获阶段的性能指标为捕获时间,是指从捕获的初始指向到完成信标光捕获的时间;粗跟踪阶段的性能指标为粗跟踪时间,是指从初始指向到跟踪精度达到 0.5 mrad 的时间.在初始指向误差预先给定的情况下,我们分别在 4 个不同的开始捕获时刻进行了捕获与粗跟踪所需时间的系统仿真实验,它们分别为卫星刚进入地面端的可视范围的时刻、卫星进入可视范围的 1/4 处、卫星进入可视范围的 3/8 处,以及卫星经过地面端正上方的时刻,这 4 个不同的开始捕获时刻分别对应图 3.12(b) 中的 A、B、C 和 D 时刻.实验中,初始指向误差的设定满足不确定区域为 0.5°(8.7 mrad) 的条件,即方位轴方向误差和俯仰轴方向误差需要在直径为 8.7 mrad 的圆内.实验中,当我们设定初始指向误差为 (3.03, 2.73) 时,所需要的捕获时间最长,需 24 个采样周期才能完成捕获.

在粗跟踪系统的仿真实验中,我们首先调整确定各个闭环 PID 控制器的最佳参数.从电流闭环开始,分别逐级调整三环的控制系数,根据所期望达到的粗跟踪控制性能要求,分别得到方位轴和俯仰轴两轴粗跟踪三环控制器的 PID 参数,方位轴三环控制器的参数分别为 $K_{pp} = 45, K_{pi} = 7, K_{pd} = 5, K_{vp} = 1.5$ 和 $K_{vi} = 0.15$;俯仰轴的参数分别为 $K_{pp} = 10, K_{pi} = 1.6, K_{pd} = 0.01, K_{vp} = 0.01$ 和 $K_{vi} = 0.1$.

4 次捕获与粗跟踪仿真实验的结果对比如表 3.7 所示,从中可以看出:4 次实验的捕获时间由短到长的顺序分别为:0.10(实验 3)、0.16(实验 4)、0.20(实验 2)和 0.24(实验 1),正好对应着 4 个实验中初始指向误差的大小顺序.

表 3.7 4 次仿真实验结果对比

实验编号	初始指向误差	开始捕获的时刻	捕获时间(s)	粗跟踪时间(s)
1	(3.03,2.73)	A 时刻	0.24	0.24
2	(1.70, − 3.76)	B 时刻	0.20	1.13
3	(1.20,3.98)	C 时刻	0.10	3.71
4	(− 3.27, − 1.87)	D 时刻	0.16	5.06

图 3.16 为实验 3 的仿真实验结果,其中图 3.16(a)为方位轴和俯仰轴的输入位置信号,蓝色实线为方位轴方向的输入位置信号,红色实线为俯仰轴方向的输入位置信号;图 3.16(b)为整个捕获、粗跟踪阶段方位轴和俯仰轴的位移误差,蓝实线为方位轴的位移误差,红虚线为俯仰轴的位移误差;图 3.16(c)为捕获阶段光学天线扫描路径图,红点为卫星的运动轨迹,初始点为光学天线进行初始指向后,由于初始指向误差,卫星相对光学天线的位置,蓝色虚线圆圈为由初始指向误差造成的不确定区域,直径为 8.7 mrad,由小圆圈组成的一串轨迹为光学天线预定扫描的路径,红色虚线圆圈为初始位置,蓝色实线为捕获到卫星时的位置;图 3.16(d)为粗跟踪阶段方位轴和俯仰轴的总误差,蓝实线为总误差,红虚线为要求的性能指标,即 0.5 mrad;图 3.16(e)为粗跟踪阶段方位轴和俯仰轴的误差二维示意图,外围的蓝色圆圈半径 3 mrad 为粗跟踪探测器的尺寸大小,里面的红色圆圈半径 0.5 mrad 为期望性能指标.

捕获时间的长短反映在图 3.16(c)中的圆圈个数上,每一个圆圈代表一个采样周期的时间,即 0.01 s.捕获阶段的仿真实验表明,在不确定区域为 8.7 mrad 的条件下,捕获概率为 100%,捕获时间最长为 0.24 s.随机初始指向误差,重复仿真实验 100 次以上,平均捕获时间为 0.09 s.

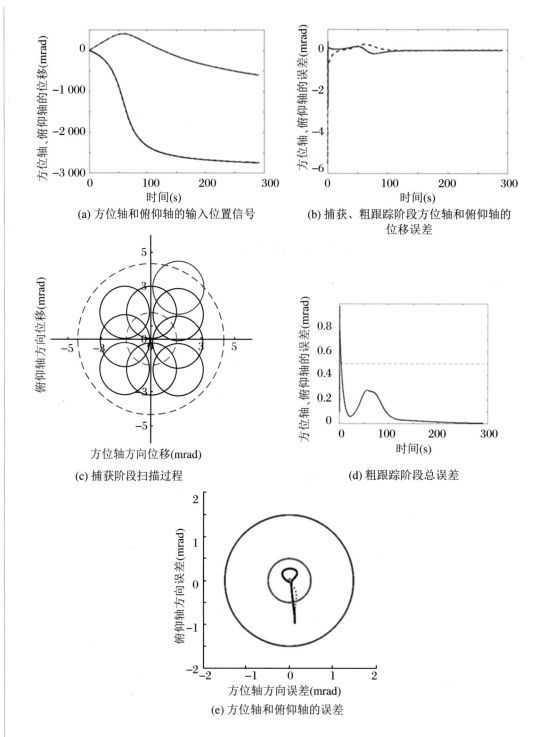

(a) 方位轴和俯仰轴的输入位置信号

(b) 捕获、粗跟踪阶段方位轴和俯仰轴的位移误差

(c) 捕获阶段扫描过程

(d) 粗跟踪阶段总误差

(e) 方位轴和俯仰轴的误差

图 3.16　实验 3 的仿真实验结果

捕获时间的实验结果表明,影响捕获时间的主要因素是初始指向误差的大小,初始指向误差越大,也就是初始指向偏离正确指向越大,完成捕获策略所需步数越多,捕获时间越长.粗跟踪时间的具体计算过程是用图 3.16(d) 中的粗跟踪总误差曲线与 0.5 mrad 的交点投影在横轴上的时间加上捕获时间计算得到的.观察图 3.12(b) 的方位角和俯仰角的输入信号在 D 时刻前后斜率最大,也就是卫星经过地面站时的运动速度最大,在 D 时刻前后,由捕获切换为粗跟踪控制所花费的过渡过程所产生的超调量就最大,因为所设计的粗跟踪控制器是稳定的,所以它可以将其拉回到 0.5 mrad 的性能指标内,这个拉回的粗跟踪时间花费了 4.9 s,所以,捕获和粗跟踪一共花费了 5.06 s.

从表 3.7 中可以看出:4 次实验中粗跟踪所花费时间由小到大的顺序正好是图 3.12(b) 中的 A,B,C 和 D 时刻.虽然 A 与 B 和 B 与 D 之间的时间是相同的,但是粗跟踪所花费的时间相差很大:开始捕获的时刻越接近中间 D 时刻,粗跟踪所需时间越长,且在 D 时刻最长.实验表明方位轴和俯仰轴的输入信号存在对称性,也就是在可视范围的 D 时刻后期开始捕获,所需要的粗跟踪时间也较短.考虑到后续量子光通信实验所需要的时间,捕获开始时刻建议选择在 A 时刻与 B 时刻之间,即可视范围的前 1/4 阶段.

3.3.4　小结

本节对量子定位系统中的捕获与粗跟踪系统进行了系统仿真实验研究,在详细推导控制系统输入信号的情况下,根据预期达到粗跟踪精度为 0.5 mrad 的性能指标制定了分行式螺旋扫描的捕获策略,设计了基于三环 PID 控制器的粗跟踪控制系统.Simulink 仿真实验结果表明,本书所设计的粗跟踪控制系统在卫星所处不同位置,不同初始指向误差开始捕获,都可以达到预定粗跟踪精度.在此基础上,开始捕获时刻对粗跟踪时间的影响较大,建议在可视范围的前 1/4 开始捕获可以有效降低粗跟踪时间.

第4章

捕获瞄准与跟踪系统中精跟踪控制

4.1 量子定位系统中的精跟踪系统与超前瞄准系统

人类导航定位技术,经历了自然天体导航、地磁场导航、惯性导航、无线电导航、声呐导航、光学导航、全球定位系统(Global Positioning System,简称 GPS)导航等阶段,其中,GPS 已经被广泛应用于交通导航、卫星授时、应急指挥、水情测报服务等领域,成为与人们日常生活密切相关的大众化科学技术.GPS 是建立在牛顿力学与洛伦兹-麦克斯韦方程组和香农信息论的经典理论基础上的技术,同时, 由于其使用的传统的电磁波信号的带宽和功率有限,其空间定位精度很难进一步提高.随着人们对空间定位精度的要求不断增加,现有的 GPS 技术难以满足人们的需求,基于量子力学论和量子信息论的量子定位系统(Quantum Positioning System,简称 QPS)应运而生.量子定位系统通过利用具有纠缠和压缩特性的量子脉冲,取代 GPS 中使用的电磁波信号,可以进一步提高对物体的定位精度.QPS 的概念最初是由美国 MIT 实验室的焦万内蒂(Giovannetti)于 2001 年提出的,并在理论上证明利用纠缠光子对及其量子压缩态提高定位精度的设想.在基于量子定位系统概念的基础上,美国的托马斯(Thomas)于 2004 年提出了干涉式量子定位系统模型,对量子定位系统的地基和星基模型进行了研究.在量子定位系统中,量子光的发散角仅为几十微弧度,光束对准跟踪精度要求小于几微弧度,在如此小的发射角及跟踪精度下,为了能够准确接收远端发来的量子光,以及将量子光准确发送给对方,需要先建立稳定精准的星地间光链路,通常采用捕获、跟踪和瞄准(Acquisition Tracking Pointing,简称 ATP)系统.20 世纪 80 年代,欧洲 SILEX 计划终端中的 ATP 系统采用粗精分离的双 CCD 探测,粗捕获、精跟踪、超前瞄准的复合控制技术,其跟踪精度可达到小于 2 μrad(Nielsen,1995).2005 年,日本发射的 OICETS 计划终端中的 ATP 系统采用粗跟踪和精跟踪复合控制技术,粗跟踪用 CCD 探测器,精跟踪用响应速度快的象限探测器(Quadrant Detector),跟踪精度小于 1 μrad (Jono et al.,2007).深空星地激光通信的 ATP 系统是星地量子通信实验的基础,星地量子定位系统在光链路的建立以及在维持基础上采用的 ATP 系统与星地激光通信系统中 ATP 系统原理相同(刁文婷 等,2016),其中,精跟踪系统与超前瞄准系统作为 ATP 系统的重要组成部分,两者直接影响着跟踪精度与定位系统的定位精度,跟踪精度越高,星地端对准度越高,量子定位系统中单光子探测器捕获到纠缠光子的概率越大,使得单位时间内能接收到的纠缠光子的个数越多,进而定位精度越高(王兆华,2010).

本节对量子导航定位系统中两个确保定位精度的精跟踪系统和超前瞄准系统进行研究.在描述量子定位系统,以及其中的捕获、跟踪和瞄准系统的工作过程的基础上,详细研究精跟踪系统组成部件,以及各参数与系统定位性能之间的关系,并对部件的选型进行分析;将接收到的粗跟踪角度差作为精跟踪系统的输入扰动,通过设计精跟踪控制系统,对输入的角度差进行进一步减小和消除,建立精跟踪系统控制结构框图以及各部分的传递函数;分析超前瞄准系统中超前瞄准角度产生的原因,通过分析超前瞄准角与超前瞄准点的坐标转换关系,将闭环控制的超前瞄准角度值转化为超前瞄准探测器上的超前瞄准点的坐标位置.根据星历表及星地终端相对运动,计算出超前瞄准角度,并设计一套超前瞄准系统结构图,对超前瞄准角与超前瞄准探测器中超前瞄准点坐标转换关系进行推导,提出一套可实际解算超前瞄准角度系统.

本节的结构安排如下:首先介绍量子定位系统及 ATP 系统的工作过程,对 QPS 以及 ATP 系统的组成结构、工作过程进行阐述;然后介绍精跟踪系统中的部件参数与系统性能之间的关系,对精跟踪系统中的快速反射镜、探测器、微处理的部件参数与系统性能之间的关系以及它们的选型进行分析;之后介绍精跟踪系统控制框图与传递函数的建立,建立整个精跟踪控制系统的方框图,并建立角度偏差采集模块传递函数、快速反射镜传递函数以及控制器的传递函数;接着还对超前瞄准系统进行分析,对超前瞄准系统结构进行设计,并对超前瞄准角与超前瞄准探测器上超前瞄准点的坐标转换关系进行分析;最后是小结.

4.1.1 量子定位系统及 ATP 系统的工作过程

根据纠缠光子对的发送者不同,量子定位系统可分为星基和地基两种,其中,星基定位系统的纠缠光子对是在卫星上发送的;地基定位系统的纠缠光子对是在地面上发送的.不管基于何种类型,量子定位系统都由 4 部分组成:量子纠缠光子源系统、ATP 系统、量子干涉测量系统和信号处理系统,其中,量子纠缠光子源系统主要包含了纠缠光子对的制备与压缩设备以及极化分束器,用于制备纠缠光子对并使每个纠缠光子对分为两束纠缠光;ATP 系统用于精确建立星地间光链路,同时利用粗、精跟踪系统,对卫星发射的入射光进行捕获、跟踪和瞄准后,分别接收信标光和量子光,使 ATP 系统之后的量子干涉测量系统中的单光子探测器能够精确探测到量子光,ATP 系统在发射量子光时,利用超前瞄准系统,使系统发射的量子光在卫星运行方向,超前所接收的入射光瞄准一个角度,完成超前对准;量子干涉测量系统主要包括可调光延迟器、单光子探测器和符合测量单元,用于测量量子特性的光子脉冲信息,将单光子探测器接收到的光子脉冲信号转换成电平信号,然后符合测量单元对电信号进行相关符合计数操作,通过符合计数获得纠缠光子对往返不同目标之间的时间差,根据空间卫星与待定位的地面端之间的距离和时间之间的关系,联立求解距离方程解算出地面端的位置信息.

在上述量子定位过程中,ATP 系统作为量子定位系统中的关键系统,具有捕获、跟踪、瞄准入射光的作用.ATP 系统组成及工作过程图如图 4.1 所示,ATP 主要由 5 个模块组成:粗跟踪模块、精跟踪模块、超前瞄准模块、信标光模块和直角反射模块.粗跟踪模块主要包括光学天线、二维转台、粗跟踪探测器、粗跟踪控制器,负责对入射信标光的捕获、初步对准,将入射信标光引入精跟踪模块.精跟踪模块位于粗跟踪模块中的后光路,主要由精跟踪探测器、精跟踪控制器和快速反射镜 3 部分组成,其中,精跟踪探测器获得入射信标光光轴位置信息,将光轴位置信息传递给精跟踪控制器,精跟踪控制器控制快速反射镜偏转角度,补偿粗跟踪的角度差,起到精确跟踪作用.超前瞄准模块主要包括超前瞄准探测器、超前瞄准控制器和超前瞄准镜 3 部分,负责调整发射量子光出射角度,使其超前 ATP 系统接收到的入射光光轴角度值达到所需要的超前瞄准角度,用来补偿由于星地间终端在轨运行和光束传输延迟导致的角度差,实现卫星高速运动下的量子光精确对准发射.信标光模块包括一个激光发射器,负责产生激光,并将激光作为信标光发射出去,为星地间光链路的建立提供稳定的信标光光源.直角反射模块包括一个角锥直角反射镜,负责将量子光沿原路反射回发射端的 ATP 系统.

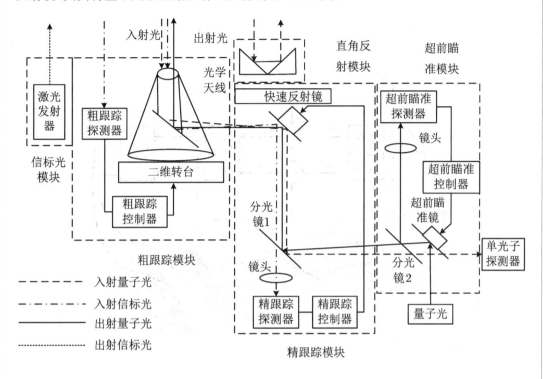

图 4.1　ATP 系统组成及工作过程图

　　ATP 系统的整个工作实现过程分为接收过程和发射过程:在接收过程中,ATP 粗跟踪模块首先对入射光(信标光和量子光)进行捕获并初步对准,将入射光引入精跟踪能够探测到的范围;入射光进入精跟踪模块,经过快速反射镜反射后,到达分光镜 1,量子光经分光镜 1 反射进入单光子探测器,信标光经分光镜 1 透射后到达精跟踪探测器前镜头,经聚焦后到达精跟踪探测器感光平面,精跟踪探测器获得信标光光轴位置信息,将光轴位置信息传递给精跟踪控制器,精跟踪控制器控制快速反射镜偏转,补偿粗跟踪的角度跟踪余差,使得信标光指向精跟踪探测器中心,此时,量子光便能精确对准单光子探测器中心,达到精确跟踪的目的.在发射过程中,制备好的纠缠光子对的其中一束量子光射入到超前瞄准镜,通过超前瞄准镜微调来补偿由于空间卫星在轨运行和光束传输延迟导致的角度差,然后沿着入射光的逆向光路方向由光学天线发射出去.

　　ATP 系统中的精跟踪系统结构图如图 4.2 所示.精跟踪系统主要由 3 部分组成:

　　(1) 快速反射镜(Fast Steering Mirror,简称 FSM):精跟踪系统中的执行机构,负责

调整入射光的光轴角度;

(2) 精跟踪探测器:精跟踪系统中的光电检测模块,负责将入射光的光斑信号转换为探测器表面分布的电流信号;

(3) 微处理器:精跟踪系统的光斑能量信号处理器和控制器,负责光斑电信号的检测计算和实现控制算法的作用.

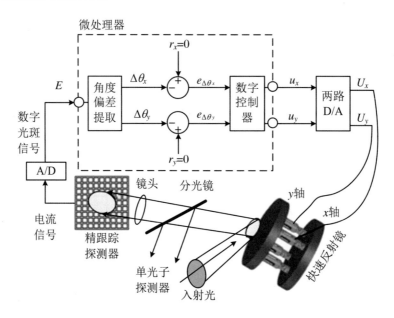

图 4.2　精跟踪系统结构图

精跟踪系统的整个工作过程为:快速反射镜对经由粗跟踪系统输出的入射光进行反射,通过分光镜将其分为两路:一路为量子光,指向单光子探测器;另一路为信标光,通过精跟踪探测器镜头,进入精跟踪探测器.信标光照射到精跟踪探测器上形成光斑,精跟踪探测器将光斑信号转化为在探测器上分布的电流信号,经 A/D 转换成数字的光斑能量信号 E,微处理器对分布的光斑能量信号 E 进行计算,获取在 x 与 y 平面上的角度差 $\Delta\theta_x$ 和 $\Delta\theta_y$,将 $\Delta\theta_x$ 与 $\Delta\theta_y$ 和期望的角度 r_x 与 r_y 之间求偏差,得到相应的跟踪误差 $e_{\Delta\theta_x}$ 和 $e_{\Delta\theta_y}$ 分别为 $e_{\Delta\theta_x} = r_x - \Delta\theta_x$ 和 $e_{\Delta\theta_y} = r_y - \Delta\theta_y$;精跟踪控制器根据所获得的 $e_{\Delta\theta_x}$ 和 $e_{\Delta\theta_y}$,通过所设计出合适的控制策略计算后,输出调整角度差的控制信号 u_x 和 u_y,经 D/A 转换为模拟电压信号 U_x 和 U_y,驱动快速反射镜偏转一定的角度,使得指向单光子探测模块的那一路量子光精确对准到单光子探测器的中心,从而达到精确跟踪的目的.

量子光由于光束窄、发散角小,在星地传输过程中受到大气散射、折射、湍流等因素的影响,加上空间通信平台的振动等因素,会造成光束偏离目标,因此,对精跟踪的性能要求一般需要小于十几甚至几微弧度.

本小节将在给定量子定位系统性能指标的情况下,通过分析精跟踪系统的各组成部件的参数与性能指标之间的关系,具体设计一套精跟踪系统.

设定精跟踪系统的入射信标光的性能参数分别为:

(1) 粗跟踪系统角度余差 $\Delta\theta_C$ 为 0.5 mrad;

(2) 入射信标光光束直径 D 为 40 mm;

(3) 入射信标光入射到 FSM 与其中心轴构成的夹角 θ_{in} 为 45°,光学天线的放大倍数 M 为 11.8,精跟踪探测器镜头焦距设为 $f = 1\,000$ mm.

精跟踪系统的期望性能指标分别为:

(1) 期望跟踪角度精度 $\theta_e \leqslant 2$ μrad;

(2) 闭环带宽 $f_B \geqslant 200$ Hz;

(3) 精跟踪视场,也就是精跟踪探测器能探测到的最大角度范围 θ_{FOV},一般大于粗跟踪系统角度余差(钱锋,2014),即 $\theta_{FOV} \geqslant 0.5$ mrad;

(4) FSM 的结构谐振频率一般要大于闭环带宽的 6 倍,即大于等于 1 200 Hz;

(5) FSM 的角分辨率应小于期望跟踪角度精度的 1/10,即小于等于 0.2 μrad;

(6) 探测器的帧频 $\varepsilon(k)$ 一般要为闭环带宽的十倍以上,即 $f_r \geqslant 2\,000$ Hz.

下面我们将根据所设定的性能指标对精跟踪系统中各部件参数与系统性能之间关系进行分析,并在此基础上确定各部件的选型.

4.1.2 精跟踪系统中的部件参数与系统性能之间的关系以及选型分析

精跟踪系统主要由快速反射镜、精跟踪探测器和微处理器 3 部分组成,本小节对这 3 个部件的参数与精跟踪系统的性能之间的关系进行分析,以及结合目前市场上的几款型号,对部件的选型进行分析.

4.1.2.1 快速反射镜

快速反射镜(FSM)主要由支撑铰链、工作镜面、驱动元件、检测元件和控制子系统 5 部分组成(徐新行 等,2013),其中,工作镜面的直径 D_F 的大小是由光束入射角 θ_{in} 以及光束直径 D 来决定的;驱动元件主要体现在 FSM 的转角范围以及角分辨率大小(孟立新,2014).目前国内市场上的几款快速反射镜参数的性能指标如表 4.1 所示,从中可以看出 FSM 的性能主要受 4 个参数影响:FSM 镜面直径 D_F、FSM 转角范围 α_F、FSM 角分辨率、FSM 谐振频率.

下面我们将分别分析这 4 个参数与 FSM 性能之间的关系.

(1) FSM 镜面直径大小直接受入射信标光光束的直径大小以及光束入射角的影响,FSM 镜面直径 D_F 与光束直径 D 以及光束入射角 θ_{in} 的关系表述为

$$D_F \geqslant D/\cos\theta_{in} \tag{4.1}$$

(2) FSM 转角范围是指 FSM 镜体所能转动的最大角度,为了保证入射信标光经过快速反射镜反射后能完全覆盖到精跟踪视场,这就要求 FSM 的转角范围要大于精跟踪视场.FSM 转角范围 α_F 与精跟踪视场 θ_{FOV} 以及光学天线放大倍数 M 的关系表述为

$$\alpha_F \geqslant \frac{M\theta_{FOV}}{2} \tag{4.2}$$

(3) FSM 角分辨率是指 FSM 镜体所能实现的最小角分度值,应小于精跟踪期望跟踪角度精度的十分之一(姜会林,佟首峰,2010).

(4) FSM 的结构谐振频率需求大小直接受精跟踪系统闭环带宽大小的影响,FSM 的结构谐振频率一般要大于精跟踪系统闭环带宽的 6 倍(史少龙,2014).

表 4.1　几款快速反射镜参数的性能指标

产品型号	供应厂家	镜面直径(mm)	角分辨率(μrad)	转角范围(mrad)	谐振频率(Hz)
AU-NPS-q-2A	上海昊量光电设备有限公司	35	1	2	5 000
FSM-002-02	富泰科技	45.7	<1	26.18	3 000
Aligna	富泰科技	60	<0.1	314	5 000

下面我们以"富泰科技"厂家供应的型号为 Aligna 的快速反射镜为例,根据 4 个参数与性能之间的关系,通过具体的数值计算与分析来判断其是否符合性能要求.

(1) 根据精跟踪系统的入射光光束直径 $D = 40$ mm,以及入射到 FSM 的入射角 $\theta_{in} = 45°$,则由 FSM 镜面直径计算式(4.1)可以计算出 FSM 镜面直径 D_F 应达到以下要求:

$$D_F \geqslant D/\cos\theta_{in} = 40/\cos45° = 56.57(\text{mm}) \tag{4.3}$$

从表 4.1 中的 Aligna 型 FSM 的镜面直径为 60 mm 可以看出:该型号满足大于 56.57 mm 的镜面直径的要求.

（2）根据精跟踪系统期望性能指标中的精跟踪视场 θ_{FOV} 应大于 0.5 mrad，及光学天线的放大倍数 $M = 11.8$，由 FSM 转角范围计算式（4.2）可知 FSM 转角范围 α_F 应达到的要求为

$$\alpha_F \geqslant \frac{M\theta_{FOV}}{2} = \frac{11.8 \times 0.5}{2} = 2.95(\text{mrad}) \tag{4.4}$$

从表 4.1 中的 Aligna 型 FSM 的转角范围为 314 mrad 可以看出：该型号满足大于 2.95 mrad 的转角范围的要求．

（3）根据 FSM 的角分辨率性能分析，可知 FSM 角分辨率要小于期望跟踪角度精度 θ_e 的 1/10，又因为 $\theta_e \leqslant 2\ \mu\text{rad}$，即得 FSM 角分辨率应达到小于 0.2 μrad 的要求．从表 4.1 中的 Aligna 型 FSM 的角分辨率小于 0.1 μrad 可以看出：该型号满足小于 0.2 μrad 的角分辨率的要求．

（4）根据 FSM 的结构谐振频率性能分析，可知 FSM 的谐振频率要大于精跟踪系统闭环带宽 f_B 的 6 倍，而 $f_B \geqslant 200$ Hz，即得 FSM 谐振频率应达到大于 1 200 Hz 的要求．从表 4.1 中的 Aligna 型 FSM 的谐振频率为 5 000 Hz 可以看出：该型号满足大于 1 200 Hz 的谐振频率的要求．

通过上述 4 点分析，我们可以得出结论：型号为 Aligna 的快速反射镜可满足精跟踪系统中需要达到的快速反射镜所有参数的性能要求．

4.1.2.2　精跟踪探测器

精跟踪探测器参数性能主要体现安装在探测表面的感光元件像元的感光灵敏度、感光元件的尺寸大小以及感光元件的个数，这些特性主要体现在 4 个参数方面：像元尺寸 d_a、像元阵列（表面阵列 $M_0 \times N_0$ 和实际阵列 $M_r \times N_r$）、帧频（全帧帧频 f_0 和实际帧频 f_r）、灵敏度．

下面我们将分别分析这 4 个参数与精跟踪探测性能之间的关系．

（1）探测器的像元尺寸 d_a 代表着探测器精细度，它的大小与期望跟踪角度精度 θ_e、光学天线放大倍数 M 以及精跟踪探测器前镜头焦距 f 有关，它们之间应满足的关系为

$$d_a \leqslant 2 \cdot \theta_e \cdot M \cdot f \tag{4.5}$$

（2）探测器的像元阵列代表着探测器能探测到的角度范围大小，探测器像元阵列 d_R 与精跟踪探测器视场 θ_{FOV}、光学天线放大倍数 M、精跟踪探测器前镜头焦距 f 以及像元尺寸 d_a 之间应满足的关系为

$$d_R \geqslant 2\frac{f}{d_a}\tan\left(\frac{M \cdot \theta_{FOV}}{2}\right) \tag{4.6}$$

因 $\dfrac{M \cdot \theta_{FOV}}{2}$ 常在 10^{-3} 量级,故 $\tan\left(\dfrac{M \cdot \theta_{FOV}}{2}\right) \approx \dfrac{M \cdot \theta_{FOV}}{2}$,结合式(4.5)可将式(4.6)化简为

$$d_R \geqslant \frac{\theta_{FOV}}{2\theta_e} \tag{4.7}$$

记像元阵列下限为 $d_{Rmin} = \dfrac{\theta_{FOV}}{2\theta_e}$.

(3) 探测器的帧频大小需求直接受精跟踪系统的闭环带宽大小的影响,它一般为闭环带宽 f_B 的 10 倍以上,帧频 f_r 与闭环带宽 f_B 之间应满足的关系为

$$f_r > 10f_B \tag{4.8}$$

记帧频下限为 $f_{min} = 10f_B$.

由式(4.7)和式(4.8),我们可以得到探测器像元阵列最小值 d_{Rmin},帧频最小值 f_{min}.不过,实际使用的探测器往往不能同时满足像元阵列大于 d_{Rmin} 和帧频大于 f_{min} 这两个要求,此时,对具有开窗功能的探测器,我们可以通过调节开窗因子 α 来使像元阵列大于 d_{Rmin} 和帧频大于 f_{min} 同时成立.具体做法是:设探测器的像元表面阵列为 $M_0 \times N_0$,全帧帧频为 f_0,其中的帧频 f_0 不满足大于 f_{min} 的要求.通过调节横向开窗因子 α、纵向开窗因子 β 这两个参数,来得到实际像元阵列 $M_r \times N_r$ 和实际帧频 f_r,实际像元阵列 $M_r \times N_r$ 和实际帧频 f_r 与像元表面阵列 $M_0 \times N_0$、全帧帧频 f_0、横向开窗因子 α 和纵向开窗因子 β 之间的关系满足

$$\begin{cases} M_r = \alpha M_0 \geqslant d_{Rmin} \\ N_r = \beta N_0 \geqslant d_{Rmin} \\ f_r = \dfrac{f_0}{\alpha\beta} \geqslant f_{min} \end{cases} \tag{4.9}$$

下面我们就如何选取合适的横向开窗因子 α、纵向开窗因子 β 使得实际像元阵列 $M_r \times N_r$ 和实际帧频 f_r 满足式(4.9)中的不等式关系进行分析.横向开窗因子 α、纵向开窗因子 β 与像元阵列下限 d_{Rmin},以及像元表面阵列 $M_0 \times N_0$ 之间的关系为

$$\begin{cases} \alpha^* = d_{Rmin}/M_0 \\ \beta^* = d_{Rmin}/N_0 \end{cases} \tag{4.10}$$

根据式(4.10),首先取得最小值 α^* 和 β^*.此时,若 $f_0/(\alpha^* \beta^*) \geqslant f_{min}$,则 α^*, β^*

为符合式(4.9)的横向开窗因子 α 和纵向开窗因子 β 取值,还可适当增大 α 和 β 的值,只要满足式(4.9)的帧频要求即可.若 $f_0/(\alpha^* \beta^*) < f_{\min}$,则式(4.9)无解,即该探测器不能同时满足像元阵列和帧频的最小值要求.

(4) 精跟踪探测器的灵敏度为其所能探测到入射信标光的最低功率,精跟踪探测器接收到的信标光光信号是十分微弱的,加上高背景噪声场的干扰,会导致接收端信号检测十分困难.为快速、精确地捕获卫星目标和接收信号,精跟踪探测器要有足够高的灵敏度,常要达到 nW～pW 量级.在选择探测器时,要充分考虑探测器的像元尺寸、像元阵列、帧频、灵敏度这 4 个性能参数.市场上的探测器,按照工作原理的不同,在这 4 个性能参数上的表现各不相同,常分为 3 种类型:① 四象限雪崩光电二极管探测器(Quadrant Avalanche Photodiode Detector,简称 QAPD).QAPD 仅有四个探测像元,像元阵列较小,而精跟踪系统都存在一定的视场要求,故根据式(4.7)可知 QAPD 不适合选作精跟踪系统的探测器.② 电荷耦合器件(Charge Coupled Device,简称 CCD)探测器.CCD 探测器的特点是探测阵面尺寸大、噪声低、非均匀性好、动态范围大、读出速率高,但是由于电子束扫描会带来很大的功耗,容易过热,产生很多暗点噪声,不宜选作精跟踪系统的探测器.③ 互补金属氧化物半导体(Complementary Metal Oxide Semiconductor,简称 CMOS)探测器.CMOS 探测器相对于 QAPD 具有更大的探测阵面和更高的像元一致性;CMOS 探测器可集成化程度更高、功耗小,能够集成放大器、模数转换器(A/D)等,减少了外围配置电路数量,可降低系统复杂性,有利于减小定位系统收发装置的体积,常被选作精跟踪系统的探测器.表 4.2 列出了几款 CMOS 探测器参数的性能指标.

表 4.2 几款 CMOS 探测器参数的性能指标

探测器型号	供应厂家	像元尺寸(μm)	表面像元	全帧帧频(Hz)	实际像元	实际帧频(Hz)	开窗因子
IMX178LQJ-C	图像传感器	2.4×2.4	3 072×2 048	60	384×256	3 840	1/8×1/8
MN34220PL	今感电子有限公司	2.75×2.75	1 952×1 266	120	244×158	7 680	1/8×1/8
IMX236LQJ-C	图像传感器	2.8×2.8	1 920×1 200	108	240×150	6 912	1/8×1/8
OIP1FN1300A-QDI	威科电子	4.8×4.8	1 280×1 024	210	160×256	6 720	1/8×1/4

下面我们以"图像传感器"厂家供应的型号为 IMX178LQJ-C 的 CMOS 探测器为例,根据 3 个参数与性能之间的关系,通过具体的数值计算与分析来判断其是否符合性能要求.

(1) 根据精跟踪探测器前镜头焦距为 $f = 1\,000$ mm,光学天线放大倍数 $M = 11.8$,

期望跟踪角度精度 $\theta_{e} \leqslant 2\ \mu\mathrm{rad}$,由像元尺寸大小计算式(4.5)可得像元尺寸 d_{a} 为

$$d_{a} \leqslant 2 \cdot \theta_{e} \cdot M \cdot f = 2 \times 2 \times 11.8 \times 1\ 000 \times 10^{-3} = 47.2(\mu\mathrm{m}) \qquad (4.11)$$

IMX178LQJ-C 型探测器的像元尺寸为 $2.4\ \mu\mathrm{m}$,满足小于 $47.2\ \mu\mathrm{m}$ 的像元尺寸要求.

(2) 根据期望跟踪角度精度 $\theta_{e} \leqslant 2\ \mu\mathrm{rad}$ 和跟踪视场 $\theta_{\mathrm{FOV}} \geqslant 0.5\ \mathrm{mrad}$,由像元阵列计算式(4.7)可得像元阵列 d_{R} 应满足的要求为

$$d_{R} \geqslant \frac{\theta_{\mathrm{FOV}}}{2\theta_{e}} = \frac{0.5 \times 10^{-3}}{2 \times 2 \times 10^{-6}} = 125 \qquad (4.12)$$

即 $d_{\mathrm{Rmin}} = \dfrac{\theta_{\mathrm{FOV}}}{2\theta_{e}} = 125$.

(3) 根据精跟踪系统期望性能指标中的闭环带宽 $f_{B} \geqslant 200\ \mathrm{Hz}$,由帧频计算式(4.8)可得探测器帧频 f_{r} 应达满足的要求为

$$f_{r} > 10f_{B} = 10 \times 200 = 2\ 000(\mathrm{Hz}) \qquad (4.13)$$

即 $f_{\min} = 10f_{B} = 2\ 000\ \mathrm{Hz}$.

IMX178LQJ-C 型探测器的像元表面阵列为 $3\ 072 \times 2\ 048$,满足大于 125×125 的像元阵列要求;但是 IMX178LQJ-C 型探测器的全帧帧频为 $60\ \mathrm{Hz}$,不满足大于 $2\ 000\ \mathrm{Hz}$ 的帧频要求,因此需调节开窗因子.此时,可以根据式(4.10)得到最小横向开窗因子 α 和纵向开窗因子 β 分别为

$$\begin{cases} \alpha^{*} = \dfrac{d_{\mathrm{Rmin}}}{M_{0}} = \dfrac{125}{3\ 072} \\[3mm] \beta^{*} = \dfrac{d_{\mathrm{Rmin}}}{N_{0}} = \dfrac{125}{2\ 048} \end{cases} \qquad (4.14)$$

再根据式(4.9),我们可以得到调节开窗因子 α 和 β 的实际帧频为

$$f_{r} = f_{0}/(\alpha^{*}\beta^{*}) = 60/\left(\frac{125}{3\ 072} \times \frac{125}{2\ 048}\right) = 24\ 159(\mathrm{Hz})$$

满足探测器帧频 f_{r} 大于 $2\ 000\ \mathrm{Hz}$ 的帧频要求.

实际上通过式(4.9)计算出的像元阵列仅仅满足下限.为了提高实际像元阵列,可适当提高横向开窗因子 α 以及纵向开窗因子 β.这里选取横向因子 $\alpha = 1/8 > \alpha^{*} = 125/3\ 072$,纵向因子 $\beta = 1/8 > \beta^{*} = 125/2\ 048$,则由实际像元阵列 $M_{r} \times N_{r}$ 和实际帧频 f_{r} 计算式(4.9)可计算出像元阵列为

$$M_r \times N_r = (\alpha \cdot M_0) \times (\beta \cdot N_0) = (1/8 \times 3\,072) \times (1/8 \times 2\,048) = 384 \times 256$$

$$(4.15)$$

满足大于 125×125 的像元阵列要求;此时,实际帧频 f_r 为

$$f_r = \frac{f_0}{\alpha \cdot \beta} = \frac{60}{1/8 \times 1/8} = 3\,840\,(\text{Hz}) \qquad (4.16)$$

满足大于 $2\,000\,\text{Hz}$ 的帧频要求.

通过上述 3 点分析,我们可以得出结论:对于型号为 IMX178LQJ-C 的 CMOS 探测器,我们通过选取设计适当的开窗因子,就可以满足精跟踪系统中需要达到的精跟踪探测器的性能要求.

4.1.2.3 微处理器

由于空间卫星在轨道上运转、星地两终端需要不断地调整角度进行跟踪,精跟踪系统便要求具有实时响应性.因此在精跟踪系统中,常选用高速 DSP(Digital Signal Processor)作为系统的处理器,实现对光斑信号采集、入射光轴的角度偏差提取以及执行控制策略的计算.TI 公司的 TMS320VC 系列型号的高性能 DSP,最高主频达 160 MHz,可以满足对 $2\,000\,\text{Hz}$ 的探测器帧频采样要求和对控制策略实时计算的要求.

4.1.3　精跟踪系统控制框图与传递函数的建立

精跟踪系统与粗跟踪系统一起承担着建立稳定精确星地间光链路的关键作用.ATP 系统控制回路图如图 4.3 所示,其中,粗跟踪和精跟踪是相互独立控制,且两级直接叠加的,粗跟踪系统通过粗跟踪探测器,检测到入射信标光光轴角度 θ_λ 与二维转台转动角度 θ_C 之差 $\Delta\theta_C : \Delta\theta_C = \theta_\lambda - \theta_C$,$\Delta\theta_C$ 称为粗跟踪角度余差,将 $\Delta\theta_C$ 送入粗跟踪控制器,由控制器输出控制信号,控制二维转台转动,调节光学天线指向,实现初步跟踪,将目标引入精跟踪视场;精跟踪系统的输入为粗跟踪角度余差 $\Delta\theta_C$,由精跟踪探测器探测粗跟踪角度余差 $\Delta\theta_C$ 与快速反射镜偏转角度 θ_F 之差为精跟踪角度误差 $\Delta\theta_F : \Delta\theta_F = \Delta\theta_C - \theta_F$,将 $\Delta\theta_F$ 送到精跟踪控制器,并由精跟踪控制器输出控制信号,控制快速反射镜转动 θ_F 角度,进一步减小 $\Delta\theta_F$,当 $\Delta\theta_F$ 达到小于期望跟踪角度精度 $2\,\mu\text{rad}$,便完成精跟踪过程.

精跟踪系统控制框图如图 4.4 所示,其中,精跟踪探测器探测到精跟踪系统的角度跟踪误差 $\Delta\theta_F(t)$,将其转化为探测器上分布的电流信号 $E(t)$,$E(t)$ 通过 A/D 转化器转换为数字光斑能量分布信号 $E(k)$,通过微处理器中的角度偏差提取模块得到精跟踪系

统中数字信号的角度跟踪误差 $\Delta\theta_F(k)$,然后期望的角度偏差 $r(k)$ 与 $\Delta\theta_F(k)$ 的差值为精跟踪控制系统误差量 $e_{\Delta\theta_F}(k)=r(k)-\Delta\theta_F(k)$,$e_{\Delta\theta_F}(k)$ 传入到控制器,控制器根据设计出的控制律计算输出控制信号 $u(k)$,再经 D/A 转化为模拟电压信号 $u(t)$,驱动快速反射镜偏转角度 $\theta_F(t)$,精跟踪系统的角度跟踪误差 $\Delta\theta_F(t)$ 再次减小 $\theta_F(t)$,直至精跟踪系统输出的角度跟踪误差 $\Delta\theta_F(t)$ 维持在小于 2 μrad 的跟踪精度要求范围内,以此完成整个精跟踪过程.

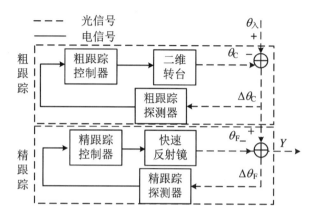

图 4.3 ATP 系统控制回路图

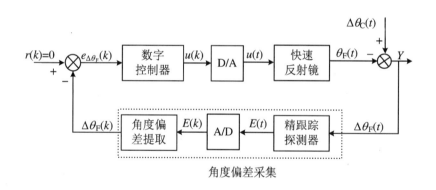

图 4.4 精跟踪系统控制框图

直接采用离散化建模方法,设采样周期为 T,得到精跟踪系统的离散控制框图如图 4.5 所示,其中,$C(z)$ 为离散控制器传递函数,$G(z)$ 为被控对象 FSM 的离散传递函数,$S(z)$ 为角度偏差采集模块离散传递函数.

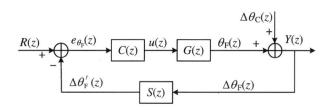

图 4.5　精跟踪系统的离散控制框图

下面我们将分别建立这 3 个传递函数的模型.

4.1.3.1　角度偏差采集模块离散传递函数的建立

角度偏差采集模块包括精跟踪探测器、A/D 转换器及微处理器中的角度偏差提取部分;精跟踪探测器作为精跟踪系统中的光电传感器,将精跟踪角度跟踪误差 $\Delta\theta_F$ 通过探测器表面的感光元件转化为在探测器表面分布的电流信号,也就是光斑能量电信号 $E(t)$,经 A/D 转换为数字光斑能量分布信号 $E(k)$,微处理器读入数字光斑能量分布信号 $E(k)$,通过质心算法计算出入射信标光光轴在精跟踪探测器上的质心坐标,计算出数字形式的角度跟踪误差 $\Delta\theta_F$.这个角度误差提取过程主要分为两步:光斑质心 (x_c,y_c) 的提取、角度偏差 $(\Delta\theta_x,\Delta\theta_y)$ 的提取.

1. 光斑质心 (x_c,y_c) 的提取

为了便于精确计算入射信标光在精跟踪探测器中成像光斑质心,需要首先建立像素平面坐标系与探测器三维坐标系.以精跟踪探测器镜头中心点为坐标原点 O,由坐标原点 O 指向探测器中心点 O' 的方向为 z 轴,根据右手定则,在平行于探测器像元两边方向分别建立 x 轴和 y 轴,建立探测器三维坐标系 $Oxyz$.以探测器中心点为坐标原点 O',以像元大小为单位距离,平行于探测器像元两边方向各建立 x' 轴和 y' 轴,建立像素平面坐标系 $x'Oy'$,像素平面坐标系坐标 (x',y') 到探测器三维坐标系坐标 (x,y,z) 的坐标转化公式为

$$\begin{cases} x = d_a \cdot x' \\ y = d_a \cdot y' \\ z = f \end{cases} \tag{4.17}$$

光斑质心 (x_c,y_c) 在像素平面坐标系中的坐标提取一般采用质心算法.质心算法是基于平面几何求质心的原理,微处理器通过计算光斑质心位置作为入射信标光光轴的指向点.设探测器上光斑能量电信号 $E(k)$ 在像素平面坐标系中表示为 $v(x',y')$,则光斑

质心 (x_c, y_c) 可表示为(张亮 等,2011)

$$x_c = \frac{\sum\limits_{(x', y') \in S} x' \cdot W(x', y')}{\sum\limits_{(x', y') \in S} W(x', y')}, \quad y_c = \frac{\sum\limits_{(x', y') \in S} y' \cdot W(x', y')}{\sum\limits_{(x', y') \in S} W(x', y')} \tag{4.18}$$

其中,S 表示探测器表面区域,$W(x', y')$ 为光强分布电信号 $v(x', y')$ 与环境背景光光强阈值 $T_{阈}$ 比较结果,当 $v(x', y')$ 小于光强阈值 $T_{阈}$ 时为0,当 $v(x', y')$ 大于等于光强阈值 $T_{阈}$ 时为两者之差,即

$$W(x', y') = \begin{cases} v(x', y') - T_{阈}, & v(x', y') \geqslant T_{阈} \\ 0, & v(x', y') < T_{阈} \end{cases} \tag{4.19}$$

其中,$T_{阈}$ 为根据环境背景光强度设定的光强阈值.

2. 角度偏差 $(\Delta\theta_x, \Delta\theta_y)$ 的提取

由式(4.18)我们可以得到光斑质心在像素平面坐标系的坐标 (x_c, y_c).

下面我们将入射信标光在像素平面坐标系 $x'Oy'$ 的光斑质心坐标 (x_c, y_c) 换算成探测器三维直角坐标系 $Oxyz$ 中入射光光轴与精跟踪探测器中心轴的角度偏差 $(\Delta\theta_x, \Delta\theta_y)$,其坐标转换关系图如图 4.6 所示,其中,光斑质心 (x_c, y_c) 按照式(4.17)转化得到的在探测器三维直角坐标系中的坐标为 $A(x_c d_a, y_c d_a, f)$.以 yOz 为基准面,OA 与基准面夹角即为入射信标光偏离精跟踪探测器中心轴的俯仰偏差角 $\Delta\theta_x$,OA 在基准面上投影与 z 轴夹角即为入射信标光偏离精跟踪探测器中心轴的方位偏差角 $\Delta\theta_y$,则入射信标光俯仰偏差角 $\Delta\theta_x$ 和方位偏差角 $\Delta\theta_y$ 表达式分别为

$$\begin{cases} \Delta\theta_x = \arctan\dfrac{x_c \cdot d_a}{\sqrt{(y_c \cdot d_a)^2 + f^2}} = \dfrac{x_c \cdot d_a}{\sqrt{(y_c \cdot d_a)^2 + f^2}} \\ \Delta\theta_y = \arctan\dfrac{y_c \cdot d_a}{f} = \dfrac{y_c \cdot d_a}{f} \end{cases} \tag{4.20}$$

其中,因镜头焦距 f 的量级为 m,而像元尺寸 d_a 的量级为 μm,即 $f \gg d_a$,所以式(4.20)常简化为

$$\begin{cases} \Delta\theta_x = \dfrac{x_c \cdot d_a}{f} \\ \Delta\theta_y = \dfrac{y_c \cdot d_a}{f} \end{cases} \tag{4.21}$$

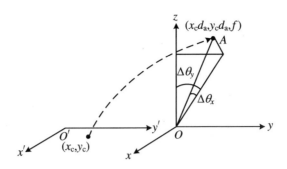

图 4.6　坐标转换关系图

在上述分析中,通过精跟踪探测器将 $\Delta\theta_F$ 转化为探测器上分布的光斑能量电信号 $E(k)$,再通过微处理器经过光斑质心 (x_c, y_c) 提取和角度偏差 $(\Delta\theta_x, \Delta\theta_y)$ 提取得到 $\Delta\theta_F$ 的数字形式 $\Delta\theta_F(k)$,即完成了 $\Delta\theta_F$ 的数字采集过程.采集到数字 $\Delta\theta_F(k)$ 常作为下一时刻使用,当采集精度足够高时,常将角度偏差采集模块近似为放大倍数1,延时为一阶的模型(于思源,2016),其离散传递函数常表示为 $S(z) = z^{-1}$.

4.1.3.2　被控对象 FSM 离散传递函数的建立

被控对象为快速反射镜,它的传递函数常可以考虑为一个连续时域二阶系统: $G(s) = \dfrac{\omega^2}{s^2 + 2\eta\omega s + \omega^2}$,其中,$\omega$ 为 FSM 的谐振频率,η 为 FSM 的阻尼系数(梁延鹏,2014),我们通过采用零阶保持器可以得到 $G(s)$ 的离散传递函数 $G(z)$ 为

$$
\begin{aligned}
G(z) &= Z\left[\frac{1 - e^{-Ts}}{s} \cdot G(s)\right] = Z\left(\frac{1 - e^{-Ts}}{s} \cdot \frac{\omega^2}{s^2 + 2\eta\omega s + \omega^2}\right) \\
&= \frac{d \cdot z + e}{z^2 + b \cdot z + c} = \frac{(b_0 + b_1 \cdot z^{-1})z^{-1}}{1 + a_1 \cdot z^{-1} + a_2 \cdot z^{-2}}
\end{aligned} \tag{4.22}
$$

其中

$$a_1 = -2e^{-\eta\omega T}\cos(\sqrt{1 - \eta^2}\,\omega T)$$

$$a_2 = e^{-2\eta\omega T}$$

$$b_0 = 1 - e^{-\eta\omega T}\left[\cos(\sqrt{1 - \eta^2}\,\omega T) + \frac{\eta}{\sqrt{1 - \eta^2}}\sin(\sqrt{1 - \eta^2}\,\omega T)\right]$$

$$b_1 = e^{-2\eta\omega T} - e^{-\eta\omega T}\left[\frac{\eta}{\sqrt{1 - \eta^2}}\sin(\sqrt{1 - \eta^2}\,\omega T) - \cos(\sqrt{1 - \eta^2}\,\omega T)\right]$$

4.1.3.3　控制器传递函数的建立

以 PID 控制器为例,直接设计离散化数字控制器,其离散传递函数可表示为

$$C(z) = k_p + k_i \frac{z}{z-1} + k_d \frac{z-1}{z} = \frac{k_0 + k_1 z^{-1} + k_2 z^{-2}}{1 - z^{-1}} \tag{4.23}$$

其中

$$k_0 = k_p + k_i + k_d, \quad k_1 = -(k_p + 2k_d), \quad k_2 = k_d$$

在建立精跟踪系统中各部件传递函数的基础上,我们可以推导出精跟踪闭环控制系统传递函数为

$$Y(z) = \frac{1}{1 + C(z)G(z)S(z)} \Delta\theta_C(z) + \frac{C(z)G(z)}{1 + C(z)G(z)S(z)} R(z) \tag{4.24}$$

其中,$R(z) = 0$,式(4.24)可化简为

$$\begin{aligned} Y(z) &= \frac{1}{1 + C(z)G(z)S(z)} \Delta\theta_C(z) \\ &= \frac{1 + q_1 z^{-1} + q_2 z^{-2} + q_3 z^{-3}}{1 + p_1 z^{-1} + p_2 z^{-2} + p_3 z^{-3} + p_4 z^{-4} + p_5 z^{-5}} \Delta\theta_C(z) \end{aligned} \tag{4.25}$$

其中

$$p_1 = a_1 - 1, \quad p_2 = a_2 - a_1 + k_0 b_0, \quad p_3 = k_0 b_1 + k_1 b_0 - a_2, \quad p_4 = k_1 b_1 + k_2 b_0$$
$$p_5 = k_2 b_1, \quad q_1 = a_1 - 1, \quad q_2 = a_2 - a_1, \quad q_3 = -a_2$$

由式(4.25)可知,精跟踪控制系统是以粗跟踪系统角度误差 $\Delta\theta_C$ 为输入扰动量,进一步对角度误差进行消除的更高精度的控制系统.

4.1.4　超前瞄准系统结构与超前瞄准角度控制

在 ATP 系统中,为了能够使得地面发射出的量子光被空间运动着的卫星准确接收,所发射量子光的发射角度需要沿着卫星运动方向,超前入射信标光一定的角度,这个角度被称为超前瞄准角.超前瞄准系统作为 ATP 系统的一部分,用来补偿星地终端之间的

相对运动引起的一个超前瞄准角度.超前瞄准系统结构图如图 4.7 所示,主要由超前瞄准镜、超前瞄准探测器以及超前瞄准控制器 3 部分组成.超前瞄准系统根据星历表和星地终端相对运动速度,预先计算出瞬时超前瞄准角,使出射量子光预先偏离入射信标光的角度为超前瞄准角大小,使得发射出的量子光能够精确到达对方终端;超前瞄准探测器首先探测所计算出的出射量子光光轴与入射信标光光轴的角度差,将其给到超前瞄准控制器,然后控制超前瞄准镜偏转,直到发射量子光光轴偏离接收信标光光轴的角度达到需要的超前瞄准角度,即完成超前瞄准过程.

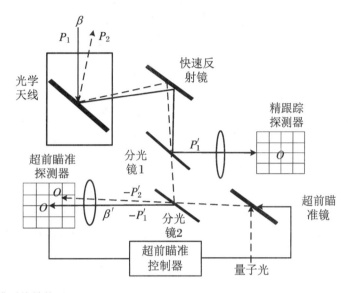

图 4.7　超前瞄准系统结构图

超前瞄准根据两个相对运动通信终端的位置和速度来计算出通信光束超前跟踪运动方向的角度,超前瞄准的角度计算过程如图 4.8 所示,其中,A,A' 点为轨道上运行的同一空间卫星在不同时刻的位置,B 点为地面站的位置.

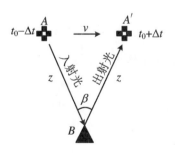

图 4.8　超前瞄准的角度计算过程

设在 $t = t_0 - \Delta t$ 时刻,卫星在 A 点发射的入射信标光,经过 Δt 时间到达地面 B 点,之后,在 t_0 时刻,地面 B 点向卫星发射的量子光,需要经过 Δt 时间到达 A 点,在此 Δt 时间内,空间卫星已经由 A 点运动到达 A' 点,所以,为了能够准确地从地面将量子光发射给空间卫星,需要在 B 点将出射量子光光轴超前 A 点偏离入射信标光光轴一定的角度 β,这个超前瞄准角的大小需要进行精确的计算.设 A,B 两端的相对速度为 v,光速为 c,空间卫星与地面之间的距离为 $z = c\Delta t$.根据弧长计算公式,可得超前瞄准角度 β 计算公式为

$$\beta = \frac{v \cdot 2\Delta t}{z} = \frac{2v \cdot \Delta t}{c\Delta t} = 2\frac{v}{c} \tag{4.26}$$

在超前瞄准系统中,设入射到光学天线的入射信标光光轴方向为 P_1,从光学天线发射出去的量子光光轴方向为 P_2,入射信标光到达精跟踪探测器的光轴方向为 P'_1,因超前瞄准探测器与精跟踪探测器处于相对平行、反向的位置,则 P'_1 对应到超前瞄准探测器镜头的光轴方向为 $-P'_1$,量子光经过超前瞄准镜调整后到达超前瞄准探测器镜头的光轴方向为 P'_2.从图 4.7 可看出,P'_1 为 P_1 经过光学天线中反射镜、快速反射镜、分光镜 1 三次反射后的光轴方向,P_2 为 P'_2 经过分光镜 2、快速反射镜、光学天线中反射镜三次反射后的光轴方向,根据光路可逆可知,$-P'_2$ 即为 $-P_2$ 经过光学天线中反射镜、快速反射镜、分光镜 2 反射后的光轴方向,又因分光镜 1 与分光镜 2 摆放在平行的位置,则可知光轴 P_1 与光轴 $-P_2$ 构成的夹角,即超前瞄准角 $\beta = \angle(P_1, -P_2)$ 和光轴 P'_1 与光轴 $-P'_2$ 构成的夹角 $\angle(P'_1, -P'_2)$ 相等,即

$$\beta = \angle(P_1, -P_2) = \angle(P'_1, -P'_2) \tag{4.27}$$

又因为光轴 $-P'_1$ 与光轴 P'_2 构成的夹角 $\beta' = \angle(-P'_1, P'_2)$ 和 $\angle(P'_1, -P'_2)$ 相等,即

$$\beta' = \angle(-P'_1, P'_2) = \angle(P'_1, -P'_2) \tag{4.28}$$

从而联立式(4.27)和式(4.28)可得

$$\beta' = \beta \tag{4.29}$$

将 β' 在探测器三维坐标中分解为 (β'_x, β'_y),按照精跟踪系统中角度偏差提取式(4.21)可知精跟踪点质心 (x_c, y_c) 对应的角度偏差为 $(\Delta\theta_x, \Delta\theta_y)$,设超前瞄准点质心在像素平面坐标系中表示为 (x_a, y_a),其在探测器三维坐标系中对应的角度偏差为 $(\Delta\theta_{xa}, \Delta\theta_{ya})$,则

$$\begin{cases} \beta'_x = \Delta\theta_{xa} - \Delta\theta_x \\ \beta'_y = \Delta\theta_{ya} - \Delta\theta_y \end{cases} \tag{4.30}$$

结合式(4.21)和式(4.30)得超前瞄准跟踪点质心在探测器上的坐标(x_a, y_a)表示为

$$\begin{cases} x_a = \dfrac{f \cdot \beta'_x}{d_a} + x_c \\[3mm] y_a = \dfrac{f \cdot \beta'_y}{d_a} + y_c \end{cases} \tag{4.31}$$

又根据式(4.26),可得

$$\begin{cases} \beta'_x = 2\dfrac{v_x}{c} \\[3mm] \beta'_y = 2\dfrac{v_y}{c} \end{cases} \tag{4.32}$$

其中,v_x,v_y为星地相对速度在像素平面坐标系中x轴和y轴的分量,c为光速.

结合式(4.31)可得超前瞄准跟踪点质心坐标为

$$\begin{cases} x_a = \dfrac{2f \cdot v_x}{d_a \cdot c} + x_c \\[3mm] y_a = \dfrac{2f \cdot v_y}{d_a \cdot c} + y_c \end{cases} \tag{4.33}$$

其中,f为透镜镜头焦距,v_x,v_y为星地相对速度在像素平面坐标系中x轴和y轴的分量,d_a为像元尺寸,c为光速,x_c,y_c为精跟踪点质心在像素平面坐标系中x轴和y轴的坐标值.

超前瞄准探测器实时监测发射的量子光照射在超前瞄准探测器上的光斑质心位置坐标(x_a, y_a),类似精跟踪角度偏差提取步骤得到超前瞄准的角度偏差,角度偏差信号传送给超前瞄准控制器,控制超前瞄准镜动作,通过调整超前瞄准镜角度调整出射量子光的角度,使得超前角度大小达到β,从而将控制超前瞄准角达到β转化为控制发射量子光在超前瞄准探测器上照射的光斑质心(x_a, y_a)达到满足式(4.33)的要求,而这个光斑质心可以仿照精跟踪探测器质心提取式(4.18)来获得.所以图4.7中超前瞄准系统结构为超前瞄准系统实现闭环控制超前瞄准角度,进而达到预期的超前角度β值的一套可行实施方案.

4.1.5 小结

本节对量子定位系统中的 ATP 系统、精跟踪系统、超前瞄准系统进行分析.对精跟

踪系统的整个工作过程进行了详细的阐述,并对其组成、各部件参数与系统性能关系进行了分析;对快速反射镜的镜面直径、转角范围、角分辨率、谐振频率以及精跟踪探测器的像元尺寸、帧频、像元阵列、灵敏度性能参数进行了详细分析;为了使精跟踪系统能够达到小于 $2\ \mu\mathrm{rad}$ 的跟踪角度精度和大于 $200\ \mathrm{Hz}$ 的闭环带宽,设计了整个精跟踪系统的控制框图,建立了各部分的传递函数,为精跟踪系统的进一步设计奠定了基础.对超前瞄准系统结构进行了详细分析,对控制超前瞄准角度大小转化为控制超前瞄准点坐标大小进行了分析,为超前瞄准角闭环实现提供了一套实施方案(邹紫盛 等,2018).

4.2 量子定位中精跟踪系统的 PID 控制

星地量子定位是指利用量子纠缠态光子信号传输与接收对地面物体进行坐标定位,具有定位精度高、抗电磁干扰能力强、保密性强等优点.在星地量子进行定位前需要先完成量子光的捕获、跟踪与瞄准,只有当 ATP 系统角度跟踪精度达到一定要求,定位系统才能精确接收到量子光,从而进行测距与定位计算. ATP 系统跟踪精度越高,星地端对准度越高,量子定位系统中单光子探测器捕获到纠缠光子的概率越大,从而单位时间内能接收到的纠缠光子的个数越多,进而定位精度越高.量子定位系统中的信标光和量子光光束发散角小,传输距离长,另外受到大气干扰和卫星本体振动的影响, ATP 跟踪过程很难维持稳定.目前 ATP 系统大多采用粗跟踪系统内嵌套精跟踪系统的粗、精跟踪组合嵌套技术来实现量子光的精密跟踪,其中,粗跟踪系统主要负责完成信标光的初始时期的大范围扫描和捕获、引导信标光光斑进入精跟踪视场,跟踪精度和带宽较低;精跟踪系统主要负责量子光的精确跟踪和锁定,用于补偿粗跟踪角度跟踪残差和平台振动造成的信标光光斑抖动,它要求具有较高的跟踪精度和带宽以便维持稳定的星地间光链路,是量子定位系统中高精度的保障.

本节在 ATP 系统以及精跟踪系统运行机制已知的基础上,建立了精跟踪系统的控制框图,并分别建立了其中快速反射镜和精跟踪探测器部件的离散传递函数,本节直接设计了精跟踪系统的 PID 控制器以及在 Simulink 中进行了精跟踪系统的仿真实验,仿真结果表明,在粗跟踪误差已经小于 $500\ \mu\mathrm{rad}$ 的基础上,精跟踪系统在不考虑平台振动以及环境噪声情况下,采用本节所提出的 PID 控制算法,可以实现 $2\ \mu\mathrm{rad}$ 的精跟踪精度.

4.2.1 精跟踪系统模型的建立

4.2.1.1 精跟踪系统工作过程的描述

精跟踪系统的结构框图如图 4.9 所示,其主要目的是补偿粗跟踪系统的角度误差,使得整个 ATP 系统能够精确跟踪入射量子光.精跟踪控制系统主要由四部分组成:快速反射镜(Fast Steering Mirror,简称 FSM)、互补金属氧化物半导体(Complementary Metal Oxide Semiconductor,简称 CMOS)探测器、角度偏差提取模块以及数字控制器. 精跟踪系统的输入为粗跟踪系统输出 $\Delta\theta_C(t)$;精跟踪系统中的探测器探测精跟踪角度误差 $\Delta\theta_F(t)$ 为 $\Delta\theta_C(t) + \theta_F(t)$;精跟踪系统的控制目的是使快速反射镜偏转一定角度值 $\Delta\theta_F(t)$,来对来自粗跟踪系统的角度误差 $\Delta\theta_C(t)$ 信号进行进一步的减小和补偿,使精跟踪系统的输出 $\Delta\theta_F(t)$ 达到期望的跟踪目标.整个精跟踪系统的工作过程为:探测器将 $\Delta\theta_F(t)$ 转化为探测器上分布的电流信号 $E(t)$,$E(t)$ 通过 A/D 转化器转换为数字光斑能量分布信号 $E(k)$,通过角度偏差提取模块得到数字形式的精跟踪角度误差 $\Delta\theta_F(k)$,然后采用期望达到的角度偏差 $r(k)$ 与 $\Delta\theta_F(k)$ 的差值作为精跟踪控制系统误差:$e_{\Delta\theta_F}(k) = r(k) - \Delta\theta_F(k)$,$e_{\Delta\theta_F}(k)$ 输入到控制器,控制器根据设计出的控制律计算输出控制信号 $u(k)$,再经 D/A 转换器转化为模拟电压信号 $u(t)$,驱动快速反射镜偏转角度 $\theta_F(t)$,进一步减小精跟踪角度误差 $e_{\Delta\theta_F}(k)$,从而控制精跟踪系统的输出角度误差 $\Delta\theta_F(t)$ 维持在小于 2 μrad 的跟踪精度要求范围内.

从图 4.9 中可以看出:一旦存在粗跟踪角度误差 $\Delta\theta_C$,在快速反射镜未动作前,精跟踪角度误差 $\Delta\theta_F$ 也存在,此时,精跟踪系统的角度偏差采集模块采集精跟踪角度误差 $\Delta\theta_F$,并通过控制回路产生一个控制信号 u,使得快速反射镜转动一个抵消 $\Delta\theta_C$ 大小的反向角度 θ_F.当 $\theta_F + \Delta\theta_C = 0$ 时,$\theta_F = -\Delta\theta_C$,精跟踪误差 $\Delta\theta_F$ 等于 0,实现精确跟踪.由此过程可以得出:对入射信标光精确跟踪的控制实际上等同于系统参考输入为零,希望输出精跟踪角度误差为零的调节控制,所以图 4.9 中的系统输入信号 $r(k) = 0$. 如果将粗跟踪角度误差 $\Delta\theta_C$ 作为系统的输入,快速反射镜偏转角度 $-\theta_F$ 作为控制系统的输出,则对入射量子光精确跟踪的精跟踪控制系统实际上实现的是快速反射镜偏转角 $-\theta_F$ 对粗跟踪角度误差 $\Delta\theta_C$ 实时跟踪的控制系统,图 4.9 的等效结构框图如图 4.10 所示.

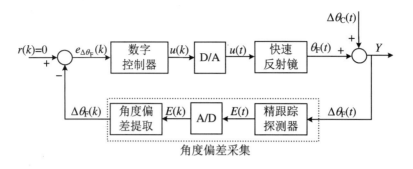

图 4.9　精跟踪系统的结构框图

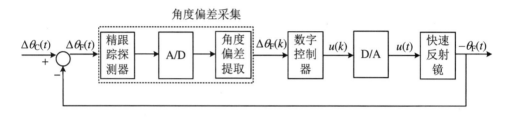

图 4.10　精跟踪控制系统等效结构框图

此时,精跟踪系统的控制目标变为:设计一个控制器使快速反射镜偏转角 $-\theta_F$ 完全跟踪系统输入 $\Delta\theta_C$,即使两者误差 $\Delta\theta_F = \theta_F + \Delta\theta_C = 0$.

根据图 4.10,对各个模块建立离散化传递函数,其中,A/D 转换器常等效为一理想采样开关,D/A 转换器常等效为采样开关和零阶保持器,由此可得精跟踪离散系统控制结构框图如图 4.11 所示.

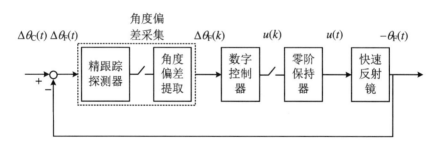

图 4.11　精跟踪离散系统控制结构框图

4.2.1.2　精跟踪系统各模块离散数学模型的建立

为了对精跟踪控制器进行设计,需要事先建立起各组成模块的数学模型,本节分别建立图 4.11 中快速反射镜、角度偏差采集模块的离散型传递函数.

1. 快速反射镜离散传递函数 $G(z)$ 的建立

快速反射镜(FSM)作为被控对象,它的连续传递函数常可以考虑为一个连续时域二阶系统(张亮 等,2011):

$$G(s) = \frac{\omega^2}{s^2 + 2\eta\omega s + \omega^2} \tag{4.34}$$

其中,ω 为 FSM 的谐振频率,η 为 FSM 的阻尼系数.

通过采用零阶保持器将 FSM 的连续传递函数 $G(s)$ 离散化,从而得到 $G(s)$ 的离散传递函数 $G(z)$ 为

$$G(z) = Z\left[\frac{1 - e^{-Ts}}{s} \cdot G(s)\right] = Z\left(\frac{1 - e^{-Ts}}{s} \cdot \frac{\omega^2}{s^2 + 2\eta\omega s + \omega^2}\right) = \frac{d \cdot z + e}{z^2 + b \cdot z + c}$$

$$= \frac{(b_0 + b_1 \cdot z^{-1})z^{-1}}{1 + a_1 \cdot z^{-1} + a_2 \cdot z^{-2}} \tag{4.35}$$

其中

$$a_1 = -2e^{-\eta\omega T}\cos(\sqrt{1 - \eta^2}\,\omega T)$$

$$a_2 = e^{-2\eta\omega T}$$

$$b_0 = 1 - e^{-\eta\omega T}\left[\cos(\sqrt{1 - \eta^2}\,\omega T) + \frac{\eta}{\sqrt{1 - \eta^2}}\sin(\sqrt{1 - \eta^2}\,\omega T)\right]$$

$$b_1 = e^{-2\eta\omega T} - e^{-\eta\omega T}\left[\frac{\eta}{\sqrt{1 - \eta^2}}\sin(\sqrt{1 - \eta^2}\,\omega T) - \cos(\sqrt{1 - \eta^2}\,\omega T)\right]$$

T 为精跟踪系统的采样周期.

2. 角度偏差采集模块离散传递函数 $S(z)$ 的建立

角度偏差采集模块包括三部分:精跟踪探测器、A/D 转换器以及角度偏差提取部分,通过精跟踪探测器将 $\Delta\theta_F$ 转化为探测器上分布的光斑能量电信号,再经过角度偏差提取得到 $\Delta\theta_F$ 的数字形式 $\Delta\theta_F(k)$,即完成了 $\Delta\theta_F$ 的数字采集过程.当采集精度足够高时,角度偏差采集模块常近似为放大倍数为 1 的模型(刘长城,2005),故其离散传递函数 $S(z)$ 常表示为

$$S(z) = 1 \qquad (4.36)$$

4.2.2　精跟踪系统 PID 控制器的设计

由于精跟踪系统搭载在卫星平台上,如果发生故障,维修成本极高,因此必须选择成熟、可靠性高、简单有效的跟踪控制算法,而 PID 控制器简单易实现,在工业过程中得到了成熟运用,故在精跟踪系统直接采用离散 PID 控制器,设 k_p, k_i, k_d 分别为比例、积分及微分系数,则 PID 控制器离散传递函数表示为

$$C(z) = k_p + k_i \frac{z}{z-1} + k_d \frac{z-1}{z} = \frac{k_0 + k_1 z^{-1} + k_2 z^{-2}}{1 - z^{-1}} \qquad (4.37)$$

其中,$k_0 = k_p + k_i + k_d, k_1 = -(k_p + 2k_d), k_2 = k_d$.

根据图 4.11 并结合所建立的各个模块的传递函数,可以得到精跟踪控制系统的离散框图如图 4.12 所示.

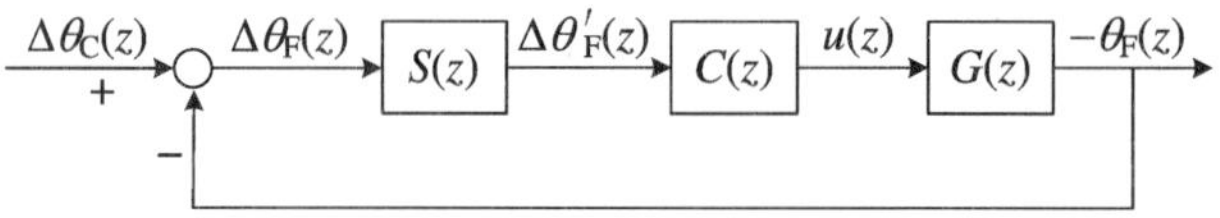

图 4.12　精跟踪控制系统的离散框图

从图 4.12 推导出精跟踪控制系统闭环传递函数为

$$T(z) = \frac{-\theta_F}{\Delta\theta_C} = \frac{S(z)C(z)G(z)}{1 + S(z)C(z)G(z)} \qquad (4.38)$$

将式(4.35)、式(4.36)、式(4.37)带入式(4.38)可得

$$T(z) = \frac{z^{-1}(q_0 + q_1 z^{-1} + q_2 z^{-2} + q_3 z^{-3})}{1 + p_1 z^{-1} + p_2 z^{-2} + p_3 z^{-3} + p_4 z^{-4}} \qquad (4.39)$$

其中

$$\begin{cases} q_0 = b_0 k_0 \\ q_1 = b_0 k_1 + b_1 k_0 \\ q_2 = b_0 k_2 + b_1 k_1 \\ q_3 = b_1 k_2 \\ p_1 = a_1 + b_0 k_0 - 1 \\ p_2 = a_2 - a_1 + b_0 k_1 + b_1 k_0 \\ p_3 = b_0 k_2 - a_2 + b_1 k_1 \\ p_4 = b_1 k_2 \end{cases} \tag{4.40}$$

精跟踪系统的输入信号为粗跟踪角度误差 $\Delta\theta_C$,经过粗跟踪系统初步对准之后,粗跟踪系统输出的角度误差的弧度一般小于 $500\ \mu rad$,本小节系统仿真实验中选择的来自粗跟踪系统的精跟踪输入信号函数为(秦莉,杨明,2008)

$$\Delta\theta_C(t) = 500\sin(1 \cdot t)(\mu rad) \tag{4.41}$$

则精跟踪控制系统目的为,快速反射镜时刻跟踪粗跟踪误差,偏转 $-\theta_F$ 角度,实现对粗跟踪角度误差 $\Delta\theta_C$ 的补偿,确保精跟踪角度误差 $\Delta\theta_F = \theta_F + \Delta\theta_C < 2\ \mu rad$.

4.2.3　精跟踪系统仿真实验及其结果分析

为了验证上述 PID 控制算法是否可以使得精跟踪精度达到 $2\ \mu rad$,本小节采用 Simulink 仿真模块对整个精跟踪控制系统进行了仿真实验.根据精跟踪控制系统离散框图搭建的精跟踪系统 Simulink 仿真图如图 4.13 所示,其中系统输出为 FSM 偏转角 $-\theta_F$,输入为粗跟踪误差 $\Delta\theta_C$,输出与输入满足式(4.38),输入与输出之差为精跟踪误差 $\Delta\theta_F$.

实验中被控对象 FSM 的参数分别选取为 $\omega = 9\ 420$,$\eta = 0.7$,仿真实验时间为 $5\ s$.经过对 PID 控制算法参数反复调试,得到精跟踪闭环控制系统最优控制结果下的各个参数分别为 $k_p = 0.1$,$k_i = 0.9$,$k_d = 0.3$.系统仿真实验所得到的精跟踪系统输出 $-\theta_F$ 与输入(FSM 偏转角与粗跟踪误差)$\Delta\theta_C$ 曲线的性能对比结果如图 4.14 所示.

从图 4.14 可以看出,输出值很好地跟踪了输入信号,即快速反射镜的偏转角度很好地跟踪了粗跟踪的角度误差,为了更加精确地看清楚精跟踪系统的跟踪误差,给出精跟踪系统的误差曲线图如图 4.15 所示.

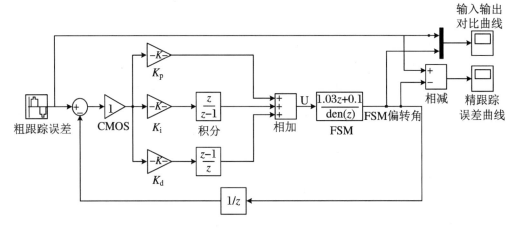

图 4. 13　精跟踪系统 Simulink 仿真图

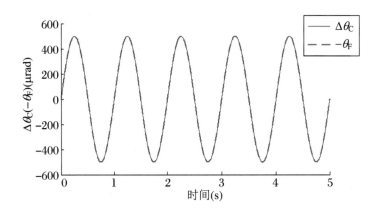

图 4. 14　精跟踪系统输出与输入对比曲线图

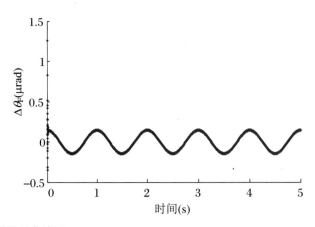

图 4. 15　精跟踪系统误差曲线图

从图 4.15 看出,使用 PID 控制算法的精跟踪系统的跟踪误差最大为 1.42 μrad,且大部分时间能将跟踪误差限制在 0.2 μrad 以内,实现了 2 μrad 的精跟踪精度要求.

4.2.4　小结

本节对量子定位系统中的精跟踪系统进行了研究,详细分析了精跟踪系统的工作过程,在建立快速反射镜以及精跟踪探测器数学模型的基础上,采用离散 PID 算法来设计精跟踪系统的控制器.系统仿真实验结果表明,本节所设计的控制器能够使精跟踪精度达到 2 μrad 以内.不过本设计方案未考虑卫星平台振动以及环境噪声,这是更加符合实际的情况,我们将在接下来的 4.3 节中进行研究.

4.3　量子定位中精跟踪系统状态滤波与控制器设计

量子定位导航是量子系统的一个重要应用,其需要实时完成对量子光的捕获、跟踪和瞄准(Acquisition Tracking and Pointing,简称 ATP).量子光的光束发散角小、传输距离长且存在大气干扰和卫星本体振动,这些都会影响星地 ATP 终端的视轴对准的稳定.在对光通信系统 ATP 的精跟踪控制系统方法的研究中,有人曾经提出用模糊自抗扰控制器来提高不同频率及幅度干扰信号下的系统角跟踪精度,不过其并未根据实际跟踪需求将跟踪精度提高到 2 μrad 以内;还有人采用滑模控制方法,通过增加精跟踪系统的控制带宽,对进入精跟踪系统的粗跟踪误差有较强的抑制力(胡贞 等,2012);自学习模糊控制策略以及变论域模糊控制器也被运用于精跟踪系统,通过实时调节控制器参数来提高精跟踪系统的鲁棒性(Alvi et al.,2014).

卡尔曼滤波器在系统存在状态扰动和测量噪声的情况下,可以对系统状态进行最优估计,同时滤除扰动和测量噪声.不过普通卡尔曼滤波算法只适应于统计特性已知的白噪声,针对非白噪声,滤波精度不高.为此人们提出了基于极大后验估计原理的噪声统计估计器等一些自适应卡尔曼滤波算法以及强跟踪滤波器,对滤波精度和鲁棒性都有改善和提高,对目标的突变状态可以进行很好的跟踪,有效抑制滤波过程的发散.

本节针对输入光束抖动及卫星平台振动对精跟踪系统跟踪精度的影响,将自适应强跟踪滤波算法和 PID 控制运用到精跟踪系统进行实时角度跟踪.在建立考虑扰动和噪声影响的精跟踪系统模型的基础上,对系统内外扰动以及环境噪声进行分析,并模拟出卫星平台振动信号,设计自适应强跟踪卡尔曼滤波器(Adaptive Strong Tracking Kalman Filter,简称 ASTKF),并进行 PID 控制器设计,建立了结合 ASTKF 滤波器和 PID 控制器共同作用的精跟踪控制系统.在 Simulink 中进行了精跟踪系统的仿真实验,并进行性能对比分析(邹紫盛 等,2019b).

本节的结构安排如下:首先是精跟踪系统结构、模型建立以及扰动和噪声分析与建模;然后进行精跟踪系统中自适应强跟踪卡尔曼滤波器设计,以及带有 ASTKF 的精跟踪系统 PID 控制器设计;之后是 ASTKF 滤波器性能测试以及三种控制方案的性能对比实验与分析;最后为小结.

4.3.1 精跟踪系统结构及其工作原理

量子定位中精跟踪系统的主要目的是补偿粗跟踪系统跟踪误差和抑制卫星平台振动扰动以及消除环境噪声.精跟踪系统结构图如图 4.16 所示,由三部分组成:快速反射镜(Fast Steering Mirror,简称 FSM)、角度偏差采集模块和精跟踪控制器.图 4.16 中的FSM 作为精跟踪系统中的被控对象,它的传递函数可以考虑为一个连续时域二阶系统 $G(s)$:$G(s) = \dfrac{\omega^2}{s^2 + 2\eta\omega s + \omega^2}$,其中,$\omega$ 为 FSM 的谐振频率,η 为 FSM 的阻尼系数.通过采用零阶保持器将 FSM 的连续传递函数 $G(s)$ 离散化,可以得到 $G(s)$ 的离散传递函数 $G(z)$ 为

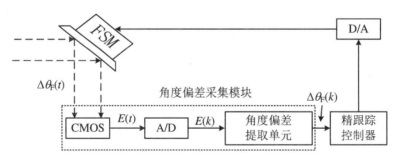

图 4.16　精跟踪系统结构图

$$G(z) = \frac{(b_0 + b_1 \cdot z^{-1})z^{-1}}{1 + a_1 \cdot z^{-1} + a_2 \cdot z^{-2}} \tag{4.42}$$

其中, $a_1 = -2e^{-\eta\omega T}\cos(\sqrt{1-\eta^2}\ \omega T)$, $a_2 = e^{-2\eta\omega T}$, $b_0 = 1 - e^{-\eta\omega T}\left[\cos(\sqrt{1-\eta^2}\ \omega T) + \right.$

$$\left.\frac{\eta}{\sqrt{1-\eta^2}}\sin(\sqrt{1-\eta^2}\ \omega T)\right], b_1 = e^{-2\eta\omega T} - e^{-\eta\omega T}\left[\frac{\eta}{\sqrt{1-\eta^2}}\sin(\sqrt{1-\eta^2}\ \omega T) - \cos(\sqrt{1-\eta^2}\ \omega T)\right],$$

T 为精跟踪系统的采样周期.

　　角度偏差采集模块作为精跟踪系统的信号传感器,主要负责采集角度偏差信号,并反馈给控制器.它主要包括精跟踪探测器(CMOS)、A/D 转换器及角度偏差提取单元三个部分,精跟踪探测器是一种光电传感器,它通过表面的感光元件将精跟踪角度误差 $\Delta\theta_F(t)$ 转化为探测器表面分布的光斑能量电流信号 $E(t)$,再经过 A/D 转换器转化为数字信号 $E(k)$,通过质心算法可以计算出入射信标光在精跟踪探测器上的质心坐标(Yin et al.,2016),并通过偏差角与质心坐标的转换关系计算出数字形式的角度跟踪误差 $\Delta\theta_F(k)$.当探测器采集精度足够高时,常将角度偏差采集模块近似为放大倍数为 1 的比例模型,其离散传递函数 $S(z)$ 可以表示为

$$S(z) = 1 \tag{4.43}$$

4.3.2　精跟踪系统中扰动与噪声模型的建立以及特性分析

　　本节我们将通过数学表达式来模拟卫星平台振动信号 d_θ 以及环境噪声信号 ν_θ.

4.3.2.1　卫星平台振动信号的分析与建模

　　卫星平台振动信号 d_θ 一般描述为角振动信号,主要由三个谐波角振动信号和一个连续角振动信号 L_θ 组成(马晶 等,2005).

　　连续角振动信号 L_θ 可以根据欧洲航天局在进行 SILEX 计划时采用的振动功率谱密度(Power Spectrum Density,简称 PSD)模型来计算得到,步骤为:首先根据振动 PSD 模型来设计滤波器,再由零均值单位高斯白噪声经过该滤波器后产生的输出信号来模拟连续角振动信号 L_θ(陈纯毅 等,2007),其中,振动 PSD 模型函数 $s_0(f)$ 为(Skormin et al.,1993)

$$s_0(f) = \frac{160}{1 + f^2/f_0^2}(\mu rad^2/Hz) \tag{4.44}$$

其中, $f_0 = 1$ Hz.

　　采用 MATLAB 中 FDATool 滤波器工具箱可以设计出具有 $s_0(f)$ 表示的 PSD 特性

的滤波器. 将式(4.44)中 $s_0(f)$ 拆分成一个增益为 160 的比例环节乘上一个单位振动 PSD 函数 $s(f)$, 即 $s_0(f) = 160/(1 + f^2) = 160 \cdot s(f)$, 则可得到单位振动 PSD 函数: $s(f) = 1/(1 + f^2)$, 根据 $s(f)$ 设计的滤波器应当实现的幅频特性曲线如图 4.17 所示, 其中横坐标为频率 f, 纵坐标为 $10\log(s(f))$ 所表示的幅值.

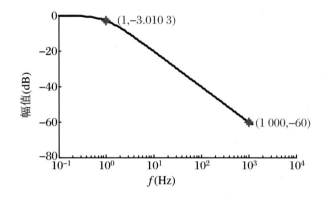

图 4.17　滤波器应当实现的幅频特性曲线

　　根据图 4.17 中滤波器应当实现的幅频特性, 选用巴特沃斯低通滤波器设计方法来设计滤波器. 由图 4.17 得到滤波器通带截止频率处坐标为 $(1, -3.010\ 3)$, 阻带起始频率处坐标为 $(1\ 000, -60)$, 从而得到标准巴特沃斯低通滤波器通带截止频率 $f_{pass} = 1$ Hz, 阻带起始频率 $f_{stop} = 1\ 000$ Hz, 通带衰减 $A_{pass} = -3$ dB, 阻带衰减 $A_{stop} = -60$ dB, 将这 4 个参数输入 FDATool 工具箱中, 采用 Butterworth 设计模式, 采样频率设置为 2 500 Hz, 得到滤波器 $F(z) = 0.003\ 1 \cdot (1 + z^{-1})/(1 - 0.993\ 9z^{-1})$, 将零均值单位高斯白噪声依次经过增益为 160 的比例环节和滤波器 $F(z)$ 后得到连续角振动信号 L_θ 为

$$L_\theta(k) = 0.993\ 9 \cdot L_\theta(k-1) + 0.496 \cdot \text{rand}(k) + 0.496 \cdot \text{rand}(k-1) \quad (4.45)$$

其中, $\text{rand}(k)$ 是 k 时刻的零均值单位高斯白噪声.

　　图 4.18(a)为式(4.45)中 L_θ 所对应的连续振动信号的时域信号图. 为了验证所建立的 L_θ 信号满足式(4.44)对应的 PSD 模型, 我们实验得出 L_θ 的振动 PSD 与 SILEX 计划的振动 PSD 对比曲线如图 4.18(b)所示, 从图中可以看出, 式(4.45)表示的连续角振动信号 L_θ 大致符合 SILEX 中卫星平台上连续振动信号的特性.

　　另一方面, 三个谐波角振动分别为太阳能电池板展开产生的 1 Hz 振幅为 100 μrad 的角振动, 卫星上反作用轮基波和二次谐波产生的 100 Hz 振幅为 4 μrad 与 200 Hz 振幅为 0.6 μrad 的角振动(马晶 等, 2005). 由此, 可得卫星平台振动信号 d_θ 为

$$d_\theta = 100 \cdot \sin(2\pi t) + 4 \cdot \sin(200\pi t) + 0.6 \cdot \sin(400\pi t) + L_\theta \quad (4.46)$$

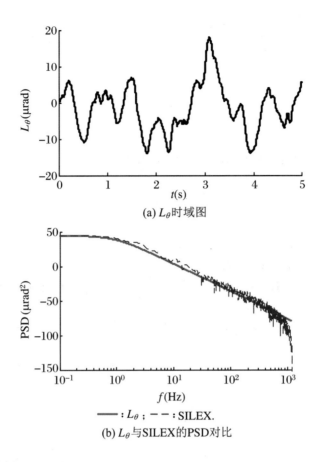

(a) L_θ时域图

—: L_θ; - - : SILEX.

(b) L_θ与SILEX的PSD对比

图 4.18 L_θ 特性分析

4.3.2.2 环境噪声信号分析与建模

精跟踪系统中的环境噪声 v_θ 主要包括探测器噪声、处理电路噪声、空间背景噪声、热噪声,综合的噪声大小可看作以上噪声的均方根.不同的器件和不同的空间环境对应的噪声大小也有很大的不同,常常将上述环境噪声 v_θ 等效为(李祥之,2010)

$$v_\theta = 6.5 \cdot \text{rand}(t) \tag{4.47}$$

其中,$\text{rand}(t)$ 是 t 时刻的零均值单位高斯白噪声信号.

考虑卫星平台振动信号 d_θ 以及环境噪声 v_θ 影响的精跟踪系统离散框图如图 4.19 所示,其中,$\theta_F(k)$ 为 FSM 实际偏转角度,$\theta_F^m(k)$ 为带测量噪声后的 FSM 偏转角度,在精跟踪系统中作为输出信号;$S(z)$ 为角度偏差采集模块离散传递函数,由式(4.43)给出,被控对象快速反射镜的离散传递函数 $G(z)$ 为式(4.42),$C(z)$ 为所需设计的控制器传递函数;$\Delta\theta_C(k)$为粗跟踪角度误差.

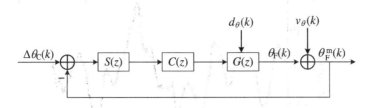

图 4.19　带状态扰动和测量噪声精跟踪控制系统离散框图

根据图 4.19 可以得到带状态扰动和测量噪声的精跟踪系统的闭环控制系统传递函数表达式为

$$\theta_F^m(k) = \frac{S(z)C(z)G(z)}{1 + S(z)C(z)G(z)}\Delta\theta_C(k) + \frac{1}{1 + S(z)C(z)G(z)}v_\theta(k)$$
$$+ \frac{G(z)}{1 + S(z)C(z)G(z)}d_\theta(k) \tag{4.48}$$

4.3.3　精跟踪系统中 ASTKF 设计

本小节将对 ASTKF 滤波算法进行设计,并将其运用到精跟踪系统中,在状态扰动和测量噪声存在的情况下对被控对象 FSM 的状态进行实时估计.

4.3.3.1　含有输出噪声和状态扰动的状态空间模型的建立

根据图 4.19 中 FSM 离散传递函数 $G(z)$(式(4.42))及其状态扰动 d_θ 和测量噪声 v_θ 信号,可以得到带扰动和噪声的 FSM 状态空间模型为

$$\begin{cases} x(k+1) = Ax(k) + Bu(k) + \Gamma\varepsilon(k) \\ y(k) = Cx(k) + v(k) \end{cases} \tag{4.49}$$

其中,$x(k) \in \mathbf{R}^2$ 为 k 时刻 FSM 的状态,$y(k) \in \mathbf{R}$ 为 k 时刻 FSM 转动角度的观测值,$A = [0,1;-a_2,-a_1]$ 为状态转移矩阵,$B = [0;1]$ 为控制矩阵,$\Gamma = [0;1]$ 为状态扰动转移矩阵,$C = [b_1,b_0]$ 为观测矩阵,$u(k)$ 为 k 时刻控制器输出的控制信号,$\varepsilon(k)$ 为 k 时刻的状态扰动 d_θ,$v(k)$ 为 k 时刻的测量噪声 v_θ.状态扰动 $\varepsilon(k)$ 是时变的,其均值 $q(k)$ 和方差 $Q(k)$ 分别表示为

$$\begin{cases} E[\varepsilon(k)] = q(k) \\ E\{[\varepsilon(k) - q(k)]^2\} = Q(k) \end{cases} \tag{4.50}$$

测量噪声 $v(k)$ 为高斯白噪声,其均值 r 和方差 R 分别表示为

$$\begin{cases} E[v(k)] = r \\ E\{[v(k) - r]^2\} = R \end{cases} \tag{4.51}$$

定义系统状态 $x(k)$ 的估计值为 $\hat{x}(k)$,系统状态的估计误差 $\tilde{x}(k)$ 为

$$\tilde{x}(k) = x(k) - \hat{x}(k) \tag{4.52}$$

状态估计协方差 $\hat{P}(k)$ 为

$$\hat{P}(k) = E[\tilde{x}(k)\tilde{x}(k)^{\mathrm{T}}] \tag{4.53}$$

定义系统状态 $x(k)$ 的预测值为 $x^*(k)$,系统状态的预测误差 $\tilde{x}^*(k)$ 为

$$\tilde{x}^*(k) = x(k) - x^*(k) \tag{4.54}$$

状态预测协方差 $P^*(k)$ 为

$$P^*(k) = E[\tilde{x}^*(k)\tilde{x}^*(k)^{\mathrm{T}}] \tag{4.55}$$

4.3.3.2　卡尔曼滤波增益 $K_f(k)$ 的设计

按照卡尔曼滤波器的设计原理,根据式(4.49)以及定义的状态,可以构造出一个带有状态扰动的系统(预测)方程:

$$x^*(k) = A\hat{x}(k-1) + Bu(k-1) + \Gamma q(k-1) \tag{4.56}$$

所构造系统对应的输出为

$$y^*(k) = Cx^*(k) + r \tag{4.57}$$

由式(4.49)和式(4.57)得到构造系统与原系统之间的输出误差 $\tilde{y}(k)$ 为

$$\tilde{y}(k) = y(k) - y^*(k) = y(k) - Cx^*(k) - r \tag{4.58}$$

根据式(4.58)以及带有状态扰动的系统方程(4.56),通过设计卡尔曼滤波增益 $K_f(k)$ 对状态预测 $x^*(k)$ 进行修正,可以得到系统状态估计 $\hat{x}(k)$ 为

$$\hat{x}(k) = x^*(k) + K_f(k)\tilde{y}(k) \tag{4.59}$$

其中，$K_f(k)$是通过使状态估计协方差$\hat{P}(k)$为最小值获得的.

根据状态估计协方差计算式(4.53)，可得

$$\hat{P}(k) = P^*(k) + K_f(k)[CP^*(k)C^T + R]K_f^T(k) - 2K_f(k)CP^*(k)$$

将$\hat{P}(k)$对$K_f(k)$一阶求导，可得$\hat{P}(k)$取最小时的$K_f(k)$为

$$K_f(k) = P^*(k)C^T[CP^*(k)C^T + R]^{-1} \tag{4.60}$$

此时，系统输出估计值$\hat{y}(k)$为

$$\hat{y}(k) = C\hat{x}(k) \tag{4.61}$$

由此可得状态预测协方差$P^*(k)$与估计协方差$\hat{P}(k)$的关系为

$$P^*(k) = E\{[\tilde{x}^*(k)][\tilde{x}^*(k)]^T\} = A\hat{P}(k-1)A^T + \Gamma Q(k-1)\Gamma^T \tag{4.62}$$

将式(4.62)带入状态估计协方差$\hat{P}(k)$计算式(4.53)得到状态估计协方差$\hat{P}(k)$为

$$\hat{P}(k) = [I - K_f(k)C]P^*(k) \tag{4.63}$$

式(4.56)~式(4.63)便是卡尔曼滤波的基本计算公式.值得注意的是，式(4.56)中状态扰动的均值$q(k)$以及式(4.62)中状态扰动的方差$Q(k)$在此系统中是时变和未知的，我们将采用改进的Sage-Husa的极大后验噪声统计估计器的算法来不断地实时估计出状态扰动的估计均值$\hat{q}(k)$以及估计方差$\hat{Q}(k)$.

4.3.3.3　时变状态扰动均值及其方差的在线估计

Sage-Husa的极大后验噪声统计估计器采用的是利用当前以及之前时刻的状态平滑值求算术平均得到状态扰动的统计估计.我们的改进算法是根据系统状态空间模型(4.49)来估计当前时刻的状态扰动估计值$\hat{\varepsilon}(k)$的基础上，然后采用加权平均的方式来计算状态扰动估计值$\hat{\varepsilon}(k)$的估计均值$\hat{q}(k)$和估计方差$\hat{Q}(k)$.

1. 状态扰动估计均值$\hat{q}(k)$的推导

首先，采用状态估计值$\hat{x}(k)$结合系统状态空间模型(4.49)来计算k时刻状态扰动估计值$\hat{\varepsilon}(k)$：

$$\hat{\varepsilon}(k) = (\Gamma^T\Gamma)^{-1}\Gamma^T[\hat{x}(k+1) - A\hat{x}(k) - Bu(k)] \tag{4.64}$$

然后，对k时刻之前的状态扰动估计值$\hat{\varepsilon}(j)(j=0,1,\cdots,k-1)$求算术平均即可得到$k$时刻状态扰动均值$q(k)$的极大后验估计$\hat{q}(k) = \dfrac{1}{k} \cdot \sum\limits_{j=0}^{k-1}\hat{\varepsilon}(j)$，这样对$0\sim k-1$时刻的采样估计值$\hat{\varepsilon}(k)$求平均值得到的是状态扰动的次优极大后验估计$\hat{q}(k)$.由于

$q(k)$是时变的,应强调新近数据的作用,遗忘旧的数据,于是对 $\hat{\varepsilon}(k)$ 采用加权平均法计算 $\hat{q}(k)$ 为

$$\hat{q}(k) = \sum_{j=0}^{k-1} \beta(k-1-j)\hat{\varepsilon}(j) \tag{4.65}$$

其中,加权系数 $\beta(j) = \beta(j-1) \cdot c$,遗忘因子 $c \in (0,1)$,且满足 $\sum_{j=0}^{k-1} \beta(j) = 1$,即 $\beta(j)$ 是相邻两项之比为 c、所有项之和为 1 的等比数列.

根据等比数列通项计算公式得到 $\hat{q}(k)$ 中的参数 $\beta(j) = \dfrac{1-c}{1-c^k} \cdot c^j$,同时,令

$$\alpha(k-1) = \frac{1-c}{1-c^k} \tag{4.66}$$

为时变估计修正因子,则由式(4.65)得到状态扰动的均值 $\hat{q}(k)$ 的递推形式为

$$\hat{q}(k) = [1 - \alpha(k-1)]\hat{q}(k-1) + \alpha(k-1)\hat{\varepsilon}(k-1) \tag{4.67}$$

2. 状态扰动估计方差 $\hat{Q}(k)$ 的推导

状态扰动方差是状态扰动估计值 $\hat{\varepsilon}(k)$ 的方差,采用与计算 $\hat{q}(k)$ 相同的加权平均方法,可以计算出状态扰动方差的估计值 $\hat{Q}(k)$ 为

$$\hat{Q}(k) = \sum_{j=0}^{k-1} \beta(k-1-j) \cdot [\hat{\varepsilon}(j) - q(j)] \cdot [\hat{\varepsilon}(j) - q(j)]^{\mathrm{T}} \tag{4.68}$$

再联立式(4.64)和系统状态估计式(4.59)得到

$$\hat{Q}(k) = \sum_{j=0}^{k-1} \beta(k-1-j) \cdot (\Gamma^{\mathrm{T}}\Gamma)^{-1}\Gamma^{\mathrm{T}}[K_{\mathrm{f}}(j+1)\tilde{y}(j+1)]$$
$$\cdot [K_{\mathrm{f}}(j+1)\tilde{y}(j+1)]^{\mathrm{T}}\Gamma(\Gamma^{\mathrm{T}}\Gamma)^{-1} \tag{4.69}$$

由

$$E[\hat{Q}(k)] = \sum_{j=0}^{k-1} \beta(k-1-j) \cdot (\Gamma^{\mathrm{T}}\Gamma)^{-1}\Gamma^{\mathrm{T}}[AP(j)A^{\mathrm{T}}$$
$$- P(j+1)]\Gamma(\Gamma^{\mathrm{T}}\Gamma)^{-1} + Q(k)$$

可以看出 $\hat{Q}(k)$ 是有偏的,即 $E[\hat{Q}(k)] \neq Q(k)$,将式(4.69)减去 $E[\hat{Q}(k)]$ 中的第一项可以得到无偏 $\hat{Q}(k)$ 的公式为

$$\hat{Q}(k) = \sum_{j=0}^{k-1} \beta(k-1-j) \cdot (\Gamma^{T}\Gamma)^{-1}\Gamma^{T}\{[K_{f}(j+1)\tilde{y}(j+1)][K_{f}(j+1)\tilde{y}(j+1)]^{T}$$
$$+ \hat{P}(j+1) - A\hat{P}(j)A^{T}\}\Gamma(\Gamma^{T}\Gamma)^{-1} \tag{4.70}$$

由式(4.70)得到状态扰动方差无偏估计 $\hat{Q}(k)$ 的递推形式公式为

$$\hat{Q}(k) = [1 - \alpha(k-1)]\hat{Q}(k-1) + \alpha(k-1)\{(\Gamma^{T}\Gamma)^{-1}\Gamma^{T}[K_{f}(k)\tilde{y}(k)\tilde{y}(k)^{T}K_{f}(k)^{T}$$
$$+ \hat{P}(k) - A\hat{P}(k-1)A^{T}]\Gamma(\Gamma^{T}\Gamma)^{-1}\} \tag{4.71}$$

强跟踪算法通过强迫残差序列正交的方法来确定最佳渐消因子 $\lambda(k)$,对过去的数据进行渐消,强调当前时刻的状态,使得滤波器在具有模型误差和状态突变时仍能很好地跟踪状态的变化.通过在计算状态预测方差式(4.62)引入一个渐消因子 $\lambda(k)$,使状态预测协方差 $P^{*}(k)$ 变为

$$P^{*}(k) = \lambda(k)A\hat{P}(k-1)A^{T} + \Gamma\hat{Q}(k-1)\Gamma^{T} \tag{4.72}$$

其中,$\hat{Q}(k-1)$ 由式(4.71)计算得出,$\lambda(k) \geqslant 1$ 为自适应渐消因子,满足

$$\lambda(k) = \begin{cases} 1, & \lambda_{0}(k) < 1 \\ \lambda_{0}(k), & \lambda_{0}(k) \geqslant 1 \end{cases} \tag{4.73}$$

其中

$$\lambda_{0}(k) = \frac{N(k)}{M(k)}$$

$$M(k) = CAP(k-1)A^{T}C^{T}$$

$$N(k) = V(k) - C\Gamma Q(k-1)\Gamma^{T}C^{T} - l \cdot R$$

$$V(k) = \begin{cases} \tilde{y}(1)\tilde{y}(1)^{T}, & k = 1 \\ \dfrac{\rho V(k-1) + \tilde{y}(k)\tilde{y}(k)^{T}}{1 + \rho}, & k \geqslant 2 \end{cases}$$

$\rho \in [0,1]$ 为强跟踪器的遗忘因子,$l \geqslant 1$ 为弱化因子.

4.3.3.4　自适应强跟踪卡尔曼滤波器设计过程

结合式(4.56)～式(4.58)、式(4.63)、式(4.67)、式(4.71)～式(4.73),我们在普通卡尔曼滤波的基础上,加上状态扰动均值和方差估计算法以及强跟踪算法,得到带有 ASTKF 的系统结构图如图 4.20 所示.

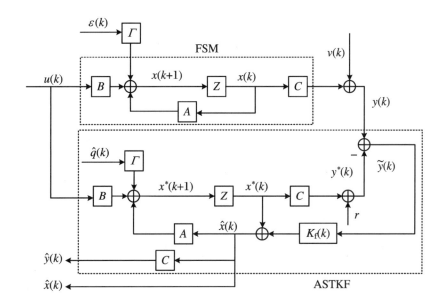

图 4.20　带有 ASTKF 的系统结构图

ASTKF 的计算流程如下：

(1) 各变量赋初始值：状态估计值 $\hat{x}(0)$、估计方差 $\hat{P}(0)$、测量噪声均值 r、测量噪声方差 R、状态扰动均值估计值 $\hat{q}(0)$、状态扰动方差估计值 $\hat{Q}(0)$、时变状态扰动估计遗忘因子 c、强跟踪滤波遗忘因子 ρ、强跟踪弱化因子 l；

(2) 根据式(4.66)计算时变估计修正因子 $\alpha(k-1)$ 为：$\alpha(k-1) = \dfrac{1-c}{1-c^k}$；

(3) 根据式(4.56)并结合状态扰动估计均值 $\hat{q}(k)$ 计算出状态预测值 $x^*(k)$ 为

$$x^*(k) = A\hat{x}(k-1) + Bu(k-1) + \Gamma q(k-1)$$

(4) 根据式(4.58)计算出输出误差 $\tilde{y}(k)$ 为

$$\tilde{y}(k) = y(k) - Cx^*(k) - r$$

(5) 根据式(4.73)计算出强跟踪渐消因子 $\lambda(k)$；

(6) 根据式(4.72)计算出状态预测协方差 $P^*(k)$ 为

$$P^*(k) = \lambda(k)A\hat{P}(k-1)A^{\mathrm{T}} + \Gamma\hat{Q}(k-1)\Gamma^{\mathrm{T}}$$

(7) 根据式(4.60)计算出卡尔曼滤波器增益 $K_{\mathrm{f}}(k)$ 为

$$K_{\mathrm{f}}(k) = P^*(k)C^{\mathrm{T}}\left[CP^*(k)C^{\mathrm{T}} + R\right]^{-1}$$

(8) 根据式(4.59)求出状态估计值 $\hat{x}(k)$ 为

$$\hat{x}(k) = x^*(k) + K_f(k)\tilde{y}(k)$$

(9) 根据式(4.61)计算出估计输出值 $\hat{y}(k)$ 为

$$\hat{y}(k) = C\hat{x}(k)$$

(10) 根据式(4.63)更新状态估计协方差 $\hat{P}(k)$ 为

$$\hat{P}(k) = [I - K_f(k)C]P^*(k)$$

(11) 根据式(4.67)更新状态扰动估计均值 $\hat{q}(k)$ 为

$$\hat{q}(k) = [1 - \alpha(k-1)]\hat{q}(k-1) + \alpha(k-1)\hat{\varepsilon}(k-1)$$

(12) 根据式(4.71)更新状态扰动估计方差 $\hat{Q}(k)$ 为

$$\hat{Q}(k) = [1 - \alpha(k-1)]\hat{Q}(k-1) + \alpha(k-1)\{(\Gamma^T\Gamma)^{-1}\Gamma^T[K_f(k)\tilde{y}(k)\tilde{y}(k)^TK_f(k)^T$$
$$+ \hat{P}(k) - A\hat{P}(k-1)A^T]\Gamma(\Gamma^T\Gamma)^{-1}\}$$

(13) 更新时刻 k,返回步骤(2).

4.3.4 带有 ASTKF 的精跟踪系统 PID 控制器的设计

在卫星平台上的精跟踪系统中的控制器一般采用离散 PID 控制器,设 k_p,k_i,k_d 分别为比例、积分及微分系数,则 PID 控制器离散传递函数 $C(z)$ 表示为

$$C(z) = k_p + k_i\frac{z}{z-1} + k_d\frac{z-1}{z} = \frac{k_0 + k_1z^{-1} + k_2z^{-2}}{1 - z^{-1}} \tag{4.74}$$

其中,$k_0 = k_p + k_i + k_d, k_1 = -(k_p + 2k_d), k_2 = k_d$.

将式(4.74)控制器离散传递函数 $C(z)$ 结合式(4.42)和式(4.43)带入精跟踪系统闭环传递函数(4.48)中,可得到加入 PID 控制器后的精跟踪系统的传递函数为

$$\theta_F^m(k) = \frac{z^{-1}(q_0 + q_1z^{-1} + q_2z^{-2} + q_3z^{-3})}{1 + p_1z^{-1} + p_2z^{-2} + p_3z^{-3} + p_4z^{-4}}\Delta\theta_C(k)$$

$$+ \frac{1 + q_1^1z^{-1} + q_2^1z^{-2} + q_3^1z^{-3} + q_4^1z^{-4}}{1 + p_1z^{-1} + p_2z^{-2} + p_3z^{-3} + p_4z^{-4}}v_\theta(k)$$

$$+\frac{z^{-1}(q_0^2 + q_1^2 z^{-1} + q_2^2 z^{-2} + q_3^2 z^{-3})}{1 + p_1 z^{-1} + p_2 z^{-2} + p_3 z^{-3} + p_4 z^{-4}} d_\theta(k) \qquad (4.75)$$

其中

$$p_1 = a_1 + b_0 k_0 - 1, \quad p_2 = a_2 - a_1 + b_0 k_1 + b_1 k_0, \quad p_3 = b_0 k_2 - a_2 + b_1 k_1$$

$$p_4 = b_1 k_2, \quad q_0 = b_0 k_0, \quad q_1 = b_0 k_1 + b_1 k_0, \quad q_2 = b_0 k_2 + b_1 k_1, \quad q_3 = b_1 k_2$$

$$q_1^1 = a_1 - 1, \quad q_2^1 = a_2 - a_1, \quad q_3^1 = -a_2, \quad q_4^1 = 0, \quad q_0^2 = b_0, \quad q_1^2 = b_1 - b_0$$

$$q_2^2 = -b, \quad q_3^2 = 0$$

得到带有 ASTKF 滤波器以及 PID 控制器的精跟踪系统结构图如图 4.21 所示.

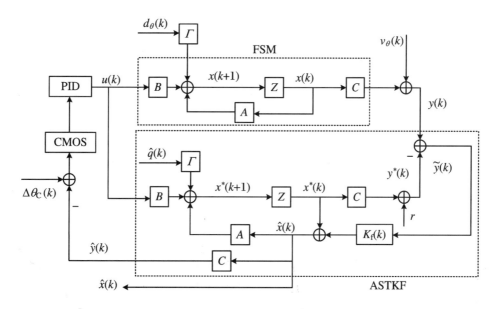

图 4.21　带有 ASTKF 滤波器及 PID 控制器的精跟踪系统结构图

4.3.5　精跟踪系统仿真实验及其性能对比分析

4.3.5.1　滤波器性能测试实验及其结果分析

为了验证图 4.20 所示的 ASTKF 滤波器在精跟踪系统中的滤波估计性能,我们分别从以下 7 个性能指标展开实验:状态扰动估计值及估计均值、状态扰动估计方差、状态估计方差、卡尔曼滤波增益、状态估计误差及输出估计误差.

由于卫星平台振动信号 d_θ 中的三个谐波振动扰动对系统的影响较小,我们在系统仿真实验中,主要将卫星平台振动式(4.46)中的连续角振动 L_θ 作为实验系统中的状态扰动;测量噪声为 v_θ;系统输入信号为 $500 \cdot \sin t$,快速反射镜 FSM 参数 $\omega = 9\ 420$,$\eta = 0.7$,探测器采样周期 $T = 0.000\ 4$ s;将参数 ω,η 和 T 带入式(4.42)得到被控对象的离散传递函数的参数为 $a_1 = 0.128\ 8, a_2 = 0.005\ 1, b_0 = 1.034, b_1 = 0.1$;将 a_1, a_2, b_0,b_1 带入系统状态空间模型(4.49),可以得到 FSM 的状态空间参数为 $A = [0,1; -0.005\ 1, -0.128\ 8], B = [0;1], C = [0.1,1.034], D = 0, \Gamma = [0;1]$.实验中各参数的初始化设置分别为:扰动均值 $q(0) = 0$,扰动方差 $Q(0) = 0.1$,状态 $\hat{x}(0) = [0;0]$,状态估计方差 $\hat{P}(0) = [0.1,0;0,0.1]$;测量噪声方差 $R = 6.115$,强跟踪器的弱化因子 $l = 20$,强跟踪器的遗忘因子 $\rho = 0.9$.

根据式(4.61)计算出的系统输出 y 的估计值 $\hat{y}(k)$ 与实际值的最大幅值误差来调节时变状态扰动估计所用到的时变估计修正因子(式(4.66)中的遗忘因子 c)的大小,首先对其进行粗调,得到输出估计误差最大值随遗忘因子 $c \in [0,1]$ 的粗调变化如图 4.22(a)所示,从中可以看出遗忘因子 c 在从 0.1 变化到 0.7 的过程中,输出估计误差最大值在递减,在从 0.6 到 1 的变化过程中,输出估计误差最大值在递增,所以再对遗忘因子 $c \in [0.6,0.7]$ 进行细调得到输出估计误差最大值关于遗忘因子 c 的精细调整变化如图 4.22(b)所示,从中可以看出遗忘因子 $c = 0.651\ 6$ 时,系统输出估计误差最大幅值取最小值,为 $2.086\ 2\ \mu$rad.

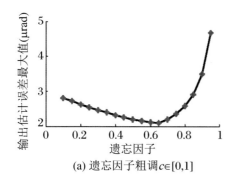
(a) 遗忘因子粗调 $c \in [0,1]$

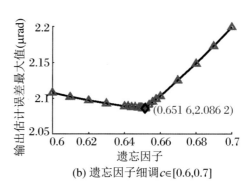
(b) 遗忘因子细调 $c \in [0.6,0.7]$

图 4.22 遗忘因子调节

然后,选择遗忘因子为最优参数 $c = 0.651\ 6$ 时,我们对所设计的 ASTKF 滤波器的各个性能指标进行了测试实验和分析.

状态扰动实际值 $\varepsilon(k)$ 与状态扰动估计值 $\hat{\varepsilon}(k)$ 及状态扰动估计均值 $\hat{q}(k)$ 的对比及

误差曲线图如图 4.23 所示,其中图 4.23(a)为状态扰动实际值 $\varepsilon(k)$ 与状态扰动估计值 $\hat{\varepsilon}(k)$ 对比及误差曲线图,图 4.23(b)为状态扰动估计均值 $\hat{q}(k)$ 与状态扰动实际值 $\varepsilon(k)$ 的对比及误差曲线图.

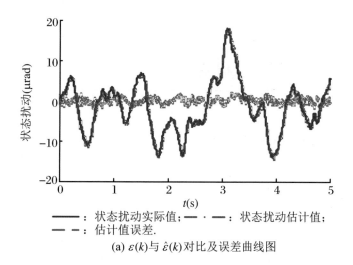

———：状态扰动实际值；—·—：状态扰动估计值；
— — ：估计值误差.

(a) $\varepsilon(k)$ 与 $\hat{\varepsilon}(k)$ 对比及误差曲线图

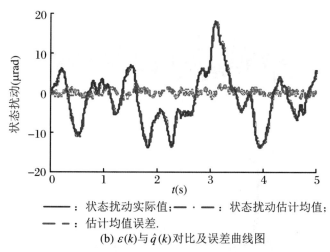

———：状态扰动实际值；—·—：状态扰动估计均值；
— — ：估计均值误差.

(b) $\varepsilon(k)$ 与 $\hat{q}(k)$ 对比及误差曲线图

图 4.23　状态扰动实际值 $\varepsilon(k)$ 与状态扰动估计值 $\hat{\varepsilon}(k)$ 及状态扰动估计均值 $\hat{q}(k)$ 的对比及误差曲线图

从图 4.23 可以看出:时变状态扰动估计器对系统中存在的状态扰动 $\varepsilon(k)$ 进行了很好的估计,经过加权平均得到的状态扰动估计均值 $\hat{q}(k)$ 比直接估计值 $\hat{\varepsilon}(k)$ 更加平滑.

根据式(4.71)所获得的状态扰动估计方差 $\hat{Q}(k)$ 的实验结果如图 4.24 所示.

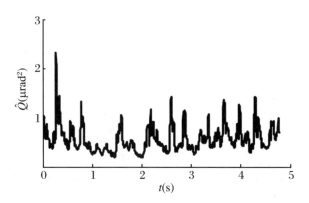

图 4.24 状态扰动估计方差 $\hat{Q}(k)$ 的实验结果

根据式(4.63)所获得的状态估计协方差 $\hat{P}(k)$ 的实验结果如图 4.25 所示.

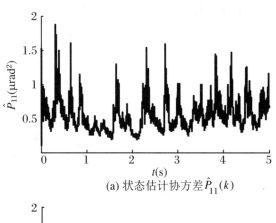

(a) 状态估计协方差 $\hat{P}_{11}(k)$

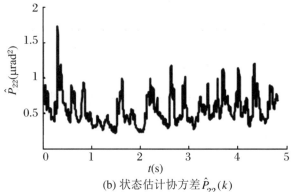

(b) 状态估计协方差 $\hat{P}_{22}(k)$

图 4.25 状态估计协方差 $\hat{P}(k)$ 的实验结果

从图 4.24 和图 4.25 可以看出:状态扰动估计方差 $\hat{Q}(k)$ 直接影响着 $\hat{P}(k)$ 以及 $K_{\mathrm{f}}(k)$ 的大小,系统通过 $K_{\mathrm{f}}(k)$ 的自我调节变化来改善状态估计方差.

根据式(4.60)所获得的卡尔曼滤波增益 $K_f(k)$ 的实验结果如图4.26所示.

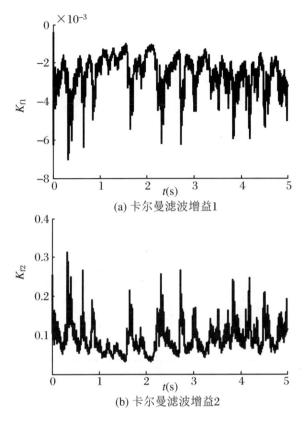

(a) 卡尔曼滤波增益1

(b) 卡尔曼滤波增益2

图4.26　卡尔曼滤波增益 $K_f(k)$ 的实验结果

由式(4.73)得到的自适应渐消因子 $\lambda(k)$ 的曲线如图4.27所示,从中可以看出自适应渐消因子 $\lambda(k)$ 始终为1,这是因为状态扰动变化不是很剧烈,自适应渐消因子 $\lambda(k)$ 在该系统中未起到作用.

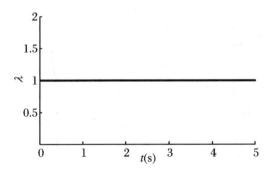

图4.27　自适应渐消因子 $\lambda(k)$ 的曲线

根据式(4.59)得到的状态估计值与实际状态之间的误差曲线如图4.28所示.

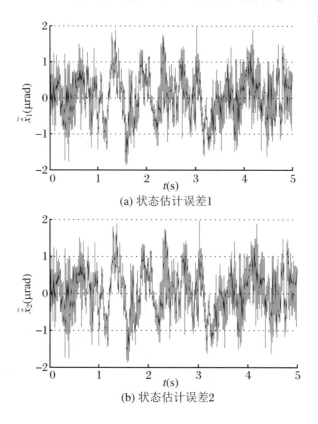

(a) 状态估计误差1

(b) 状态估计误差2

图4.28　状态估计值与实际状态之间的误差曲线

图4.29是根据式(4.61)计算出的系统输出的估计值 $\hat{y}(k)$ 与实际值 $y(k)$ 的对比曲线.

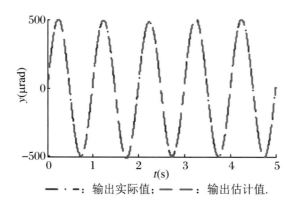

— · —：输出实际值；— — —：输出估计值.

图4.29　$\hat{y}(k)$ 与 $y(k)$ 对比

图 4.30 为系统输出估计值与系统输出实际值之间的估计误差 $\widetilde{y}(k)$. 从图 4.28 和图 4.30 中可以看出,不论是系统状态的估计误差 $\widetilde{x}(k)$,还是系统输出估计误差 $\widetilde{y}(k)$ 都始终在 $\pm 2\ \mu\mathrm{rad}$ 的误差范围之内.

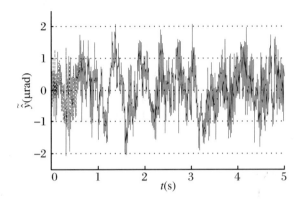

图 4.30　输出估计误差 $\widetilde{y}(k)$

滤波前的测量噪声如图 4.31 所示,最大幅值为 $10\ \mu\mathrm{rad}$,滤波后的误差基本达到了小于 $2\ \mu\mathrm{rad}$ 的跟踪精度,噪声误差降低了 80%.

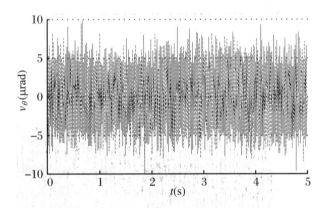

图 4.31　测量噪声 $v_\theta(k)$

4.3.5.2　系统仿真实验及其性能对比

根据上述滤波器的实验结果及其性能分析可知设计的 ASTKF 可以有效降低精跟踪系统中的噪声误差.

为进一步验证本节所提出 ASTKF 滤波算法性能的优越性,我们同时进行了 PID 结合 ASTKF 的方案与仅采用 PID 的方案以及自抗扰控制（Active Disturbance Rejection Control，简称 ADRC）方案进行了性能对比实验.

1. PID 方案实验

PID 控制系统为式(4.75)所对应的系统，我们通过对 PID 控制器参数经过反复调试，确定各个参数分别为比例增益 $k_p = 0.13$，积分增益 $k_i = 0.4$，微分增益 $k_d = 0.05$ 时，得到精跟踪系统的误差曲线如图 4.32 所示.图 4.32(a)为 PID 控制输入输出跟踪曲线，其中虚线部分为粗跟踪环节.在 0.796 s 之后，粗跟踪误差达到 500 μrad 以内，此时精跟踪系统启动，PID 控制器使得精跟踪系统快速跟踪粗跟踪误差信号.图 4.32(b)为 PID 控制精跟踪误差，从中可以看出：在 0.799 s 时，精跟踪系统能基本达到稳态跟踪，使得跟踪误差在 6.5 μrad 以内.

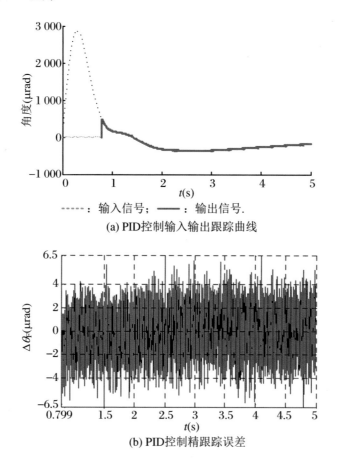

图 4.32　采用 PID 控制器精跟踪实验

2. ADRC 方案实验

ADRC 主要由过渡过程、扩张状态观测器、非线性组合、扰动补偿 4 个部分组成. 首先将被控对象式(4.49)在不考虑测量噪声情况下构造成一个含扩展状态 x_3' 的系统状态方程为

$$
\begin{cases}
x_1'(k+1) = x_1'(k) + h \cdot x_2'(k) \\
x_2'(k+1) = x_2'(k) + h \cdot [x_3'(k) + b_0 \cdot u(k)] \\
x_3'(k+1) = x_3'(k) + h \cdot f[x_1'(k), x_2'(k), \varepsilon(k)] \\
y'(k) = x_1'(k)
\end{cases}
\tag{4.76}
$$

其中, h 为系统采样步长, $f[x_1'(k), x_2'(k), \varepsilon(k)]$ 为扰动相关项, 由扩张的系统式 (4.76)可知, 观测出 x_3' 就可以实现系统线性化, 因此建立扩张状态观测器为

$$
\begin{cases}
e = \hat{x}'(k) - y'(k) \\
\hat{x}_1'(k+1) = \hat{x}_1'(k) + h \cdot [\hat{x}_2'(k) - \beta_{01} \cdot e] \\
\hat{x}_2'(k+1) = \hat{x}_2'(k) + h \cdot [\hat{x}_3'(k) - \beta_{02} \cdot e + b_0 \cdot u(k)] \\
\hat{x}_3'(k+1) = \hat{x}_3'(k) + h \cdot (-\beta_{03} \cdot e)
\end{cases}
\tag{4.77}
$$

其中, $\beta_{01}, \beta_{02}, \beta_{03}$ 为扩张状态观测器的调节因子. 引入过渡过程, 从而得到

$$
\begin{cases}
fh = fhan[x_1'(k) - v(k), x_2'(k), r_0, h_0] \\
x_1'(k+1) = x_1'(k) + h \cdot \hat{x}_2'(k) \\
x_2'(k+1) = x_2'(k) + h \cdot fh
\end{cases}
\tag{4.78}
$$

其中, $fhan(\cdot)$ 为最速综合函数, v 为需跟踪输入信号, r_0 为过渡过程的加速度, h_0 为滤波因子.

非线性控制反馈控制律组合部分采用 $fhan(e_1, c \cdot e_2, r, h_1)$, 其中 $e_1 = v_1 - \hat{x}_1'$, $e_2 = v_2 - \hat{x}_2'$, v_1 为输入信号 v, v_2 为 v 微分, c 为阻尼因子, r 为控制量增益, h_1 为精度因子. 扰动补偿采用 $u = u_0 - \hat{x}_3'/b_0$. 系统采样步长为 $h = 0.000\,4$ s, 过渡过程的加速度 $r_0 = 65\,000$, 滤波因子 $h_0 = 0.003\,2$, 非线性控制器 $fhan(\cdot)$ 中的阻尼因子 $c = 0.018\,8$, 精度因子 $h_1 = 0.538\,4$, 控制量增益 $r = 450$, 补偿因子 $b_0 = 4.94$, 扩张状态观测器中的 β_{01}, β_{02}, β_{03} 按照 $\beta_{01} = 1$, $\beta_{02} = 1/(2 \cdot \sqrt{h})$, $\beta_{03} = 2/(5^2 \cdot h^{1.2})$ 来初步设置, 调节为 $\beta_{01} = 1$, $\beta_{02} = 2.282\,2$, $\beta_{03} = 3.059\,1$. 大约在 0.87 s 时, 精跟踪系统能够较稳定跟踪粗跟踪误差信号, 跟踪曲线如图 4.33(a)所示, 在 0.87 s 以后, 精跟踪系统能基本达到稳态跟踪, 跟踪误差在 3 μrad 以内, 如图 4.33(b)所示.

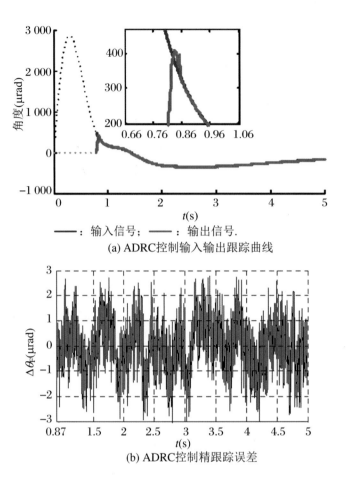

(a) ADRC控制输入输出跟踪曲线

(b) ADRC控制精跟踪误差

图 4.33 采用 ADRC 控制器精跟踪实验

3. PID + ASTKF 方案实验

将 ASTKF 滤波器及 PID 控制器共同作用于精跟踪系统,得到对应图 4.21 中带有 ASTKF 和 PID 的精跟踪系统,按照 4.3.5.1 小节中最优滤波器遗忘因子 c 的调节方式,固定 ASTKF 中的遗忘因子 $c = 0.651\ 6$,通过对 PID 控制器参数进行反复调节,当各个参数分别选取为 $k_p = 0.12, k_i = 0.62, k_d = 0$ 时,得到精跟踪系统的输出 θ_F 与输入 $\Delta\theta_C$ 对比曲线如图 4.34(a)所示,在 0.812 s 以后,精跟踪系统进入稳态跟踪过程,跟踪误差基本维持在 2 μrad 以内,如图 4.34(b)所示.

将上述三种方案得到的精跟踪系统稳态误差进行对比,可以得到如图 4.35 所示的精跟踪误差对比曲线图.

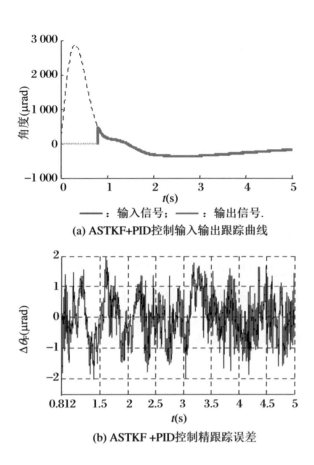

(a) ASTKF+PID控制输入输出跟踪曲线

———：输入信号；———：输出信号.

(b) ASTKF +PID控制精跟踪误差

图 4.34　采用 ASTKF + PID 控制器精跟踪实验

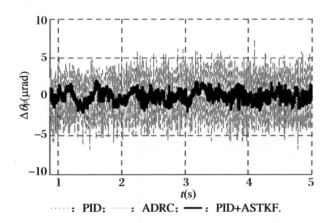

┈┈┈：PID；———：ADRC；———：PID+ASTKF.

图 4.35　三种方案精跟踪误差对比曲线图

从图 4.35 中可以看到：采用 PID 控制器时被控对象 FSM 可以快速跟踪粗跟踪误差信号，但是稳态误差较大，只能达到 $6.5~\mu\mathrm{rad}$ 以内，采用 ADRC 控制器时，虽然稳态误差可以减小到 $3~\mu\mathrm{rad}$ 以内，但仍未能达到精跟踪系统要求的 $2~\mu\mathrm{rad}$ 以内的跟踪精度要求，且其开始跟踪时间较长，需要 $0.08~\mathrm{s}$ 的过渡跟踪过程．本节提出的 PID 加 ASTKF 的方案可以使得精跟踪误差维持在 $2~\mu\mathrm{rad}$ 的误差范围内，跟踪过程仅需 $0.016~\mathrm{s}$ 就能达到 $2~\mu\mathrm{rad}$ 的精跟踪精度要求(Cong et al.，2019)．

4.3.6　小结

本节在建立带有扰动与噪声影响的精跟踪系统结构的基础上，建立了各个模块的数学模型；将 ASTKF 滤波算法与 PID 控制算法结合运用到精跟踪系统中，进行了卡尔曼滤波器的特性实验以及与 PID、ADRC 控制算法进行性能对比实验，验证了 ASTKF 滤波算法与 PID 控制算法结合的优越性．

第 5 章

纠缠光特性制备及其到达时间差的获取

5.1 自发参量下转换制备纠缠光子对的特性

纠缠光源已被广泛应用于量子信息、量子度量衡、量子成像等领域的实验研究中(Giovannett et al., 2011). 目前,产生纠缠光子源的有效方法是自发参量下转换(Spontaneous Parametric Down Conversion,简称 SPDC),它是利用一束高频强光作用非线性晶体,同时产生两个低频纠缠光子对的过程,这两个纠缠光子分别称为信号光和闲置光. 利用该方法可以产生偏振、时间-能量、频率等各种光子自由度形式的纠缠源(Tapster et al., 1994),且双光子所产生的光场具有宽带光谱分布. 自发参量下转换的非线性晶体一般为一块负单轴晶体,采用一束非寻常光作为抽运光,如果产生一对偏振相同的信号-闲置光子对(尹娟娟 等,2011),则被称作 I 类相位匹配;如果产生的信号-闲置光子对有着正交的偏振(Kim,Grice,2002),则被称作Ⅱ类相位匹配.在Ⅰ类和Ⅱ类相位匹配过程中,如果下转换产生的信号-闲置光具有相同的中心频率(波长),则这个过程就被称作简并的;反之被称作非简并的.1995年,Kwiat等人首次提出能够通过抽运Ⅱ型BBO(β相偏硼酸钡,β-BaB₂O₄)晶体,完成极化纠缠光子对的制备(Kwiat et al.,1995),之后他们又于1999年提出通过抽运两块Ⅰ型BBO晶体的方法,实现了高亮度的偏振纠缠光子源(Kwiat et al.,1999).2008年,Baek与Kim研究了第Ⅰ类SPDC产生的频率简并和非简并纠缠光子对的光谱特性(Baek,Kim,2008).2009年,卢宗贵等人研究了第Ⅰ类SPDC产生的纠缠双子光谱分布特性(卢宗贵 等,2009).通过SPDC产生的纠缠光源对实现包括量子通信、高维量子态、光与物质量子界面、量子度量衡等量子应用研究非常重要.

自发参量下转换技术制备纠缠双光子对就是由一束抽运光入射到一个非线性晶体上,制备出一对纠缠双光子,即信号光和闲置光.纠缠双光子之间的联合光谱可以看作双光子频率的概率分布,能够反映出双光子的特点.研究双光子联合光谱函数在不同参数下的光谱形状,能观测到双光子的特性以及不同参数对光谱性能的影响.在自发参量下转换过程中,由于连续光和脉冲光的频宽不同,采用连续光和脉冲光作为抽运源各有利弊.连续光和脉冲光的主要区别在于连续光的相干性比脉冲光好,但也有缺点,连续光产生的双光子纠缠对在时间上是随机的,所产生的信号-闲置光子对在抽运光较长的相干时间范围内随机地产生,这种情况具有较大的时间不确定性,因而导致连续光很难应用到一些量子过程中,如多光子纠缠态的产生等.相比之下,由脉冲光作抽运源的自发参量下转换过程可以克服这些缺点.尤其当取频宽很小的抽运脉冲时,纠缠光子对也在抽运脉冲极短的持续时间内产生,此时抽运脉冲就相当于一个时钟来精确控制纠缠光子对的产生,这样可以有效地降低探测光信号过程中环境噪声对光信号的影响,提高信噪比,因此在进行光子干涉测量相关实验中,人们通常选择脉冲光作为抽运光源.

纠缠光子对已经在量子通信和量子计算中开始得到应用.本研究组在进行量子定位导航的应用中,需要在地面站接收一对带有延时的纠缠光子对.为了更好地获取和拟合出合理的信息,本节对产生纠缠光子对的信号特性进行了充分、全面的研究.本节基于Ⅱ型自发参量转换技术下所制备出纠缠光子对,通过仿真实验,研究纠缠双光子中的信号光和闲置光的单光子光谱特性,并根据双光子的联合光谱函数来研究以连续光抽运和在不同的脉冲光频宽与晶体厚度情况下以脉冲光抽运产生双光子的频率纠缠、频率关联和量子干涉特性,以及不同参数对特性性能的影响.

5.1.1　Ⅱ型自发参量下转换光子对的产生

图 5.1 为典型的Ⅱ型自发参量下转换制备纠缠光子对的实验装置示意图,它采用共线匹配的方式产生偏振纠缠双光子,其中,激光器(laser)产生的一束抽运光(pump)入射到单片Ⅱ型非线性晶体(crystal)中,抽运光与Ⅱ型非线性晶体相互作用,经过偏振分束器(Polarization Beam Splitter,简称 PBS)后,输出两束偏振相互正交的信号光(signal)和闲置光(idler),此时完成纠缠光源的制备.单光子探测器(D1 和 D2)把从偏振分束器接收到的光信号转为电信号,人们可以从探测的输出电信号中,获得制备出的包括光子数量在内的纠缠光子的特性.将 D1 和 D2 输出的电信号送入符合计数器(Coincidence Counter,简称 CC)中,CC 用来对信号光和闲置光这两路电脉冲信号进行符合判决输出符合脉冲,并对一段时间内符合脉冲的个数进行统计得到符合计数.

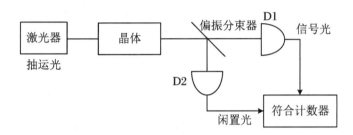

图 5.1　采用共线匹配的Ⅱ型 SPDC 制备纠缠光子对的实验装置示意图

非共线匹配时,Ⅱ型 SPDC 过程在频率简并和频率非简并情况下光场的空间结构如图 5.2 所示,其中,抽运光的分布为两个相交的圆锥面,其上圆为 e 光,下圆为 o 光;当共线匹配时,这两个圆锥面是相切的.在相位匹配切割角逐渐增大时,两个圆锥面都向抽运光方向靠拢,发生交叠,此时两圆交叉的两点可能是 e 光也可能是 o 光,如果其中一个为 e 光,则另一个一定为 o 光,这样在两方向上的一对光子形成偏振纠缠的双光子态.光的转化过程可以表示为 e→o + e,其中输入的抽运光为 e 光,产生的输出信号光为 o 光,另一个输出闲置光为 e 光,这两个光子的偏振方向互相垂直,其中 o 光被称为寻常光,它在晶体传播中的折射率是固定不变的;e 光被称为非寻常光,它是偏振方向垂直于 o 光振动的光,它在传播中的折射率是随着入射光方向变化的.

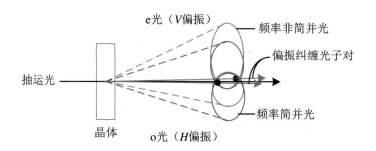

图 5.2　Ⅱ型 SPDC 光场示意图

　　当抽运光方向与晶体光轴的角度调整合适时,两个锥面就相交,两锥体交线的两个方向各在抽运光的一侧,沿这两个方向出射的下转换光子就处在偏振纠缠态,其表达式为 $|\psi\rangle = \frac{1}{\sqrt{2}}[|H_1 V_2\rangle + \exp(\mathrm{i}\varphi)|V_1 H_2\rangle]$,其中,$H_1$ 和 H_2 是水平偏振态,V_1 和 V_2 是垂直偏振态,角度 φ 可以通过附加一个双折射相移器或者小幅度旋转下转换晶体本身来改变大小,其范围为 $0 \sim \pi$,可将式中不同的偏振进行互换,产生下面四种 Bell 态中任意一种最大纠缠态:

$$|\Phi^+\rangle = \frac{1}{\sqrt{2}}[|H_1 V_2\rangle + |V_1 H_2\rangle]$$

$$|\Phi^-\rangle = \frac{1}{\sqrt{2}}[|H_1 V_2\rangle - |V_1 H_2\rangle]$$

$$|\Psi^+\rangle = \frac{1}{\sqrt{2}}[|H_1 H_2\rangle + |V_1 V_2\rangle]$$

$$|\Psi^-\rangle = \frac{1}{\sqrt{2}}[|H_1 H_2\rangle - |V_1 V_2\rangle]$$

5.1.2　双光子联合光谱以及单光子光谱与抽运频宽和晶体厚度的关系

　　根据量子理论,自发参量下转换所产生的纠缠光子对波函数 $|\psi\rangle$ 可表示为(Grice,Walmsley,1997)

$$|\psi\rangle = C \iint \mathrm{d}\omega_s \mathrm{d}\omega_i \, \Phi(\omega_s, \omega_i) \, \varepsilon_p(\omega_s + \omega_i) \, a_s^\dagger(\omega_s) \, a_i^\dagger(\omega_i) \, |0\rangle \tag{5.1}$$

其中,C 是常系数,ω_s 和 ω_i 分别为信号光和闲置光的频率,$a_s^\dagger(\omega_s)$ 和 $a_i^\dagger(\omega_i)$ 分别表示信号光和闲置光的产生算符,$|0\rangle$ 为真空态,$\Phi(\omega_s, \omega_i)$ 为相位匹配函数,其表达式为

$$\Phi(\omega_s, \omega_i) = \mathrm{sinc}(\Delta L/2) \tag{5.2}$$

其中,$\mathrm{sinc}(\Delta L/2) = \sin(\Delta L/2)/(\Delta L/2)$,$L$ 为非线性晶体的厚度,Δ 为径向相位失配量,其表达式为

$$\Delta = k_s(\omega_s) + k_i(\omega_i) - k_p(\omega_p) \tag{5.3}$$

其中,$k_s(\omega_s)$,$k_i(\omega_i)$,$k_p(\omega_p)$ 分别为信号光、闲置光、抽运光的光波矢量,且 $k_r(\omega_r) = n_r \omega_r / c \, (r = \mathrm{p,s,i})$,$n_r$ 为折射率,c 是真空中的光速.当 $\Delta = 0$ 即 $k_p(\omega_p) = k_s(\omega_s) + k_i(\omega_i)$ 时,双光子满足动量守恒即相位匹配条件,此时自发参量下转换过程的效率最大.

式(5.1)中,$\varepsilon_p(\omega_s + \omega_i)$ 为抽运线性函数,其表达式为

$$\varepsilon_p(\omega_s + \omega_i) = \exp[-(\omega_s + \omega_i - \Omega_p)^2 / \sigma_p^2] \tag{5.4}$$

其中,σ_p 和 Ω_p 分别为抽运光的频宽和中心频率.

抽运线性函数是抽运脉冲函数时域分布的傅里叶变换,它必须满足能量守恒,也就是下转换过程只允许产生光子对的频率之和等于抽运频率,即 $\omega_p = \omega_s + \omega_i$ 的情况.自发参量下转换产生的双光子的联合光谱函数 $S(\omega_s, \omega_i)$ 是相位匹配函数和抽运线性函数乘积的平方,也就是

$$S(\omega_s, \omega_i) = |\Phi(\omega_s, \omega_i) \varepsilon_p(\omega_s + \omega_i)|^2 \tag{5.5}$$

其中,$S(\omega_s, \omega_i)$ 可以看作光子频率的概率分布,体现了联合光谱的强度.

人们可以通过对双光子联合光谱的直接测量,将双光子的频率纠缠特性与测量值联系起来,实现纠缠量化.费多罗夫(Fedorov)等人提出在脉冲抽运时信号光子与闲置光子间的频率纠缠度:利用施密特(Schmidt)数值 R 近似为单光子光谱宽度与双光子联合光谱宽度的比值(Fedorov et al.,2006),其表达式为

$$R = \frac{\Delta \nu_s}{\Delta \nu_c} \tag{5.6}$$

其中,分母中的 $\Delta \nu_c$ 是双光子联合光谱的频率宽度,也就是联合光谱图形在 $\nu_i = \nu_s$ 轴上的频率宽度;分子中的 $\Delta \nu_s$ 是单光子光谱的频率宽度,R 是在 $0 \sim \infty$ 的范围内变化的.

在本节中 $\Delta \nu_s$ 是信号光 s 的单光子光谱的半高宽(Full Width at Half Maximum,简称 FWHM),即峰值高度一半处的峰宽度.人们也可以通过对双光子联合光谱的直接测

量来体现双光子的频率关联特性,根据频率一致纠缠源的判据(Valencia et al.,2007),通过比较纠缠光子对的信号光子与闲置光子频谱之和的频宽 $\Delta\Lambda_+$ 和信号光子与闲置光子频谱之差的频宽 $\Delta\Lambda_-$ 的大小来判断频率关联特性.在双光子联合光谱上,$\Delta\Lambda_+$ 为联合光谱图形在正对角线 $\nu_i = \nu_s$ 上的频率宽度,即 $\Delta\nu_c$,$\Delta\Lambda_-$ 为联合光谱图形在负对角线 $\nu_i = -\nu_s$ 上的频率宽度.若 $\Delta\Lambda_+ < \Delta\Lambda_-$,则双光子为频率反关联;若 $\Delta\Lambda_+ = \Delta\Lambda_-$,则双光子为频率不关联;若 $\Delta\Lambda_+ > \Delta\Lambda_-$,则双光子为频率正关联.

人们还可以通过对双光子联合光谱的积分运算来体现量子干涉可见度,对信号光子和闲置光子可区分性的度量直接体现在干涉可见度上,双光子的干涉可见度 V 可以表示为(Grice,Walmsley,1997)

$$V = \frac{\iint \mathrm{d}\omega_s \mathrm{d}\omega_i \mid A(\omega_s,\omega_i)A(\omega_i,\omega_s) \mid}{\iint \mathrm{d}\omega_s \mathrm{d}\omega_i \mid A(\omega_s,\omega_i) \mid^2} \tag{5.7}$$

其中,$A(\omega_s,\omega_i) = \Phi(\omega_s,\omega_i)\varepsilon_p(\omega_s + \omega_i)$ 为双光子联合光谱的幅度函数,当且仅当 $|A(\omega_s,\omega_i)| = |A(\omega_i,\omega_s)|$,即联合光谱的幅度函数关于正对角线 $\nu_i = \nu_s$ 是对称的,此时,干涉可见度 V 达到最大值 1,两个单光子的光谱完全重合,则不可区分;两个单光子光谱的差异越大,不可区分性越小,双光子的干涉可见度也越小.

下面将对双光子的联合光谱以及单光子光谱与抽运频宽和晶体厚度的关系进行推导.设抽运光、信号光和闲置光的频率 ω_r,$r = p,s,i$ 分别为

$$\omega_r = \Omega_r + \nu_r, \quad r = p,s,i \tag{5.8}$$

其中,Ω_r 是对应光场的中心频率,ν_r 是对应光场频率的偏移量,即差分频率.根据能量守恒,差分频率也满足关系 $\nu_s + \nu_i = \nu_p$.

将光波矢量 $k_r(\nu_r) = n_r(\Omega_r + \nu_r)/c$,$r = p,s,i$ 按级数展开取一阶项,忽略二阶以上项,可得(Keller,Rubin,1997)

$$k_r(\nu_r) = K_r + \frac{\nu_r}{\mu_r(\Omega_r)}, \quad r = p,s,i \tag{5.9}$$

其中,K_r 为展开式的常数项,满足零阶分量的动量守恒,即 $K_s + K_i = K_p$,$\mu_r(\Omega_r)$ 是沿晶体传播所对应光场的光束在中心频率 Ω_r 处测得的群速度.

将式(5.9)代入式(5.3),可得到径向相位失配量 Δ 与差分频率 ν_r 的关系为

$$\Delta = K_s + K_i - K_p + \frac{\nu_s}{\mu_s(\Omega_s)} + \frac{\nu_i}{\mu_i(\Omega_i)} - \frac{\nu_p}{\mu_p(\Omega_p)} \tag{5.10}$$

将其化简,得

$$\Delta = -\left(\nu_p D_+ + \frac{1}{2}\nu_- D\right) \tag{5.11}$$

其中, $\nu_p = \omega_p - \Omega_p = \omega_s + \omega_i - \Omega_p$, $\nu_- = \nu_i - \nu_s = \omega_i - \omega_s + \Omega$, $\Omega = \Omega_s - \Omega_i$ 是信号光和闲置光中心频率的偏移量, D 为闲置光与信号光在晶体中的逆群速度之差,它与 $\mu_r(\Omega_r)$ 之间的关系为 $D = 1/\mu_i(\Omega_i) - 1/\mu_s(\Omega_s)$, D_+ 为信号光和闲置光在晶体中传播的平均逆群速度与抽运光传播的逆群速度差,其表达式为

$$D_+ = 0.5[1/\mu_s(\Omega_s) + 1/\mu_i(\Omega_i)] - 1/\mu_p(\Omega_p)$$

D 和 D_+ 的大小、正负均取决于晶体的自身性质,即对特定的晶体如 BBO 随中心频率(波长)的变化而各不相同.

将式(5.11)代入式(5.2)中,可得相位匹配函数 $\Phi(\omega_s, \omega_i)$ 为

$$\Phi(\omega_s, \omega_i) = \mathrm{sinc}\{[-(\omega_s + \omega_i - \Omega_p)D_+ - (\omega_i - \omega_s + \Omega)D/2]L/2\} \tag{5.12}$$

当 $\Omega \neq 0$ 时,即信号光、闲置光有不同的中心频率,则两个输出信号频率是非简并的,将式(5.12)中 ω_s 和 ω_i 交换后,得到相位匹配函数 $\Phi(\omega_i, \omega_s)$ 为

$$\Phi(\omega_i, \omega_s) = \mathrm{sinc}\{[-(\omega_i + \omega_s - \Omega_p)D_+ - (\omega_s - \omega_i - \Omega)D/2]L/2\} \tag{5.13}$$

此时 $|\Phi(\omega_s, \omega_i)| \neq |\Phi(\omega_i, \omega_s)|$,因此相位匹配函数是不对称的.因为抽运线性函数 $\varepsilon_p(\omega_s + \omega_i)$ 能够决定可用于下转换的泵能量范围,相位匹配函数 $\Phi(\omega_s, \omega_i)$ 能够决定分配给两个下变频光子的能量,所以相位匹配函数不对称时会导致能量分配不均,因此体现为信号光和闲置光的单光子光谱各不相同,是可区分的.

当 $\Omega = 0$ 时,即信号光和闲置光的中心频率相等,则频率简并,设 $\Omega_s = \Omega_i = \bar{\Omega}$,因为 $\Omega_p = \Omega_s + \Omega_i$,所以 $\Omega_p = 2\bar{\Omega}$,此时式(5.12)转化为

$$\Phi(\omega_s, \omega_i) = \mathrm{sinc}\{[-(\omega_s + \omega_i - 2\bar{\Omega})D_+ - (\omega_i - \omega_s)D/2]L/2\} \tag{5.14}$$

同时当 $D_+ = 0$ 时,将 ω_s 和 ω_i 交换后,相位匹配函数关于 ω_s 和 ω_i 是对称的,即 $|\Phi(\omega_s, \omega_i)| = |\Phi(\omega_i, \omega_s)|$,下转换所产生的两个单光子的光谱完全相同,此时的双光子是完全不可区分的.

将式(5.8)关于信号光频率 ω_s 和闲置光频率 ω_i 的表达式代入式(5.14)中,可得相位匹配函数 $\Phi(\omega_s, \omega_i)$ 与信号光差分频率 ν_s 和闲置光差分频率 ν_i 的关系为

$$\Phi(\bar{\Omega} + \nu_s, \bar{\Omega} + \nu_i) = \mathrm{sinc}\{[-(\nu_s + \nu_i)D_+ - (\nu_i - \nu_s)D/2]L/2\} \tag{5.15}$$

以同样的方式,可将式(5.4)的抽运线性函数 $\varepsilon_p(\omega_s + \omega_i)$ 转化为

$$\varepsilon_p(2\overline{\Omega} + \nu_s + \nu_i) = \exp\left[-(\nu_s + \nu_i)^2/\sigma_p^2\right] \tag{5.16}$$

将式(5.15)和式(5.16)代入式(5.5),可以得到中心频率差值 $\Omega = 0$ 频率简并情况下,自发参量下转换产生的双光子的联合光谱函数为

$$S(\nu_s, \nu_i) = \left| \exp\left[-(\nu_s + \nu_i)^2/\sigma_p^2\right] \mathrm{sinc}\left\{\left[-(\nu_s + \nu_i)D_+ - (\nu_i - \nu_s)D/2\right]L/2\right\} \right|^2$$
$$\tag{5.17}$$

由式(5.17)可以看出:影响下转换产生的双光子联合光谱性能的参数有抽运光的频宽 σ_p 与非线性晶体的厚度 L.

单光子光谱区别于双光子的联合光谱,可以单独反映双光子各自的变化,通过研究单光子光谱可以了解单光子的变化情况.将式(5.17)的联合光谱函数分别沿信号光和闲置光的差分频率方向作投影,得到信号光的单光子光谱 $S_s(\nu_s)$ 和闲置光的单光子光谱 $S_i(\nu_i)$ 为

$$\begin{cases} S_s(\nu_s) = \int \mathrm{d}\nu_i S(\nu_s, \nu_i) \\ S_i(\nu_i) = \int \mathrm{d}\nu_s S(\nu_s, \nu_i) \end{cases} \tag{5.18}$$

将式(5.8)关于信号光频率 $\omega_s = \Omega_s + \nu_s$ 和闲置光频率 $\omega_i = \Omega_i + \nu_i$ 的表达式代入式(5.12)中,得到相位匹配函数 $\Phi(\omega_s, \omega_i)$ 与信号光差分频率 ν_s 和闲置光差分频率 ν_i 的关系为

$$\Phi(\Omega_s + \nu_s, \Omega_i + \nu_i) = \mathrm{sinc}\left\{\left[-(\nu_s + \nu_i)D_+ - (\nu_i - \nu_s + \Omega)D/2\right]L/2\right\} \tag{5.19}$$

以同样的方式,将式(5.4)的抽运线性函数 $\varepsilon_p(\omega_s + \omega_i)$ 转化为

$$\varepsilon_p(\Omega_s + \nu_s + \Omega_i + \nu_i) = \exp\left[-(\nu_s + \nu_i)^2/\sigma_p^2\right] \tag{5.20}$$

将式(5.19)和式(5.20)代入式(5.5)中,得到中心频率差值 $\Omega \neq 0$ 频率非简并的情况下自发参量下转换产生的双光子的联合光谱函数为

$$S(\nu_s, \nu_i) = \left| \exp\left[-(\nu_s + \nu_i)^2/\sigma_p^2\right] \mathrm{sinc}\left\{\left[-(\nu_s + \nu_i)D_+ - (\nu_i - \nu_s + \Omega)D/2\right]L/2\right\} \right|^2$$
$$\tag{5.21}$$

将式(5.21)代入式(5.18)中,得到 $S_s(\nu_s)$ 和 $S_i(\nu_i)$ 为

$$\begin{cases} S_s(\nu_s) = \int d\nu_i \mid \exp[-(\nu_s + \nu_i)^2/\sigma_p^2] \\ \qquad \cdot \operatorname{sin}c\{[-(\nu_s + \nu_i)D_+ - (\nu_i - \nu_s + \Omega)D/2]L/2\}\mid^2 \\ S_i(\nu_i) = \int d\nu_s \mid \exp[-(\nu_s + \nu_i)^2/\sigma_p^2] \\ \qquad \cdot \operatorname{sin}c\{[-(\nu_s + \nu_i)D_+ - (\nu_i - \nu_s + \Omega)D/2]L/2\}\mid^2 \end{cases} \quad (5.22)$$

下一节中我们将通过对自发参量下转换过程的仿真实验来分析双光子的联合光谱和单光子光谱在不同参数下所表现出的频率纠缠、频率关联,以及量子干涉特性.

5.1.3 不同参数下的光谱特性实验及其结果分析

本小节将对信号光和闲置光的单光子光谱特性、连续光抽运时双光子的光谱特性、脉冲光光抽运时脉冲的频宽和晶体的厚度对双光子光谱特性的影响,以及具有特殊频率关联的双光子间特性进行详细的分析,其中所有的仿真实验均是在 Mathematica 软件上完成的,在对信号光和闲置光的单光子光谱作图时,采用的是绘图函数 Plot,在对相位匹配函数 $\Phi(\bar{\Omega} + \nu_s, \bar{\Omega} + \nu_i)$、抽运线性函数 $\varepsilon_p(2\bar{\Omega} + \nu_s + \nu_i)$ 和双光子联合光谱函数 $S(\nu_s, \nu_i)$ 作三维空间图时,采用的是绘制三维图形函数 Plot3D,作二维俯视图时,采用的是密度函数 DensityPlot,绘图点 PlotPoints 为 50,绘图范围 PlotRange 为 Full,颜色函数 ColorFunction 设为"SunsetColors",所以在 Mathematica 中将各个函数的表达式代入 Plot/Plot3D/DensityPlot $[S_s(\nu_s)/S_i(\nu_i)/\Phi(\bar{\Omega} + \nu_s, \bar{\Omega} + \nu_i)/\varepsilon_p(2\bar{\Omega} + \nu_s + \nu_i)/S(\nu_s, \nu_i), \nu_s, \nu_i, \sigma_p, D_+, D, L]$ 中进行仿真实验绘图.

5.1.3.1 单光子光谱特性分析

本小节中采用脉冲光作为自发参量下转换的抽运光来进行两部分实验:

(1) 在信号光和闲置光的中心频率差值 $\Omega \neq 0$,即频率非简并的情况下,观察参数 Ω 的变化对单光子光谱特性的影响;

(2) 在信号光和闲置光的中心频率差值 $\Omega = 0$,即频率简并的情况下,观察参数 D_+ 的变化对单光子光谱特性的影响.

通过式(5.22)中 $S_s(\nu_s)$ 和 $S_i(\nu_i)$ 所示的光谱函数可以作出单光子光谱图.首先在 Mathematica 中使用数值积分函数 NIntegrate 对双光子联合光谱函数中信号光差分频率 ν_s(或闲置光差分频率 ν_i)进行积分,然后使用 Plot 函数绘制出单光子光谱函数随着闲置光差分频率 ν_i(或信号光差分频率 ν_s)变化的图像.在实验中,选择脉冲光的频宽为

$\sigma_p = 1$ nm，晶体的厚度 $L = 1$ mm，$D_+ = -1.82 \times 10^{-13}$ s/mm，$D = 1 \times 10^{-13}$ s/mm（Peřina et al.，1999）．

在第一个实验中分别取 $\Omega = 5$ THz 和 $\Omega = -5$ THz，将所有参数代入式（5.22）中，作出当 $\Omega > 0$ 和 $\Omega < 0$ 时信号光子和闲置光子的单光子光谱 $S_s(\nu_s)$ 和 $S_i(\nu_i)$，如图 5.3（a）和图 5.3（b）所示．在第二个实验中取 $\Omega = 0$，分别使 $D_+ = 0$ 和 $D_+ = -1.82 \times 10^{-13}$ s/mm（Nasr et al.，2005），其他参数不变，将所有参数代入式（5.22）中，作出信号光子和闲置光子的单光子光谱 $S_s(\nu_s)$ 和 $S_i(\nu_i)$，如图 5.3（c）和图 5.3（d）所示，其中蓝色实线为信号光（s）的单光子光谱，红色虚线为闲置光（i）的单光子光谱．

从图 5.3（a）和图 5.3（b）可以看出，当 $\Omega \neq 0$ 时，频率非简并，此时实验不满足相位匹配条件，即 $\Delta \neq 0$．从图 5.3（a）和图 5.3（b）中可以看出，信号光和闲置光的单光子光谱的对称轴存在偏移，且偏移量为 Ω，此时信号光和闲置光在频率上是可区分的，并且这种偏移的程度越大，信号光和闲置光的单光子光谱可区分性越大，可以通过这两个光子的不同频率分辨出它们．

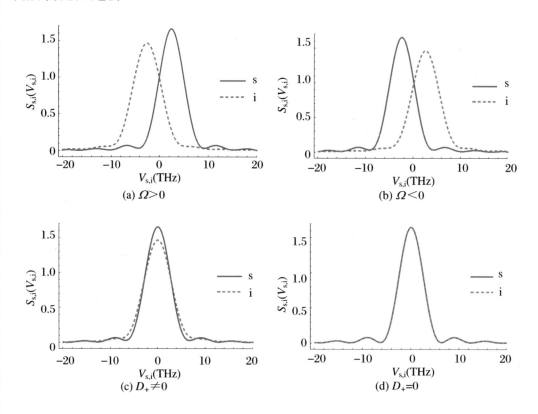

图 5.3　不同参数下信号光（s）和闲置光（i）的单光子光谱图

从图 5.3(c)和图 5.3(d)中可以看出,当 $\Omega = 0$ 时,频率简并,即信号光和闲置光的中心频率相同,所以两个单光子光谱对称轴均在差分频率为零的轴线处.另一方面,当 D_+ $\neq 0$ 时,相位匹配函数 $\Phi(\omega_s, \omega_i)$ 不对称,从图 5.3(a)、图 5.3(b)和图 5.3(c)中可以看出,双光子的单光子光谱幅度大小各不相同,是可区分的;当 $D_+ = 0$ 时,信号光和闲置光的单光子光谱如图 5.3(d)所示,完全重合,是不可区分的.

实验结果表明:

(1) 当频率非简并,即 $\Omega \neq 0$ 时,自发参量下转换过程仍能发生,但不满足相位匹配条件,存在相位失配量 Δ,因此自发参量下转换的效率下降,产生的双光子的频率纠缠度不高.

(2) 当 $\Omega = 0$ 且 $D_+ = 0$,即相位匹配函数对称时,信号光和闲置光的单光子光谱是完全重合、不可区分的,而当相位匹配函数不对称时,两个单光子的光谱存在差异,是可区分的.因此,在实际的实验中,应该尽量减少相位匹配函数的不对称性,以提高双光子的不可区分性和干涉可见度.

5.1.3.2 连续抽运光下的双光子的特性分析

连续光是指抽运光频宽 $\sigma_p \to 0$ 的情况.当以连续光作为自发参量下转换的光源时,做了相位匹配函数、抽运线性函数、双光子联合光谱以及单光子光谱的仿真实验.实验中所选取参数分别为:非线性晶体厚度 $L = 1\,\mathrm{mm}$, $D_+ = -1.82 \times 10^{-13}\,\mathrm{s/mm}$, $D = 1 \times 10^{-13}\,\mathrm{s/mm}$.

令信号光和闲置光的差分频率 ν_s 和 ν_i 在 $[-8, 8]$(单位:THz)范围内变化.将各参数代入式(5.15)和式(5.16)所表达的相位匹配函数 $\Phi(\bar{\Omega} + \nu_s, \bar{\Omega} + \nu_i)$ 和抽运线性函数 $\varepsilon_p(2\bar{\Omega} + \nu_s + \nu_i)$ 中,得到以信号光、闲置光差分频率为变量的相位匹配函数及抽运线性函数,如图 5.4(a1)和图 5.4(b1)所示,其二维俯视图分别如图 5.4(a2)和图 5.4(b2)所示;将各参数代入式(5.17)所表达的由抽运线性函数与相位匹配函数共同决定的双光子的联合光谱函数 $S(\nu_s, \nu_i)$ 中,得到如图 5.4(c1)所示的双光子联合光谱函数图,其二维俯视图如图 5.4(c2)所示;将各参数代入式(5.22)所表达的信号光子和闲置光子的单光子光谱函数 $S_s(\nu_s)$ 和 $S_i(\nu_i)$ 中,此时令 ν_s 和 ν_i 在 $[-20, 20]$(单位:THz)范围内变化,得到如图 5.4(d)所示的单光子光谱图.

从图 5.4(a1)中可以看出,相位匹配函数整体呈"山"字状,图 5.4(a2)是其俯视图,右边的彩色条为强度归一化的图例,可以看到相位匹配函数关于 $\nu_i = D_+ \nu_s$ 轴对称,且在该对称轴上函数达到最大值,将式(5.15) $\Phi(\bar{\Omega} + \nu_s, \bar{\Omega} + \nu_i)$ 中的信号光差分频率 ν_s 和闲置光差分频率 ν_i 进行交换可以得到 $\Phi(\bar{\Omega} + \nu_i, \bar{\Omega} + \nu_s)$,因为 $D_+ \neq 0$,所以 $\Phi(\bar{\Omega} + \nu_s, \bar{\Omega} + \nu_i) \neq \Phi(\bar{\Omega} + \nu_i, \bar{\Omega} + \nu_s)$,因此相位匹配函数 $\Phi(\bar{\Omega} + \nu_s, \bar{\Omega} + \nu_i)$ 关于 $\nu_i = \nu_s$ 轴是不对称的,即函数不具有对称性.

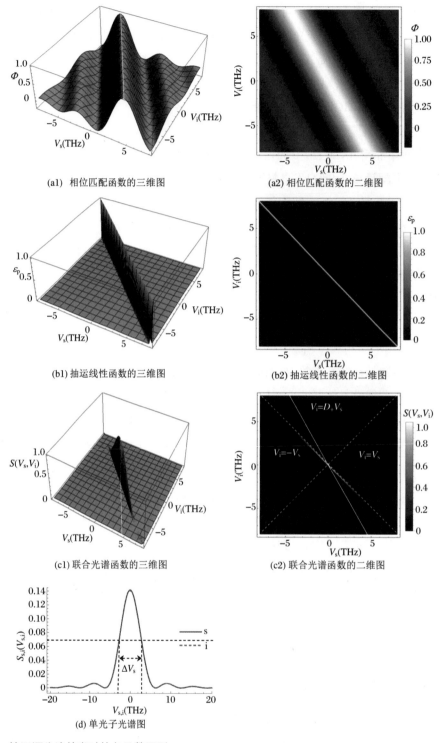

(a1) 相位匹配函数的三维图　　　　　(a2) 相位匹配函数的二维图

(b1) 抽运线性函数的三维图　　　　　(b2) 抽运线性函数的二维图

(c1) 联合光谱函数的三维图　　　　　(c2) 联合光谱函数的二维图

(d) 单光子光谱图

图 5.4　抽运源为连续光时的各函数图形

从图 5.4(b1)中可看出,抽运线性函数的空间图形呈倒"T"状,在图 5.4(b2)中观察到 $\varepsilon_p(2\overline{\Omega} + \nu_s + \nu_i)$ 仅在负对角线 $\nu_i = -\nu_s$ 轴上取得函数最大值,因为连续光的频宽 σ_p 趋近于 0,所以其函数图像的宽度很窄,在这里表现为负对角线上的一条细线.

由于双光子的联合光谱是由抽运线性函数与相位匹配函数乘积的平方得到的,所以在图 5.4(c1)中可以看到联合光谱函数的三维图形呈峰状,在图 5.4(c2)中可以看到联合光谱函数是一条沿着抽运线性函数方向,且与相位匹配函数的 $\nu_i = D_+ \nu_s$ 轴的横坐标范围一致的细线.从图 5.4(c2)中可以明显观察到,横坐标信号光差分频率 ν_s 越大时,纵坐标闲置光的差分频率 ν_i 越小,联合光谱图形在 $\nu_i = \nu_s$ 上的频率宽度为 $\Delta\Lambda_+$,在 $\nu_i = -\nu_s$ 上的频率宽度为 $\Delta\Lambda_-$,测量得到 $\Delta\Lambda_+ \to 0$,$\Delta\Lambda_- \approx 12.43$ THz,明显 $\Delta\Lambda_+ < \Delta\Lambda_-$,说明以连续光作为自发参量下转换的抽运光时所产生的信号光子和闲置光子满足频率反关联特性.以连续光作为自发参量下转换过程的抽运源时,如图 5.4(c2)所示的联合光谱图像关于 $\nu_i = \nu_s$ 轴对称,所以其幅度函数 $A(\omega_s, \omega_i)$ 满足 $|A(\omega_s, \omega_i)| = |A(\omega_i, \omega_s)|$,由式(5.7)可知干涉可见度 $V = 1$,达到最大值.

从图 5.4(d)中可以看出,信号光(s)和闲置光(i)的单光子光谱是重合的,这是因为虽然相位匹配函数 $\Phi(\omega_s, \omega_i)$ 不对称,但 σ_p 接近于零,则抽运线性函数图像可以看作宽度接近零的细线,且关于 $\nu_i = \nu_s$ 轴对称,所以它被相位匹配函数所截断的细线即双光子联合光谱函数 $S(\nu_s, \nu_i)$ 的图像也关于 $\nu_i = \nu_s$ 轴对称,由式(5.18)可知 $S_s(\nu_s) = S_i(\nu_i)$,故两者的单光子光谱完全重叠不可区分.从图 5.4(d)中可以测量到信号光(s)的单光子光谱的半高宽为 $\Delta\nu_s \approx 5.17$ THz,因为连续光的频宽 $\sigma_p \to 0$,所以图 5.4(c2)中联合光谱宽度 $\Delta\nu_c \to 0$,因此 $R \to \infty$,达到最大的频率纠缠度.

5.1.3.3 脉冲光的频宽和晶体厚度对双光子的特性影响

当采用脉冲光作为抽运光源进行自发参量下转换时,脉冲光的频宽 σ_p 和非线性晶体的厚度 L 分别作为抽运线性函数 $\varepsilon_p(2\overline{\Omega} + \nu_s + \nu_i)$ 和相位匹配函数 $\Phi(\overline{\Omega} + \nu_s, \overline{\Omega} + \nu_i)$ 的重要参数,所以本小节将分别讨论固定晶体厚度时变化脉冲光频宽和固定脉冲光频宽时变化晶体厚度对双光子的联合光谱、单光子光谱以及双光子的频率纠缠度和干涉可见度的影响.

1. 固定晶体的厚度 L,改变脉冲光的频宽 σ_p

选取各参数分别为:晶体厚度 $L = 1$ mm,$D_+ = -1.82 \times 10^{-13}$ s/mm,$D = 1 \times 10^{-13}$ s/mm,对于脉冲光的频宽分别取 $\sigma_p = 0.5$ nm,$\sigma_p = 2$ nm,$\sigma_p = 5$ nm 时,令信号光和闲置光的差分频率 ν_s 和 ν_i 在 $[-8, 8]$(单位:THz)范围内变化,将各参数代入式(5.16)所表达的抽运线性函数 $\varepsilon_p(2\overline{\Omega} + \nu_s + \nu_i)$ 中,得到以 ν_s 和 ν_i 为变量的抽运线性函

数三维图依次如图 5.5(a1)、图 5.5(a2)和图 5.5(a3)所示；将各参数代入式(5.17)所表达的双光子联合光谱函数 $S(\nu_s,\nu_i)$ 中，得到双光子联合光谱三维图依次如图 5.5(b1)、图 5.5(b2)和图 5.5(b3)所示，其对应的俯视图如图 5.5(c1)、图 5.5(c2)和图 5.5(c3)所示；将各参数代入式(5.22)所表达的 $S_s(\nu_s)$ 和 $S_i(\nu_i)$ 中，令 ν_s 和 ν_i 在 $[-20,20]$（单位：THz）范围内变化，得到双光子的单光子光谱依次如图 5.5(d1)、图 5.5(d2)和图 5.5(d3)所示.

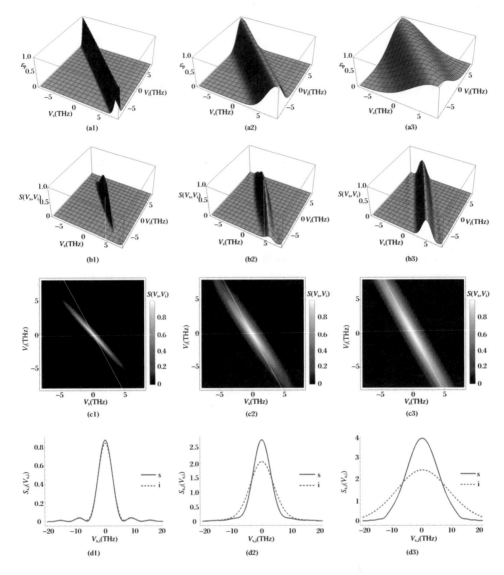

图 5.5　不同脉冲光频宽下的抽运线性函数三维图、联合光谱函数三维图及二维图、单光子光谱图

注：(a1)、(b1)、(c1)和(d1)中的 $\sigma_p = 0.5$ nm；(a2)、(b2)、(c2)和(d2)中的 $\sigma_p = 2$ nm；(a3)、(b3)、(c3) 和(d3)中的 $\sigma_p = 5$ nm.

采用不同的脉冲光频宽进行仿真实验时,晶体厚度 L 固定的情况下相位匹配函数 $\Phi(\overline{\Omega} + \nu_s, \overline{\Omega} + \nu_i)$ 的大小幅度不变,由于 D, D_+ 和 L 的取值与连续光作为抽运光时所选参数相同,所以此时相位匹配函数的三维图同图 5.4(a1)一样,当脉冲光频宽 σ_p 取值越大时,从图 5.5(a1)、图 5.5(a2)和图 5.5(a3)可以看出,抽运线性函数 $\varepsilon_p(2\overline{\Omega} + \nu_s + \nu_i)$ 在负对角线 $\nu_i = -\nu_s$ 附近的频率宽度越大,$\varepsilon_p(2\overline{\Omega} + \nu_s + \nu_i)$ 和 $\Phi(\overline{\Omega} + \nu_s, \overline{\Omega} + \nu_i)$ 在空间相交重叠的范围也就越大,因此图 5.5(b1)、图 5.5(b2)和图 5.5(b3)中所示的由这两者共同决定的双光子联合光谱函数 $S(\nu_s, \nu_i)$ 的图形越宽越长,即 $\Delta\nu_c$ 越大,但联合光谱图形的频率范围受到相位匹配函数中 $\nu_i = D_+ \nu_s$ 轴坐标范围的限制,在图 5.5(c1)、图 5.5(c2)和图 5.5(c3)中表现为联合光谱图形越来越靠近白色细线,即 $\nu_i = D_+ \nu_s$ 轴,直到在这条轴附近的一定范围后再变大 σ_p,也不会使图形的频率宽度和范围变大了.

图 5.5(d1)、图 5.5(d2)和图 5.5(d3)中所有信号光(s)和闲置光(i)的单光子光谱均是可区分的,这是因为 $D_+ \neq 0$,相位匹配函数 $\Phi(\omega_s, \omega_i)$ 不对称,所以分配给信号光和闲置光的能量不均,因此双光子的单光子光谱不一致,是可区分的,且随着 σ_p 的变大,参与频率下转换的抽运光子变多,所以用于下转换的泵能量频率范围变大,给信号光和闲置光分配能量不均的程度变大,因此单光子光谱图形越来越宽,即 $\Delta\nu_s$ 越大,双光子之间的单光子光谱差异越大.

不同脉冲光频宽下的频率纠缠度与干涉可见度如表 5.1 所示,其中,双光子光谱的频率宽度 $\Delta\nu_c$ 可以通过图 5.5(c1)、图 5.5(c2)和图 5.5(c3)来测得,信号光(s)的单光子光谱的半高宽 $\Delta\nu_s$ 可以通过图 5.5(d1)、图 5.5(d2)和图 5.5(d3)来测得,根据式(5.6)可以求出不同脉冲光频宽 σ_p 下的频率纠缠度,根据式(5.7)可以求出不同脉冲光频宽 σ_p 下的干涉可见度 V,使用 Mathematica 中数值积分函数 NIntegrate 对式(5.7)的分子和分母进行二重积分,可以得到在 $\sigma_p = 0.5$ nm 时,$V \approx 4.748/4.922 \approx 0.96$;在 $\sigma_p = 2$ nm 时,$V \approx 12.436/16.098 \approx 0.77$;在 $\sigma_p = 5$ nm 时,$V \approx 15.892/22.769 \approx 0.69$.

表 5.1　不同脉冲光频宽下的频率纠缠度与干涉可见度

σ_p(nm)	$\Delta\nu_c$(THz)	$\Delta\nu_s$(THz)	R	V
0.5	0.67	5.86	8.75	0.96
2	1.13	6.94	6.14	0.77
5	2.26	12.58	5.57	0.69

从表 5.1 中可以看出,随着 σ_p 变大,$\Delta\nu_c$ 和 $\Delta\nu_s$ 均变大,而频率纠缠度 R 变小,双光子的干涉可见度变小.

2. 固定脉冲光的频宽 σ_p,改变晶体的厚度 L

选取各参数分别为:脉冲光的频宽为 $\sigma_p = 1$ nm,$D_+ = -1.82 \times 10^{-13}$ s/mm,$D = 1 \times 10^{-13}$ s/mm,对于晶体的厚度分别取 $L = 0.5$ mm,$L = 1$ mm,$L = 3$ mm 时,令信号光和闲置光的差分频率 ν_s 和 ν_i 在 $[-8,8]$(单位:THz)范围内变化,将 $\sigma_p = 1$ nm 代入式 (5.16)所表达的抽运线性函数 $\varepsilon_p(2\bar{\Omega} + \nu_s + \nu_i)$ 中,得到以 ν_s 和 ν_i 为变量的抽运线性函数三维图如图 5.6(a)所示;将参数 D_+,D 和不同的 L 代入式(5.15)所表达的相位匹配函数 $\Phi(\bar{\Omega} + \nu_s, \bar{\Omega} + \nu_i)$ 中,得到以 ν_s 和 ν_i 为变量的相位匹配函数三维图依次如图 5.6(b1)、图 5.6(b2)和图 5.6(b3)所示;将各参数代入式(5.17)所表达的双光子联合光谱函数 $S(\nu_s, \nu_i)$ 中,依次得到如图 5.6(c1)、图 5.6(c2)和图 5.6(c3)所示的双光子联合光谱函数三维图,其对应的俯视图如图 5.6(d1)、图 5.6(d2)和图 5.6(d3)所示;将各参数代入式(5.22)所表达的 $S_s(\nu_s)$ 和 $S_i(\nu_i)$ 中,令 ν_s 和 ν_i 在 $[-20,20]$(单位:THz)范围内变化,依次得到如图 5.6(e1)、图 5.6(e2)和图 5.6(e3)所示的单光子光谱图.

在采用不同厚度的非线性晶体进行仿真实验时,脉冲光频宽 σ_p 固定为 1 nm,抽运线性函数 $\varepsilon_p(2\bar{\Omega} + \nu_s + \nu_i)$ 的三维图如图 5.6(a)所示,当晶体厚度 L 取值越大时,从图 5.6(b1)、图 5.6(b2)和图 5.6(b3)中可以看出,相位匹配函数 $\Phi(\bar{\Omega} + \nu_s, \bar{\Omega} + \nu_i)$ 在 $\nu_i = D_+ \nu_s$ 轴附近的频率宽度越小,$\varepsilon_p(2\bar{\Omega} + \nu_s + \nu_i)$ 和 $\Phi(\bar{\Omega} + \nu_s, \bar{\Omega} + \nu_i)$ 在空间相交重叠的范围也就越小,因此图 5.6(d1)、图 5.6(d2)和图 5.6(d3)中所示的由这两者共同决定的双光子联合光谱函数 $S(\nu_s, \nu_i)$ 的图形越窄越短,即 $\Delta\nu_c$ 越小.因为由抽运线性函数产生的下转换光场被限制在相位匹配函数的 $\nu_i = D_+ \nu_s$ 轴附近,所以相位匹配函数 $\Phi(\bar{\Omega} + \nu_s, \bar{\Omega} + \nu_i)$ 频率宽度越小时,下转换所产生的双光子联合光谱图形在图 5.6(d1)、图 5.6(d2)和图 5.6(d3)中表现为越靠近白色细线,即 $\nu_i = D_+ \nu_s$ 轴,同时也可以看出这条轴与联合光谱图形所相交的频率范围是不变的.

图 5.6(e1)、图 5.6(e2)和图 5.6(e3)中所有信号光(s)和闲置光(i)的单光子光谱均是可区分的,同样是 $D_+ \neq 0$ 使相位匹配函数 $\Phi(\omega_s, \omega_i)$ 不对称导致的,因此双光子在下转换时被分配的能量不均,所以双光子的单光子光谱不一致,是可区分的;随着 L 变大,能量分配不均的程度变大,因此双光子之间的单光子光谱差异越大,且从图 5.6(e1)、图 5.6(e2)和图 5.6(e3)中可以看出单光子光谱图形越来越窄,即 $\Delta\nu_s$ 越小.

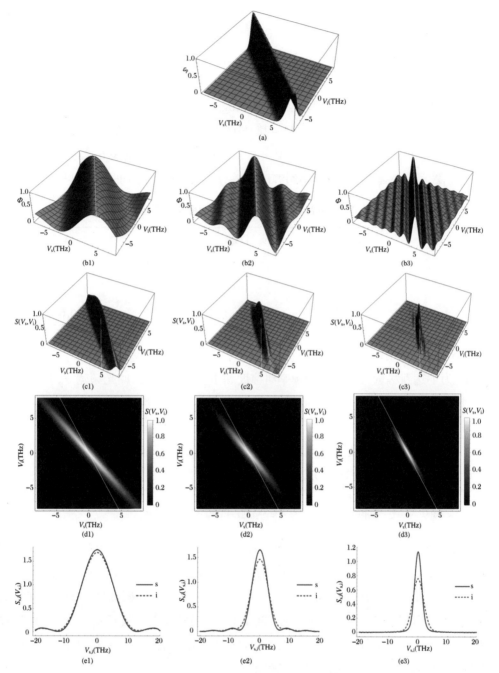

图 5.6　不同晶体厚度下的抽运线性函数三维图、相位匹配函数三维图、联合光谱函数三维图及二维图、单光子光谱图

注:(a)中的 σ_p = 1 nm;(b1)、(c1)、(d1)、(e1)中的 L = 0.5 nm;(b2)、(c2)、(d2)、(e2)中的 L = 1 mm;(b3)、(c3)、(d3)、(e3)中的 L = 3 mm.

不同晶体厚度下的频率纠缠度与干涉可见度如表5.2所示,其中,双光子光谱的频率宽度 $\Delta\nu_c$ 可以通过图5.6(d1)、图5.6(d2)和图5.6(d3)来测得,信号光(s)的单光子光谱的半高宽 $\Delta\nu_s$ 可以通过图5.6(e1)、图5.6(e2)和图5.6(e3)来测得,根据式(5.6)求出不同晶体厚度 L 下的频率纠缠度,根据式(5.7)可以求出不同晶体厚度 L 下的干涉可见度 V,使用 Mathematica 中数值积分函数 NIntegrate 对式(5.7)的分子和分母进行二重积分,可以得到在 $L=0.5$ mm 时,$V\approx13.903/14.025\approx0.99$;在 $L=1$ mm 时,$V\approx5.587/6.651\approx0.84$;在 $L=3$ mm 时,$V\approx2.071/3.514\approx0.58$.从表5.2中可以看出,随着 L 变大,$\Delta\nu_c$ 和 $\Delta\nu_s$ 均变小,频率纠缠度 R 变大,但同时双光子的干涉可见度变小.

表5.2 不同晶体厚度下的频率纠缠度与干涉可见度

L(mm)	$\Delta\nu_c$(THz)	$\Delta\nu_s$(THz)	R	V
0.5	1.74	11.20	6.44	0.99
1	0.91	6.42	7.05	0.84
3	0.29	2.52	8.69	0.58

本小节可以得出以下结论:

(1) 为了达到尽量大的双光子频率纠缠度和干涉可见度,脉冲光频宽 σ_p 应尽量小,当 σ_p 小到趋近于0时,脉冲光抽运就变成了连续光抽运,达到最大纠缠度和干涉可见度;

(2) 在 σ_p 确定后,为提高频率纠缠度还可以增大晶体厚度 L,但 L 过大时会降低干涉可见度,所以应该选取合适的 L.

5.1.3.4 具有特殊频率关联双光子的特性分析

自发参量下转换技术不仅可以制备以上所述的频率反关联特性的双光子,也可以通过改变双光子联合光谱函数的参数使脉冲抽运的自发参量下转换过程产生具有频率不关联和正关联特性的双光子.由式(5.15)可知,当 $D_+=0$ 时,相位匹配函数 $\Phi(\bar{\Omega}+\nu_s,\bar{\Omega}+\nu_i)$ 具有对称性,即函数关于 $\nu_i=\nu_s$ 轴是对称的,又因为当脉冲光的频宽 σ_p 和非线性晶体的厚度 L 不同时,双光子联合光谱图像也不同,因此一定存在参数值使得自发参量下转换过程制备出具有频率不关联或正关联特性的双光子.

当选取脉冲光的频宽为 $\sigma_p=3$ nm,非线性晶体的厚度为 $L=2$ mm,$D_+=0$,$D=1\times10^{-13}$ s/mm 时,令信号光和闲置光的差分频率 ν_s 和 ν_i 在 $[-8,8]$(单位:THz)范围内变化,将各参数代入式(5.17),得到双光子的联合光谱图如图5.7(a)所示.然后保持 $D_+=0$,$D=1\times10^{-13}$ s/mm,改变脉冲光的频宽为 $\sigma_p=10$ nm,晶体的厚度为 $L=5$ mm,

令信号光和闲置光的差分频率 ν_s 和 ν_i 在 $[-8,8]$（单位：THz）范围内变化，将各参数代入式(5.17)，此时双光子的联合光谱图如图 5.7(b)所示.

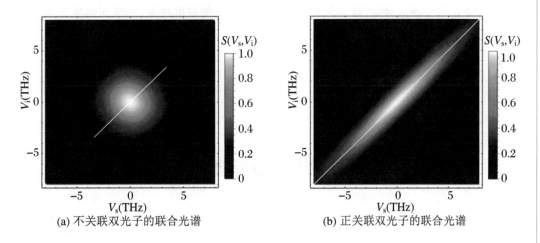

(a) 不关联双光子的联合光谱　　　　　(b) 正关联双光子的联合光谱

图 5.7　不同频率关联的双光子联合光谱

从图 5.7(a)中可以看出，双光子联合光谱图形关于 $\nu_i = \nu_s$ 和 $\nu_i = -\nu_s$ 都是对称的，测量得到联合光谱图形在正对角线 $\nu_i = \nu_s$ 上的频率宽度为 $\Delta\Lambda_+ \approx 4.52$ THz，在负对角线 $\nu_i = -\nu_s$ 上的频率宽度为 $\Delta\Lambda_- \approx 4.52$ THz，因为 $\Delta\Lambda_+ = \Delta\Lambda_-$，所以信号光子和闲置光子是不关联的；从图 5.7(b)中可以观察到，横坐标信号光差分频率 ν_s 越大，纵坐标闲置光的差分频率 ν_i 也越大，测量得到 $\Delta\Lambda_+ \approx 19.23$ THz，$\Delta\Lambda_- \approx 2.08$ THz，明显 $\Delta\Lambda_+ > \Delta\Lambda_-$，所以信号光子和闲置光子满足频率正关联特性.

本小节的仿真实验表明，改变双光子联合光谱函数的参数可以使纠缠光子对之间的频率关联特性从频率反关联向频率不关联和正关联演化，这些具有不同频率关联特性的双光子对在指导量子密码学多光子纠缠态的产生和多光子干涉实验等方向都具有非常重要的意义.

5.1.4　小结

分别对以连续光和脉冲光作为自发参量下转换的抽运光时，双光子的联合光谱和单光子光谱进行了仿真实验，分别在不同参数下对纠缠光子对的频率纠缠、频率关联和量子干涉特性的影响进行了对比研究，得到以下结论.

(1) 关于双光子的干涉可见度，以连续光作为抽运光时，产生的双光子干涉可见度最

大,以脉冲光作为抽运光时,脉冲光的频宽越小或晶体的厚度越小,干涉可见度越大;

(2)关于双光子的频率纠缠度,以连续光作为抽运光时,产生的双光子频率纠缠度最大,以脉冲光作为抽运光时,脉冲光的频宽越小或晶体的厚度越大,频率纠缠度越大;

(3)关于双光子的频率关联特性,选取合适的脉冲光频宽和晶体厚度可以产生频率负关联、不关联和正关联的双光子.

5.2 双量子系统最大纠缠态制备的两种控制方法

量子纠缠态是一种重要而有用的物理"资源",在量子计算和量子通信中起着极为重要的作用.量子纠缠态是各种量子态中最为重要的一种,用于检验量子力学的基本原理,也是实现量子通信的重要信道,所以对纠缠态的制备和操控就显得特别重要,根据多体系统状态的关联关系,可以将量子系统状态分为可分离态和不可分离态.对于可以表示成两个子系统量子态直积形式的状态,比如:

$$|\psi\rangle_{12} = 1/\sqrt{2}(|00\rangle + |01\rangle) = |0\rangle * (1/\sqrt{2}|0\rangle + 1/\sqrt{2}|1\rangle) = |\psi\rangle_1 \otimes |\psi\rangle_2$$

其中的量子态$|\psi\rangle_{12}$称为可分离量子态,因为量子态ψ_{12}可以被分离为两个量子态$|\psi\rangle_1$和$|\psi\rangle_2$的直积形式.

纠缠态是不可分离态,它在任何表象中,都无法写成各子系量子态的直积形式.对于两体量子系统而言,状态

$$|\Phi^{\pm}\rangle = 1/\sqrt{2}(|00\rangle \pm |11\rangle) \quad 和 \quad |\Psi^{\pm}\rangle = 1/\sqrt{2}(|01\rangle \pm |10\rangle)$$

是其中的四个最大纠缠态,它们构成四维希尔伯特(Hilbert)空间的一组正交完备基,被称为贝尔(Bell)基态.纠缠态本身也是相干叠加态,所以纠缠态的制备可以转化为相干叠加态的制备,可以和多能级系统中的布居数转移的相干控制联系起来.绝热通道技术和π脉冲方法是人们经常使用的实现布居数转移的方法.在绝热通道技术方面,人们已经提出和证明了多种绝热通道技术,其中包括快速绝热通道技术(Creatore et al.,2011)、基于激光诱导斯达克(Stark)效应的快速绝热通道技术(Rangelov et al.,2005)、超绝热通道技术(Vitanov et al.,2003)、分段绝热通道技术(Shapiro et al.,2009)、受激拉曼绝热通道技术(Patel,Malinovskaya,2012)以及部分受激拉曼绝热通道技术(Fractional STIRAP)在内的各种变化形式等(Dou et al.,2013).

最近几年,对于绝热通道技术的研究不断有新的进展:有人提出一种将快速脉冲和慢速脉冲结合形成的一种混合型的快速绝热通道技术,并将这种技术应用于超导电路中,进行能级转移的量子控制操作实验(Vepsalainen et al.,2016);王等人使用自行搭建的一套激光系统,利用 Stark 诱导的绝热拉曼通道技术,成功地将分子束中的具有相同原子核的原子组成的双原子分子(HD 分子)从振动基态转移至激发态,激发比例超过 90%(Wang et al.,2013);慕克吉和扎尔基于 Stark 诱导的绝热拉曼通道技术,实现了旋转本征态的完全布居数转移(Mukherjee,Zare,2011);周等人将超绝热通道技术施加于固态系统,在金刚石的 NV 中心进行量子布居数转移的相干控制操作,展示了超绝热通道技术在量子相干控制方面的优越性能,表明超绝热通道技术能有效地控制固态开放系统的多变性(Zhou et al.,2017);潘达(Panda)等人基于受激拉曼通道技术提出一种可以用于制备电子的旋转对齐状态的方法(Panda et al.,2016);黄等人采用双部分受激拉曼绝热通道技术,提出一种可以在大失谐三能级系统中操纵单个量子位,实现量子原子基态叠加的方案(Huang et al.,2016);陈等人基于部分受激拉曼绝热通道技术提出一种方案,可以在 BI-mode 腔中制备纠缠态(Chen et al.,2009).部分受激拉曼绝热通道技术可以绝热地把系统从一个单态制备到一个量子相干叠加态,其利用时间上反直觉顺序,即斯托克斯(Stokes)脉冲 $\Omega_s(t)$ 先于泵浦(pump)脉冲 $\Omega_p(t)$,且部分重叠的泵浦-斯托克斯(pump-Stokes)脉冲对作用于系统,换句话说,斯托克斯脉冲 $\Omega_s(t)$ 先于泵浦脉冲 $\Omega_p(t)$ 开启,此脉冲序列称为反直觉(Counterintuitive,简称 CI)脉冲序列.基于部分绝热通道技术原理,对斯托克斯脉冲 $\Omega_s(t)$ 和泵浦脉冲 $\Omega_p(t)$ 的形状进行进一步的设计,还可以得到半反直觉脉冲序列(Half Counterintuitive,简称 HCI),此脉冲序列中的斯托克斯脉冲超前于泵浦脉冲对系统作用,泵浦脉冲与斯托克斯脉冲之间存在一定延时,且斯托克斯脉冲和泵浦脉冲在结束部分下降沿重合.π 脉冲方法通过调控外加的脉冲面积来对系统的状态进行操控,其基本作用相当于一个量子逻辑非门.当对控制脉冲进行时间上的积分使脉冲面积达到 π 的奇数倍时,外加脉冲场就可以把粒子从初始状态 $|1\rangle$ 全部激发到激发态 $|2\rangle$,从而实现粒子布直觉脉冲序列,此脉冲序列中的斯托克斯脉冲超前于泵浦脉冲对系统作用,泵浦脉冲与斯托克斯脉冲之间存在一定延时,且斯托克斯脉冲和泵浦脉冲在结束部分下降沿重合.π 脉冲方法通过调控外加的脉冲面积来对系统的状态进行操控,其基本作用相当于一个量子逻辑非门.当对控制脉冲进行时间上的积分使脉冲面积达到 π 的奇数倍时,外加脉冲场就可以把粒子从初始状态 $|1\rangle$ 全部激发到激发态 $|2\rangle$,从而实现了粒子布居的完全转移.若控制脉冲的面积为 π/2 的奇数倍,此时的外加脉冲可以把一个系统的初始状态转换为初始态和另一激发状态的相干叠加态.另外还可以基于 π 脉冲方法的原理,采用单电子自旋的光探测磁共振技术,实现制备纠缠态(丛爽,2006).

本节对两个自旋 π/2 粒子组成的四能级量子系统,在建立具有 Ising 相互作用的量子系统模型的基础上,采用脉冲场对量子系统进行操控.基于部分绝热通道技术,设计了半反直觉脉冲序列.基于 π 脉冲动力学原理,设计出 π 脉冲序列.将 HCI 脉冲序列和 π 脉冲序列分别用于控制所建立的量子系统模型,进行纠缠态制备.在采用 HCI 脉冲序列制备最大纠缠态时,通过系统仿真实验结果,分析了系统各参数对系统状态概率变化的影响,并根据实验结果对各控制参数进行优化,包括斯托克斯脉冲和泵浦脉冲之间的延迟时间 Δt,控制脉冲幅值 K,控制脉冲之间的相对相位 ϕ,以及控制脉冲作用时间 t.在采用 π 脉冲序列进行最大纠缠态制备时,分析了系统状态概率随时间变化的动态特性,并确定了制备不同纠缠态的各参数取值.

5.2.1 量子系统状态调控模型的建立

本小节的研究对象为一个由两个具有相互作用的自旋 1/2 粒子所组成的量子系统,该系统处于 z 轴正方向指向的常数磁场 B_0 中.系统具有四个本征态,本小节中本征态的排列顺序分别为 $|00\rangle$,$|11\rangle$,$|01\rangle$ 和 $|10\rangle$.由量子系统状态的叠加原理可得该量子系统在任意时刻 t 的状态波函数 $|\psi(t)\rangle$ 等于系统这四个本征态的叠加,具体的表达式形式为

$$|\psi(t)\rangle = \alpha_1(t)|00\rangle + \alpha_2(t)|11\rangle + \alpha_3(t)|01\rangle + \alpha_4(t)|10\rangle \quad (5.23)$$

其中,$\alpha_m(t)$,$m=1,2,3,4$ 为四个本征态的概率幅,且为复函数;$\alpha_m^2(t)$,$m=1,2,3,4$ 为各本征态的概率,且满足 $\sum_{m=1}^{4} \alpha_m^2(t) = 1$ 的归一化条件.

两个自旋 1/2 粒子从右边分别定义为量子位 1 和量子位 2,对这两个量子位在 x-y 平面分别施加频率为 ω 的圆形极化横向激光脉冲场,则施加在这两个量子位上的激光脉冲场可以分别写为

$$B_{1x} = A_1(t)\cos(\omega t + \phi), \quad B_{1y} = A_1(t)\sin(\omega t + \phi)$$
$$B_{2x} = A_2(t)\cos(\omega t + \phi), \quad B_{2y} = A_2(t)\sin(\omega t + \phi)$$

在仅考虑两自旋之间的 z 轴方向相互作用,此时量子系统的自由哈密顿量 H_0 和控制哈密顿量 $H_c(t)$ 分别为(为方便起见,$\hbar$ 取为 1)

$$H_0 = -\omega_1 I_{1z} - \omega_2 I_{2z} - J \cdot I_{1z} \cdot I_{2z} \quad (5.24)$$

$$H_c(t) = -\sum_{k=1,2} \frac{1}{2}\Omega_{k,ij}(\mathrm{e}^{-\mathrm{i}(\omega_{k,ij}t+\phi_{k,ij})}I_k^- + \mathrm{e}^{\mathrm{i}(\omega_{k,ij}t+\phi_{k,ij})}I_k^+) \quad (5.25)$$

其中，$\omega_1 = \gamma_1 B_0$，$\omega_2 = \gamma_2 B_0$，它们分别是两个自旋粒子的本征频率；γ_1 和 γ_2 是两个粒子的自旋磁比；J 为两个粒子间相互作用强度；$\Omega_{k,ij}$ 是系统的拉比频率，它正比于第 i 个本征态和 j 个本征态之间偶极矩 d_{ij} 与第 k 个外部激光脉冲场振幅 $A_k(t)$ 的乘积：$\Omega_{k,ij}(t) = d_{ij} * A_k(t)/\hbar$，$k = 1,2$，$i = 1,2,3,4$，$j = 1,2,3,4$。$\omega_{k,ij}$ 和 $\phi_{k,ij}$ 分别表示外加在两个本征态之间激光脉冲场的频率和初始相位；$I_{1z} = \sigma_z \otimes I$，$I_{2z} = I \otimes \sigma_z$，$I_{1z} I_{2z} = \sigma_z \otimes \sigma_z$，$I_1^- = \sigma^- \otimes I$，$I_1^+ = \sigma^+ \otimes I$，$I_2^- = I \otimes \sigma^-$，$I_2^+ = I \otimes \sigma^+$，$\sigma_z = \begin{bmatrix} 1 & 0 \\ 0 & -1 \end{bmatrix}$，$\sigma^- = \begin{bmatrix} 0 & 0 \\ 1 & 0 \end{bmatrix}$，$\sigma^+ = \begin{bmatrix} 0 & 1 \\ 0 & 0 \end{bmatrix}$。

将各参数代入式(5.24)和式(5.25)，得到与式(5.23)中本征态排列顺序相一致的自由哈密顿量 H_0 和控制哈密顿量 $H_c(t)$ 分别为

$$H_0 = -\begin{bmatrix} \omega_1 + \omega_2 + J & 0 & 0 & 0 \\ 0 & -\omega_1 - \omega_2 + J & 0 & 0 \\ 0 & 0 & \omega_1 - \omega_2 - J & 0 \\ 0 & 0 & 0 & -\omega_1 + \omega_2 - J \end{bmatrix} \tag{5.26}$$

$$H_c(t) = -\frac{\hbar}{2}\begin{bmatrix} 0 & 0 & \Omega_{2,13}\mathrm{e}^{\mathrm{i}(\omega_{2,13}t + \phi_{2,13})} & \Omega_{1,14}\mathrm{e}^{\mathrm{i}(\omega_{1,14}t + \phi_{1,14})} \\ 0 & 0 & \Omega_{1,23}\mathrm{e}^{-\mathrm{i}(\omega_{1,23}t + \phi_{1,23})} & \Omega_{2,24}\mathrm{e}^{-\mathrm{i}(\omega_{2,24}t + \phi_{2,24})} \\ \Omega_{2,31}\mathrm{e}^{-\mathrm{i}(\omega_{2,31}t + \phi_{2,31})} & \Omega_{1,32}\mathrm{e}^{\mathrm{i}(\omega_{1,32}t + \phi_{1,32})} & 0 & 0 \\ \Omega_{1,41}\mathrm{e}^{-\mathrm{i}(\omega_{1,41}t + \phi_{1,41})} & \Omega_{2,42}\mathrm{e}^{\mathrm{i}(\omega_{2,42}t + \phi_{2,42})} & 0 & 0 \end{bmatrix} \tag{5.27}$$

由此可得系统总哈密顿量 $H(t)$ 为

$$H(t) = H_0 + H_c(t)$$

$$= -\frac{\hbar}{2}\begin{bmatrix} 2(\omega_1 + \omega_2 + J) & 0 & \Omega_{2,13}\mathrm{e}^{\mathrm{i}(\omega_{2,13}t + \phi_{2,13})} & \Omega_{1,14}\mathrm{e}^{\mathrm{i}(\omega_{1,14}t + \phi_{1,14})} \\ 0 & -2(\omega_1 + \omega_2 - J) & \Omega_{1,23}\mathrm{e}^{-\mathrm{i}(\omega_{1,23}t + \phi_{1,23})} & \Omega_{2,24}\mathrm{e}^{-\mathrm{i}(\omega_{2,24}t + \phi_{2,24})} \\ \Omega_{2,31}\mathrm{e}^{-\mathrm{i}(\omega_{2,31}t + \phi_{2,31})} & \Omega_{1,32}\mathrm{e}^{\mathrm{i}(\omega_{1,32}t + \phi_{1,32})} & 2(\omega_1 - \omega_2 - J) & 0 \\ \Omega_{1,41}\mathrm{e}^{-\mathrm{i}(\omega_{1,41}t + \phi_{1,41})} & \Omega_{2,42}\mathrm{e}^{\mathrm{i}(\omega_{2,42}t + \phi_{2,42})} & 0 & -2(\omega_1 - \omega_2 + J) \end{bmatrix} \tag{5.28}$$

在 t 时刻,量子力学系统状态波函数 $|\psi(t)\rangle$ 的演化由薛定谔方程描述:

$$i\hbar|\dot{\psi}(t)\rangle = H(t)|\psi(t)\rangle \tag{5.29}$$

系统状态波函数 $|\psi(t)\rangle$ 不是一个可以直接观测的物理量,需要通过测量各本征态的概率 $\alpha_m^2(t)$ 来获得 t 时刻的系统状态波函数 $|\psi(t)\rangle$,所以,必须求解出系统的概率幅 $\alpha_m(t)$,以获得系统状态. 将式(5.23)和式(5.28)代入薛定谔方程(5.29),可以获得关于各状态概率幅的动力学方程:

$$
\begin{bmatrix} \dot{\alpha}_1 \\ \dot{\alpha}_2 \\ \dot{\alpha}_3 \\ \dot{\alpha}_4 \end{bmatrix} = \frac{i}{2}
\begin{bmatrix}
2(\omega_1+\omega_2+J) & 0 & \Omega_{2,13}e^{i(\omega_{2,13}t+\phi_{2,13})} & \Omega_{1,14}e^{i(\omega_{1,14}t+\phi_{1,14})} \\
0 & -2(\omega_1+\omega_2-J) & \Omega_{1,23}e^{-i(\omega_{1,23}t+\phi_{1,23})} & \Omega_{2,24}e^{-i(\omega_{2,24}t+\phi_{2,24})} \\
\Omega_{2,31}e^{-i(\omega_{2,31}t+\phi_{2,31})} & \Omega_{1,32}e^{i(\omega_{1,32}t+\phi_{1,32})} & 2(\omega_1-\omega_2-J) & 0 \\
\Omega_{1,41}e^{-i(\omega_{1,41}t+\phi_{1,41})} & \Omega_{2,42}e^{i(\omega_{2,42}t+\phi_{2,42})} & 0 & -2(\omega_1-\omega_2+J)
\end{bmatrix}
\begin{bmatrix} \alpha_1 \\ \alpha_2 \\ \alpha_3 \\ \alpha_4 \end{bmatrix}
\tag{5.30}
$$

通过对式(5.30)进行旋转坐标变换,可得相互作用图景中的方程为

$$
\begin{bmatrix} \dot{\alpha}_1 \\ \dot{\alpha}_2 \\ \dot{\alpha}_3 \\ \dot{\alpha}_4 \end{bmatrix} = \frac{i}{2}
\begin{bmatrix}
0 & 0 & \Omega_{2,13}(t) & \Omega_{1,14}(t) \\
0 & 0 & \Omega_{1,23}(t) & \Omega_{2,24}(t)e^{i\phi} \\
\Omega_{2,13}(t) & \Omega_{1,23}(t) & 2\Delta_1 & 0 \\
\Omega_{1,14}(t) & \Omega_{2,24}(t)e^{-i\phi} & 0 & 2\Delta_2
\end{bmatrix}
\begin{bmatrix} \alpha_1 \\ \alpha_2 \\ \alpha_3 \\ \alpha_4 \end{bmatrix}
\tag{5.31}
$$

其中,$\Delta_1 = \omega_{2,13} - (\omega_2+J) = (\omega_1-J) - \omega_{1,23}$,$\Delta_2 = \omega_{1,14} - (\omega_1+J) = (\omega_2-J) - \omega_{2,24}$ 分别为单粒子失谐量;$e^{i\phi}$ 为相位因子,其中 $\phi = \phi_{1,23} - \phi_{2,24} + \phi_{2,13} - \phi_{1,14}$.

此量子系统的最大纠缠态的一般形式可以表示为 $|\Phi^\beta\rangle \equiv (|00\rangle + e^{i\beta}|11\rangle)/\sqrt{2}$ 和 $|\Psi^\beta\rangle \equiv (|01\rangle + e^{i\beta}|10\rangle)/\sqrt{2}$,其中,$\beta \in [-\pi,\pi]$. 当 $\beta=0$ 和 $\beta=\pm\pi$ 时,$|\Phi^\beta\rangle$ 和 $|\Psi^\beta\rangle$ 即变为 Bell 基态 $|\Phi^\pm\rangle$ 和 $|\Psi^\pm\rangle$.

采用半反直觉脉冲能完成相干叠加态的制备,但是如果只想制备纠缠态,甚至最大纠缠态,则必须选定特殊的控制相位 ϕ. 其他控制参数也必须经过精心的选择和设计.

5.2.2 HCI 脉冲序列制备纠缠态

5.2.2.1 HCI 脉冲序列的设计

在本小节我们将设计用于制备纠缠态的半反直觉脉冲序列. 系统的各本征态概率幅在初始时刻的值设置为 $\alpha_1(0)=1, \alpha_2(0)=0, \alpha_3(0)=0, \alpha_4(0)=0$, 也就是初态为 $|00\rangle$. 希望制备的纠缠态为 $|\varPhi^\beta\rangle \equiv (|00\rangle + e^{i\beta}|11\rangle)/\sqrt{2}$ 和 $|\varPsi^\beta\rangle \equiv (|01\rangle + e^{i\beta}|10\rangle)/\sqrt{2}$, 即使系统各本征态概率幅满足 $\alpha_1(t) = \alpha_2(t) = 0, \alpha_3(t) \neq 0, \alpha_4(t) \neq 0$, 以及 $\alpha_1(t) \neq 0$, $\alpha_2(t) \neq 0, \alpha_3(t) = \alpha_4(t) = 0$.

令式(5.31)中的 $\Omega_{2,13}(t) = \Omega_{1,14}(t) = \Omega_p(t)$, 以及 $\Omega_{1,23}(t) = \Omega_{2,24}(t) = \Omega_s(t)$.

为简单起见, 使系统控制条件满足双粒子共振且单粒子失谐量均为 0, 即 $\Delta_1 = \Delta_2 = 0$, 可以得到由两个自旋 1/2 粒子组成的四能级量子系统各本征态概率幅的微分方程为

$$
\begin{bmatrix} \dot{\alpha}_1 \\ \dot{\alpha}_2 \\ \dot{\alpha}_3 \\ \dot{\alpha}_4 \end{bmatrix} = \frac{\mathrm{i}}{2} \begin{bmatrix} 0 & 0 & \Omega_p(t) & \Omega_p(t) \\ 0 & 0 & \Omega_s(t) & \Omega_s(t)e^{i\phi} \\ \Omega_p(t) & \Omega_s(t) & 0 & 0 \\ \Omega_p(t) & \Omega_s(t)e^{-i\phi} & 0 & 0 \end{bmatrix} \begin{bmatrix} \alpha_1 \\ \alpha_2 \\ \alpha_3 \\ \alpha_4 \end{bmatrix} \tag{5.32}
$$

相干控制的方法类似于杨氏双缝干涉实验, 通过控制到目标态的多条通道之间的干涉来达到控制目的.

通过观察式(5.32)中哈密顿算符的结构可得出:

(1) 控制状态从 $|00\rangle$ 到 $|11\rangle$ 有两条途径:

$$
|00\rangle \xrightarrow{\Omega_p(t)} |01\rangle \xrightarrow{\Omega_s(t)} |11\rangle \quad \text{或} \quad |00\rangle \xrightarrow{\Omega_p(t)} |10\rangle \xrightarrow{\Omega_s(t)} |11\rangle
$$

其中, 相位 ϕ 表示了两条路径的相干性, 通过控制相位 ϕ, 就可以控制两条途径的相干性, 从而控制系统达到期望的目标态.

通过对这两条路径进行相干控制, 可以制备出形式为 $|\varPhi^\beta\rangle \equiv (|00\rangle + e^{i\beta}|11\rangle)/\sqrt{2}$ 的最大纠缠态.

(2) 若初始时系统状态为 $|00\rangle$, 此时可以通过另外两条路径

$$
|01\rangle \xrightarrow{\Omega_p(t)} |00\rangle \xrightarrow{\Omega_p(t)} |10\rangle \quad \text{或} \quad |01\rangle \xrightarrow{\Omega_s(t)} |11\rangle \xrightarrow{\Omega_s(t)} |10\rangle
$$

来完成形式为 $|\Psi^\beta\rangle \equiv (|01\rangle + e^{i\beta}|10\rangle)/\sqrt{2}$ 的最大纠缠态的制备.

由外加激光脉冲场 $B_{kx} = A_k(t)\cos(\omega t + \phi_{kx})$, $B_{ky} = A_k(t)\sin(\omega t + \phi_{ky})$, $k = 1,2$ 可知有三个控制参数:激光脉冲幅值 $A_k(t)$、脉冲场频率 ω,以及初始相位 ϕ_{kx}, ϕ_{ky}.脉冲场频率 ω 在施加外加控制哈密顿量时,满足共振条件;初始相位 ϕ_{kx}, ϕ_{ky} 在设计控制哈密顿量的过程中,转化为式(5.32)中的相对相位 ϕ.由 $\Omega_{k,ij}(t) = d_{ij} * A_k(t)$, $k = 1$, 2 且偶极矩 d_{ij} 是常数可知,设计外加激光脉冲场的脉冲幅值 $A_k(t)$ 可以转化为设计拉比频率 $\Omega_{k,ij}(t)$,且 $\Omega_{2,13}(t) = \Omega_{1,14}(t) = \Omega_p(t)$, $\Omega_{1,23}(t) = \Omega_{2,24}(t) = \Omega_s(t)$,所以外部激光场的脉冲幅值 $A_k(t)$ 的设计,就是对 $\Omega_p(t)$ 和 $\Omega_s(t)$ 的设计.通常就将 $\Omega_p(t)$ 和 $\Omega_s(t)$ 称为控制脉冲.

在此我们选用三角函数来设计 HCI 脉冲序列.考虑 HCI 脉冲序列是斯托克斯脉冲 $\Omega_s(t)$ 超前泵浦脉冲 $\Omega_p(t)$ 作用于系统;两种脉冲之间存在延时 Δt;且斯托克斯脉冲 $\Omega_s(t)$ 与泵浦脉冲 $\Omega_p(t)$ 的结束部分的下降沿重合.我们选择在时间段 $(0, 2 + \Delta t)$ 内设计控制脉冲序列 HCI 脉冲序列函数为

$$\begin{cases} \Omega_s(t) = \begin{cases} K \cdot [1 - \cos(\pi \cdot t)]^2/4, & 0 < t \leqslant 1 \\ K, & 1 < t \leqslant 1 + \Delta t \\ K \cdot \{\cos[\pi \cdot (t - 1 - \Delta t)] + 1\}^2/4, & 1 + \Delta t < t \leqslant 2 + \Delta t \\ 0, & t \leqslant 0 \text{ 或 } t > 2 + \Delta t \end{cases} \\ \Omega_p = \begin{cases} K \cdot \{1 - \cos[\pi \cdot (t - \Delta t)]\}^2/4, & \Delta t < t \leqslant 2 + \Delta t \\ 0, & t \leqslant \Delta t \text{ 或 } t > 2 + \Delta t \end{cases} \end{cases} \quad (5.33)$$

通过对式(5.33)中所设计出的 HCI 控制脉冲序列以及系统动力学方程(5.31)分析可知,影响系统状态概率变化的参量有 4 个:控制脉冲幅值 K、脉冲间延迟时间 Δt、控制脉冲中的相对相位 ϕ、控制脉冲作用时间 t.

我们需要通过系统仿真实验来研究各参数的不同选值对系统状态及其特性的影响,以此来得到制备各种纠缠态的最佳参数.我们首先通过仿真实验研究控制脉冲幅值 K 和延迟时间 Δt 对系统状态概率变化的影响,通过对实验结果进行分析,选择最佳的脉冲幅值 K 和延迟时间 Δt 来作为纠缠态制备的参数值;之后将在固定已选定的最佳脉冲幅值 K 和延迟时间 Δt 的情况下,对不同的相对相位 ϕ 对系统状态概率动态变化的影响进行分析,以便获得制备不同形式的纠缠态所对应的相对相位值.最终在固定脉冲幅值 K、延迟时间 Δt 和相对相位 ϕ 的情况下,通过仿真实验考察了系统状态概率在制备纠缠态过程中的变化特性.

5.2.2.2　K 和 Δt 对状态概率的影响

在所设计的控制脉冲(5.33)中,取相对相位 $\phi = 0$;Δt 以 0.1 的间隔在 $[0.1,1]$ 内取值.在每一个 Δt 取值下,控制脉冲幅值 K 以 0.1 的间隔在 $[1,100]$ 之间变化,对动力学方程(5.32)求解系统状态概率随脉冲幅值 K 的变化曲线,由此来获得制备出纠缠态的参数 K 值,以及最小 Δt 值.

实验结果为:

(1) 当 $0 < \Delta t < 0.5$ 时,不论 K 取何值,在控制脉冲(5.33)的作用下,系统状态都达不到任何纠缠态;

(2) 当延时满足 $0.5 \leqslant \Delta t \leqslant 1$ 时,系统状态可以达到纠缠态.

图 5.8 为 $\Delta t = 0.5$,$\phi = 0$ 的情况下,K 在 $[1,100]$ 内变化的系统状态概率随 K 值变化的曲线,其中,实线表示状态 $|00\rangle$ 的概率 $\|\alpha_1(t)\|^2$ 随不同相位变化的曲线;虚线表示状态 $|11\rangle$ 的概率 $\|\alpha_2(t)\|^2$ 随不同相位变化的曲线;双划线和点划线分别表示状态 $|01\rangle$ 和 $|10\rangle$ 的概率随不同相位变化的曲线,分别为 $\|\alpha_3(t)\|^2$ 和 $\|\alpha_4(t)\|^2$.从图 5.8 中可以看出,在整个 $[1,100]$ 区间里,当且仅当 $K = 37.5$ 时,$\|\alpha_3(t)\|^2$ 和 $\|\alpha_4(t)\|^2$ 的概率均为 0,$\|\alpha_1(t)\|^2$ 和 $\|\alpha_2(t)\|^2$ 的概率均为 0.5,此时系统状态为 $|\Phi^\beta\rangle \equiv (|00\rangle + e^{i\beta}|11\rangle)/\sqrt{2}$ 形式的纠缠态.故当取 $\phi = 0$,$\Delta t = 0.5$,控制时间 $t = 2 + \Delta t = 2.5$,控制幅值唯一取值为 $K = 37.5$ 时,可以制备出形式为 $|\Phi^\beta\rangle \equiv (|00\rangle + e^{i\beta}|11\rangle)/\sqrt{2}$ 的纠缠态(商燕 等,2017).

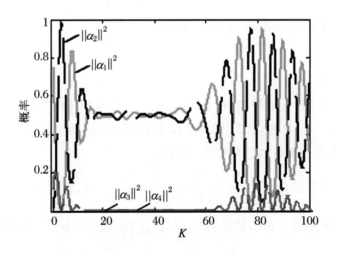

图 5.8　$\phi = 0$,$\Delta t = 0.5$ 时系统状态概率随 K 值的变化曲线

根据实验结果可得，$\Delta t = 0.5$ 为最小延时，$K = 37.5$ 是制备出纠缠态的控制脉冲幅值.在接下来的实验中，我们固定参数脉冲幅值 $K = 37.5$ 和 $\Delta t = 0.5$.

5.2.2.3 相对相位 ϕ 对系统状态概率的影响

本小节将在所设计的控制脉冲序列(5.33)作用下，固定控制脉冲幅值 $K = 37.5$、脉冲间延迟时间 $\Delta t = 0.5$ 及控制脉冲作用时间 $T = 0.000\,4$，相对相位 ϕ 在 $[-\pi, \pi]$ 范围内变化，对系统(5.32)进行仿真实验，以研究相对相位 ϕ 对系统状态概率变化的影响，并确定能够制备出纠缠态的相对相位 ϕ 值.系统各本征态概率随相对相位 ϕ 变化的实验结果如图5.9所示.

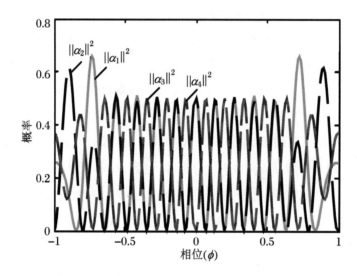

图5.9　HCI作用下系统状态概率随相位变化关系图

从图5.9中可以看出：

(1) 在整个 $|\phi|$ 取值过程中，状态 $|01\rangle$ 和 $|10\rangle$ 概率变化曲线都是重合的；在相位 $|\phi|$ 比较小，如 $|\phi| < \pi/2$ 时，状态 $|00\rangle$ 和 $|11\rangle$ 的概率变化曲线也是重合的.在 $[-\pi, \pi]$ 区间内任意位置，均可获得各本征态的相干叠加态.

(2) 当相位 ϕ 分别为 $0, \pm\dfrac{2}{15}\pi, \pm\dfrac{4}{15}\pi, \pm\dfrac{2}{5}\pi, \pm\dfrac{8}{15}\pi$ 时，状态 $|01\rangle$ 和 $|10\rangle$ 的概率都为 0，$|00\rangle$ 和 $|11\rangle$ 的概率都为 0.5，系统的状态可以达到形式为 $|\Phi^\beta\rangle \equiv (|00\rangle + \mathrm{e}^{\mathrm{i}\beta}|11\rangle)/\sqrt{2}$ 的最大纠缠态；相位 ϕ 分别为 $\pm\dfrac{1}{15}\pi, \pm\dfrac{1}{5}\pi, \pm\dfrac{1}{3}\pi, \pm\dfrac{1}{2}\pi, \pm\dfrac{3}{5}\pi$ 时，状态 $|00\rangle$ 和 $|11\rangle$ 的概率都为 0，状态 $|01\rangle$ 和 $|10\rangle$ 的概率都为 0.5，系统状态可以达到形式为 $|\Psi^\beta\rangle \equiv$

$(|01\rangle + e^{i\beta} |10\rangle)/\sqrt{2}$ 的最大纠缠态.

(3) 当 $\phi = 0$, $\beta = \pm \pi$ 时,此时可以得到 Bell 基态 $|\Phi^-\rangle \equiv (|00\rangle - |11\rangle)/\sqrt{2}$.

由实验结果可知,系统(5.32)在所设计出半反直觉脉冲序列(5.33)的作用下,通过选取不同的控制脉冲中的相对相位 ϕ,可以制备出 19 个不同的最大纠缠态,当控制相位为 $\phi = 0$ 时,可以制备出一个 Bell 基态 $|\Phi^-\rangle \equiv (|00\rangle - |11\rangle)/\sqrt{2}$;当控制相位为 $\phi = \pm \pi/15$ 时,可以制备出一个形式为 $|\Psi^\beta\rangle \equiv (|01\rangle + e^{i\beta} |10\rangle)/\sqrt{2}$ 的纠缠态.图 5.10 为 $\phi = \pi/15$ 时,系统状态概率随 K 值变化图,从中可以看出,当且仅当 $K = 37.5$ 时,系统达到一个由状态 $|01\rangle$ 和 $|10\rangle$ 组成的最大纠缠态.

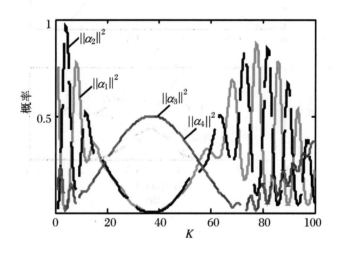

图 5.10 $\phi = \pi/15$ 时系统状态概率随 K 值变化图

5.2.2.4 系统状态概率随控制脉冲作用时间变化的特性分析实验

通过 5.2.2.3 小节实验研究可知,在 $K = 37.5$ 和 $\Delta t = 0.5$ 情况下,当相对相位 $\phi = \pi/15$ 时,系统状态可以达到形式为 $|\Psi^\beta\rangle \equiv (|01\rangle + e^{i\beta} |10\rangle)/\sqrt{2}$ 的最大纠缠态.本小节将在此条件下,进行概率随控制脉冲作用时间变化的性能实验,实验结果如图 5.11 所示,其中图 5.11(a)为 HCI 脉冲序列中斯托克斯脉冲和泵浦脉冲随时间变化的曲线,图 5.11(b)为 HCI 脉冲序列作用下系统各本征态概率随时间变化的曲线.从图中可以看出,只有在泵浦脉冲加入之后,系统状态才开始变化,这说明初始时,斯托克斯脉冲并不对系统状态的变化起作用,其只是起到了将低能级和高能级耦合起来的作用,并不会使高能级有布居分布.当 $t = 2.5$ 时, $\| \alpha_1(t) \|^2$ 和 $\| \alpha_2(t) \|^2$ 均变为 0, $\| \alpha_3(t) \|^2$ 和 $\| \alpha_4(t) \|^2$ 均变为 0.5.通过求取仿真实验结束($t = 2.5$)时 α_i, $i = 1, 2, 3, 4$ 的值,可得

到系统终态为

$$|\Psi\rangle = (|01\rangle - e^{-i\pi/30}|10\rangle)/\sqrt{2} \qquad (5.34)$$

对比式(5.34)中的 $-e^{-i\pi/30}$ 与纠缠态通式 $|\Psi^{\beta}\rangle \equiv (|01\rangle + e^{i\beta}|10\rangle)/\sqrt{2}$ 中的 $e^{i\beta}$ 可以推断出 $e^{i\beta} = e^{i(\pi - \pi/30)}$，由此可以得到 $\beta = \pi - \pi/30$.

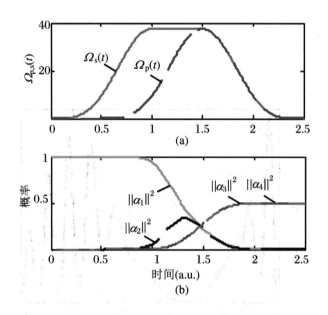

图 5.11　HCI 脉冲作用下 $\phi = \pi/15$ 时的状态概率变化过程

5.2.3　π 脉冲制备纠缠态

π 脉冲是指控制脉冲函数对时间 t 上的面积积分为 π 的奇数倍的脉冲控制作用. 在 π 脉冲的作用下,量子系统的状态可以发生转换,其作用相当于一个量子逻辑非门. 而当脉冲面积等于 π 的偶数倍时,其作用是将量子系统从一个初始基态完全转换为另一个状态;脉冲面积等于 $\pi/2$ 的奇数倍的脉冲,可以把一个系统的初始状态转换为初始态和另一状态的相干叠加态. 本小节将对由两个自旋 1/2 粒子组成的四能级量子系统,采用 π 脉冲来制备纠缠态.

5.2.3.1　π 脉冲控制场的设计

本小节我们将采用 π 脉冲控制方法,设计制备纠缠态的控制脉冲序列.

当希望所制备的目标态为 Bell 基态 $|\Phi^{\pm}\rangle \equiv (|00\rangle \pm |11\rangle)/\sqrt{2}$ 时,可以通过令系统动力学模型(5.31)中的 $\Omega_{2,13}(t) = \Omega_1(t)$,$\Omega_{1,14}(t) = 0$,$\Omega_{1,23}(t) = \Omega_2(t)$,$\Omega_{2,24}(t) = 0$.采用满足双粒子共振($\Delta_1 = \Delta_2$)且单粒子失谐量均为 0 的两种激光脉冲 $\Omega_1(t)$ 和 $\Omega_2(t)$,即 $\Delta_1 = \Delta_2 = 0$,可以得到系统各本征态概率幅的微分方程为

$$
\begin{bmatrix} \dot{\alpha}_1 \\ \dot{\alpha}_2 \\ \dot{\alpha}_3 \\ \dot{\alpha}_4 \end{bmatrix} = \frac{\mathrm{i}}{2} \begin{bmatrix} 0 & 0 & \Omega_1(t) & 0 \\ 0 & 0 & \Omega_2(t) & 0 \\ \Omega_1(t) & \Omega_2(t) & 0 & 0 \\ 0 & 0 & 0 & 0 \end{bmatrix} \begin{bmatrix} \alpha_1 \\ \alpha_2 \\ \alpha_3 \\ \alpha_4 \end{bmatrix} \tag{5.35}
$$

若系统的初态为 $|00\rangle$,通过施加耦合 $|00\rangle$ 和 $|01\rangle$ 且脉冲面积为 $\pi/2$ 的控制脉冲 $\Omega_1(t)$,使系统状态由初态 $|00\rangle$ 转移到 $|00\rangle$ 和 $|01\rangle$ 的叠加态 $|\Phi^+\rangle = (|00\rangle + |01\rangle)/\sqrt{2}$;然后施加耦合 $|01\rangle$ 和 $|11\rangle$ 且面积为 π 的控制脉冲 $\Omega_2(t)$,使状态 $|01\rangle$ 完全转换为 $|11\rangle$.此时系统状态就转移到 Bell 基态 $|\Phi^+\rangle \equiv (|00\rangle + |11\rangle)/\sqrt{2}$.若此时施加 $\Omega_2(t)$ 的作用面积为 $-\pi$,系统状态会转移到另一个 Bell 基态 $|\Phi^-\rangle \equiv (|00\rangle - |11\rangle)/\sqrt{2}$.

当希望制备的目标态为最大纠缠态 $|\varphi^{\pm}\rangle \equiv \mathrm{i}(|01\rangle \pm |10\rangle)/\sqrt{2}$ 时,可以通过选择式(5.31)中控制量为 $\Omega_{2,13}(t) = \Omega_1(t)$,$\Omega_{1,14}(t) = \Omega_2(t)$,$\Omega_{1,23}(t) = 0$,$\Omega_{2,24}(t) = 0$,在其他条件不变的情况下,系统各本征态概率幅的微分方程变为

$$
\begin{bmatrix} \dot{\alpha}_1 \\ \dot{\alpha}_2 \\ \dot{\alpha}_3 \\ \dot{\alpha}_4 \end{bmatrix} = \frac{\mathrm{i}}{2} \begin{bmatrix} 0 & 0 & \Omega_1(t) & \Omega_2(t) \\ 0 & 0 & 0 & 0 \\ \Omega_1(t) & 0 & 0 & 0 \\ \Omega_2(t) & 0 & 0 & 0 \end{bmatrix} \begin{bmatrix} \alpha_1 \\ \alpha_2 \\ \alpha_3 \\ \alpha_4 \end{bmatrix} \tag{5.36}
$$

采用式(5.36)的方程进行纠缠态 $|\varphi^{\pm}\rangle \equiv \mathrm{i}(|01\rangle \pm |10\rangle)/\sqrt{2}$ 制备的过程如下:

(1) 对系统的初态 $|00\rangle$ 施加面积为 $\pi/2$ 的控制脉冲 $\Omega_1(t)$,使系统状态转移到叠加态 $|\varphi\rangle \equiv (|00\rangle + |01\rangle)/\sqrt{2}$;

(2) 施加面积为 π 的控制脉冲 $\Omega_2(t)$,使系统状态转移到 $|\varphi^+\rangle \equiv \mathrm{i}(|01\rangle + |10\rangle)/\sqrt{2}$;若此时施加的控制脉冲 $\Omega_2(t)$ 的面积为 $-\pi$,系统状态会转移到 $|\varphi^-\rangle \equiv \mathrm{i}(|01\rangle - |10\rangle)/\sqrt{2}$.

我们选用三角函数脉冲作为控制脉冲,控制脉冲 $\Omega_1(t)$ 和 $\Omega_2(t)$ 的初始相位均设为 0,控制脉冲总的作用时间为 T,$\Omega_1(t)$ 和 $\Omega_2(t)$ 的作用时间均为 $T/2$,设计 $\Omega_1(t)$ 和 $\Omega_2(t)$ 的形式如下:

$$\begin{cases} \Omega_1(t) = \begin{cases} K_1 \cdot \sin\left(\dfrac{2\pi}{T} \cdot t\right), & 0 < t \leqslant T/2 \\ 0, & T/2 < t \leqslant T \end{cases} \\ \Omega_2(t) = \begin{cases} 0, & 0 < t \leqslant T/2 \\ K_2 \cdot \sin\left(\dfrac{2\pi}{T} \cdot t\right), & T/2 < t \leqslant T \end{cases} \end{cases} \tag{5.37}$$

$\Omega_1(t)$ 和 $\Omega_2(t)$ 的面积分别为

$$S_1 = \int_0^{T/2} K_1 \cdot \sin\left(\frac{2\pi}{T} \cdot t\right) dt, \quad S_2 = \int_{T/2}^{T} K_2 \cdot \sin\left(\frac{2\pi}{T} \cdot t\right) dt \tag{5.38}$$

为了制备出纠缠态 $|\Phi^+\rangle \equiv (|00\rangle + |11\rangle)/\sqrt{2}$ 和 $|\varphi^+\rangle \equiv i(|01\rangle + |10\rangle)/\sqrt{2}$，必须使 $\Omega_1(t)$ 的面积为 $\pi/2$，$\Omega_2(t)$ 的面积为 π，即 $S_1 = \pi/2$，$S_2 = \pi$，可得

$$S_1 = \int_0^{T/2} K_1 \cdot \sin\left(\frac{2\pi}{T} \cdot t\right) dt = -K_1 \cos\left(\frac{2\pi}{T} \cdot t\right) \cdot \frac{T}{2\pi} \Big|_0^{\frac{T}{2}} = \frac{K_1 T}{\pi} = \frac{\pi}{2} \tag{5.39}$$

$$S_2 = \int_{T/2}^{T} K_2 \cdot \sin\left(\frac{2\pi}{T} \cdot t\right) dt = -K_2 \cos\left(\frac{2\pi}{T} \cdot t\right) \cdot \frac{T}{2\pi} \Big|_{\frac{T}{2}}^{T} = -\frac{K_2 T}{\pi} = \pi \tag{5.40}$$

根据式(5.39)和式(5.40)，可以得到脉冲幅值和脉冲作用时间关系的表达式为

$$K_1 = \pi^2/(2T), \quad K_2 = -\pi^2/T \tag{5.41}$$

当选择控制脉冲作用时间 $T = 2.5$ 时，根据式(5.41)可求得 $\Omega_1(t)$ 的脉冲幅值 K_1 和 $\Omega_2(t)$ 的脉冲幅值 K_2 分别为 $K_1 = 1.97$，$K_2 = -3.94$.

为了制备出纠缠态 $|\Phi^-\rangle \equiv (|00\rangle - |11\rangle)/\sqrt{2}$ 和 $|\varphi^-\rangle \equiv i(|01\rangle - |10\rangle)/\sqrt{2}$，必须使 $\Omega_1(t)$ 的面积为 $\pi/2$，$\Omega_2(t)$ 的面积为 $-\pi$，即 $S_1 = \pi/2$，$S_2 = -\pi$，同样由式(5.40)求得 $K_1 = \pi^2/(2T)$，$K_2 = \pi^2/T$. 当控制脉冲作用时间 $T = 2.5$ 时，根据脉冲幅值和控制时间之间的关系式可求得 $\Omega_1(t)$ 的脉冲幅值 K_1 和 $\Omega_2(t)$ 的脉冲幅值 K_2 分别为 $K_1 = 1.97$，$K_2 = 3.94$.

5.2.3.2 基于 π 脉冲方法制备纠缠态的系统仿真实验及其结果分析

本小节将设计出的 π 脉冲序列分别施加于由双自旋 1/2 粒子组成的量子系统 (5.35) 和 (5.36)，进行系统仿真实验，分析系统各本征态概率随时间变化的动态特性. 由参数 $T = 2.5$，$K_1 = 1.97$，$K_2 = -3.94$，通过求解系统 (5.35)，可得系统仿真实验结果如图 5.12 所示，其中，图 5.12(a) 为控制脉冲曲线，图 5.12(b) 为概率随时间变化的曲线. 通

过获取系统在实验结束 $T=2.5$ 时的概率 α_i，$i=1,2,3,4$ 的值，可得系统的终态为

$$|\psi\rangle = 0.705\,4\,|00\rangle + 0.708\,8\,|11\rangle \approx \frac{1}{\sqrt{2}}(|00\rangle + |11\rangle) \tag{5.42}$$

可以看出此状态为四个 Bell 基态中的 $|\Phi^+\rangle$.

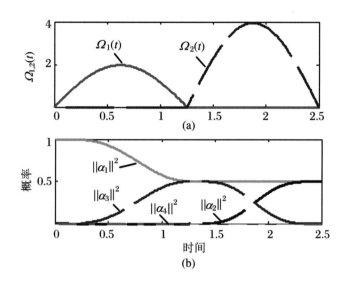

图 5.12   脉冲制备纠缠态 $|\Phi^+\rangle \equiv (|00\rangle + |11\rangle)/\sqrt{2}$ 时的状态概率随时间变化的曲线

同样，将参数分别设为 $T=2.5$，$K_1=1.97$，$K_2=-3.94$，以及控制脉冲(5.37)带入系统(5.36)中，求解出系统的概率，根据实验在 $T=2.5$ 结束时 α_i，$i=1,2,3,4$ 的值，可以获得系统终态为

$$|\psi\rangle = 0.708\,8\mathrm{i}\,|01\rangle + 0.705\,4\mathrm{i}\,|10\rangle \approx \frac{1}{\sqrt{2}}\mathrm{i}(|01\rangle + |10\rangle) \tag{5.43}$$

可以看出，此状态为最大纠缠态.

同理，将参数分别设为 $T=2.5$，$K_1=1.97$，$K_2=3.94$，以及控制脉冲(5.37)带入系统(5.35)和(5.36)中，进行系统仿真实验，根据实验结束时 α_i，$i=1,2,3,4$ 的值，可以获得系统终态为

$$|\psi\rangle = 0.705\,4\,|00\rangle - 0.708\,8\,|11\rangle \approx \frac{1}{\sqrt{2}}(|00\rangle - |11\rangle) \tag{5.44}$$

$$|\psi\rangle = 0.708\,8\mathrm{i}\,|01\rangle - 0.705\,4\mathrm{i}\,|10\rangle \approx \frac{1}{\sqrt{2}}\mathrm{i}(|01\rangle - |10\rangle) \tag{5.45}$$

通过对 π 脉冲制备纠缠态的系统仿真实验分析可以总结出,当初始态为 $|00\rangle$ 时,将 π 控制脉冲作用于由双自旋 1/2 粒子组成的量子系统,可以制备出 4 种形式的最大纠缠态,它们分别是 $|\psi\rangle = \frac{1}{\sqrt{2}}(|00\rangle \pm |11\rangle)$,$|\psi\rangle = \frac{1}{\sqrt{2}}i(|01\rangle \pm |10\rangle)$.

通过实验可得出结论:采用 π 脉冲制备纠缠态时,其系统状态的变化完全与单个脉冲的面积成比例,面积的微小变化就会引起系统状态的变化.在实际的实验中由于往往比较难以准确地控制脉冲的面积,因此采用 π 脉冲制备纠缠态时,系统的抗干扰性较差,效率较低.相对于 π 脉冲序列,半反直觉脉冲序列可以使系统在纠缠态制备时更为鲁棒,且纠缠态制备的保真度更高,但其制备的最大纠缠态是有限的,要求泵浦脉冲和斯托克斯脉冲具有一定的重叠并以一定的比例同时结束,这在实际的实验中想要实现比较困难,但这可以通过采用多束激光脉冲实现.

5.2.4　小结

本节设计出半反直觉脉冲序列和 π 脉冲序列进行最大纠缠态的制备.使用半反直觉脉冲序列可以制备出 1 个 Bell 基态和 19 个不同的最大纠缠态,使用 π 脉冲序列可以制备出 2 个 Bell 基态和 2 个最大纠缠态.人们可以根据具体要求和情况来选择制备方法,实现不同最大纠缠态的制备.

5.3　基于量子纠缠光的符合计数与到达时间差的获取

随着科技的进步和人类生产生活的需要,测距精度正在逐渐提高.激光脉冲测距时测量精度与脉冲频率、脉冲宽度等有关,可达到厘米级别.由于激光脉冲的重复频率有限,此方法在测量长度和精度上很难进一步提高.近年来量子理论逐渐成熟,结合量子技术进行高精度的量子长距离测距势在必行,而测距是定位导航系统中需要解决的关键问题,因为当采用量子定位系统对地面用户进行定位时,需要联立卫星-地面用户之间的距离方程组,而距离方程需要依据光速和量子纠缠双光子对的到达时间差(Time Difference Of Arrival,简称 TDOA)的关系来建立,所以测量 TDOA 尤为重要.在量子导航定位系统中,通常使用产生量子纠缠光源品质较高,且最成熟的自发参量下转换(Spontaneous Parametric Down Conversion,简称 SPDC)技术来制备纠缠双光子对,SPDC 是由非线性晶体内泵浦光和量子真空噪声的综合作用产生的,每一个入射到晶体内的光子以一定概率自发地分裂为能量较低的两个光子,这两个光子在时间和空间上具有高度的相关性,所以这两个光子被称为纠缠双光子对.以基于三颗量子卫星的量子导航定位系统为例,每一对纠缠双光子对分别进入系统中的信号路和闲置路,其中进入闲置路的光子作为本地信号,直接由单光子探测器探测;进入信号路的光子经过一段长距离传输后再由单光子探测器探测,最后将两路单光子探测器探测得到的电平信号送到符合测量单元进行符合相关处理,来获取纠缠双光子对的到达时间差,最后可以根据光速和时间的关系计算出信号路光子的传输距离即卫星-地面用户之间的距离来达到卫星测距的目的,或直接依据距离方程组解算出地面用户的空间三维坐标来达到对被测对象的定位与导航的目的(丛爽,宋媛媛 等,2019).

在获取纠缠双光子对的到达时间差的过程中,主要是利用了量子纠缠光的二阶关联特性.量子态的光学特性涉及光子分布的量子统计性质,它可以通过光场的二阶关联函数来描述.对光子二阶关联函数的测量可以通过 HBT(Hanbury Brown Twiss)干涉或HOM(Hong-Ou-Mandel)干涉来实现,它们都是利用符合测量的方式检测具有延迟的两路光信号的二阶关联函数,即光场强度涨落的关联函数.因此在使用量子纠缠光进行测距的实验过程中符合测量单元这一部分尤为重要.符合测量单元主要对满足符合条件的光子数进行符合计数,在一定的符合条件下进行计数,它可以直接通过所设计的符合电路来实现,其主要由纳秒延迟器(Delay Box,简称 DB)、时幅转换器(Time-Amplitude Converter,简称 TAC)和多通道分析仪(Multi-Channel Analyzer,简称 MCA)组成,将两个单光子探测器进行光电检测后输出的电脉冲信号分别通过一路 DB,实现将到达时间差调节到 TAC 的量程内,然后作为开始和结束信号送入 TAC,TAC 输出至 MCA 以完成符合计数的时间谱图.由于两路相互纠缠的光子频率不同,在同一介质中的传播时间不相等,纠缠双光子对的二阶关联函数与延时有关,当延时为零时,双光子光谱函数产生干涉,不可区分,导致干涉符合计数值到达最小,所以纠缠双光子对的到达时间差就是符合计数的时间谱图上在符合计数值最小时对应的延迟时间.由符合电路实现的符合测量过程的优点是可以进行实时测量,快速得到测量结果,但其缺点是在高分辨率场合,符合电路会受限于电路的工作频率和带宽,存在硬件电路不稳定等问题,并且测量数据无法进行拟合运算,只能得到较低精度的测量结果,不能在精密测量中应用.

本节设计软件算法来实现符合测量单元.量子纠缠光具有二阶关联特性,可以在一定的采集时间内,采集信号路和闲置路的电平脉冲信号,通过符合计数,得到二阶关联函数曲线.因为信号路中的光子需要飞行一段时间,所以两路上的单光子探测器所探测到的光子到达时间存在这段飞行时间的差,此时二阶关联函数曲线会在时间轴上发生一定的偏移.我们可以通过设计符合算法,来得到一系列离散的二阶关联分布函数的样本点,再对这些样本点进行曲线拟合,来测量二阶关联函数曲线的中心偏移量,也就是峰值偏移量,此时,二阶关联函数曲线的峰值所对应的延迟时间,就是信号光与闲置光之间的到达时间差.为了使得符合算法具有高精度结果的同时,也具有高解算效率,符合计数过程中合适参数的选择就显得尤其重要,因此我们在 MATLAB 环境下,在各种不同参数下,进行数据拟合的系统仿真实验,通过不同参数下的实验结果,来考察符合算法中符合门宽、采集时间和延时增加步长这三个参数对到达时间差性能的影响,以及合适的选取(宋媛媛 等,2020).

本节结构安排如下:首先介绍量子纠缠光的二阶关联特性和双脉冲的符合测量原理;然后设计符合测量单元的软件算法,主要研究纠缠双光子对的符合算法和离散样本点的曲线拟合,以及符合算法中符合门宽、采集时间和延时增加步长这三个参数对算法性能的影响以及优化选取的实验过程;最后是小结.

5.3.1　量子纠缠光的二阶关联特性和双脉冲的符合测量原理

量子纠缠光信号的获取与测量过程如图 5.13 所示,其中,由发射方从光源 S 发出的一束抽运光束,经过周期极化磷酸氧钛钾(Periodically Poled KTP,简称 PPKTP)晶体产生偏振纠缠光子对,通过偏振分束器(Polarization Beam Splitter,简称 PBS),分为两束具有相同强度的闲置光与信号光,一路光束的光子脉冲信号由接收方的探测器 D1 接收,另一路光束的光子脉冲信号经过延迟时间 τ 后由接收方的探测器 D2 接收.两路探测器分别将光子脉冲信号转换为两路电平脉冲信号,并送入符合测量单元中,通过符合算法和曲线拟合,得到输出的延迟时间 τ 值.

在获取纠缠双光子对的 TDOA 的过程中,主要是对具有延迟的两路光信号通过符合测量的方式来检测量子纠缠光的二阶关联特性,而光场的二阶关联特性表示的是光场强度涨落的关联特性,其函数表达式描述了光子分布的量子统计性质.由于电平脉冲信号与探测器所接收到的光子脉冲数成正比,记探测器 D1 和 D2 在$(0, t)$、$(0, t + \tau)$时刻记录得到的光子脉冲数分别为 $n_1(t)$ 与 $n_2(t + \tau)$,在两路脉冲的不同延时 τ 内,对 $n_1(t)$ 与 $n_2(t + \tau)$进行自相关,可以得到二阶关联函数为 $G^{(2)}(\tau) = \langle n_1(t) n_2(t + \tau) \rangle$.由于两束光的强度相等,可以得到二阶关联函数 $G^{(2)}(\tau) = \langle n_1(t) n_2(t + \tau) \rangle$,对其进行归一化,由于两束光的强度相等,可以得到归一化的二阶关联函数 $g^{(2)}(\tau)$ 为 $g^{(2)}(\tau) =$

$\langle n_1(t)n_2(t+\tau)\rangle/\langle n\rangle^2$,其中,$n$ 为平均光子数.二阶关联函数 $g^{(2)}(\tau)$测量的是 t 时刻和 $t+\tau$ 时刻之间的光子相干性.假设闲置光程和信号光程的传输时间分别为 t_1 和 t_2,根据二阶关联理论,当 $t_1=t_2$ 时,图 5.14 所示的二阶关联函数 $g^{(2)}(\tau)$的最大值会出现在 $\tau=0$ 处;而当 $t_1 \neq t_2$ 时,只要其中一路到达时间序列进行延时 $\Delta t=t_2-t_1$,那么二阶关联函数的 $g^{(2)}(\tau)$的最大值就会出现在 $\tau=\Delta t$ 处,Δt 就是双光子纠缠信号的到达时间差.

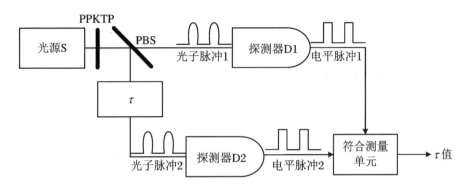

图 5.13 量子纠缠光信号的获取与测量过程

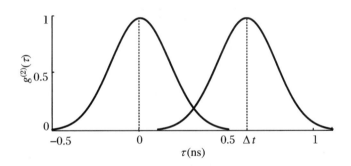

图 5.14 二阶关联函数

在符合测量单元中,理论上当两路信号有同时到达的光子时间信号就是一次符合.但实际上,两光子的到达时间是不可能完全相同的;另外对光子的探测设备也存在死时间.所以在进行符合测量时,需要引入符合门宽的概念:当两路信号的到达时间差值在一个所设定的范围内,就认为两光子是同时到达的,也就是实际意义上的一次符合.这个设定的范围被称为符合门宽.若采用 N 个相同的探测器探测同一时间产生的 N 路脉冲信号,并且将这 N 路脉冲信号传送到一个 N 路通道的符合电路中,当 N 路通道中的脉冲信号同时到达符合电路的时间小于设定的符合门宽,这样的事件就被称为符合事件.根据脉冲发生时间是否为同一时刻,符合事件可以根据是否为同一时间内的脉冲被分为两类:瞬时符合事件与延迟符合事件.瞬时符合事件是指同一时间脉冲发生符合的事件.延迟符合事件是指存在一定延迟时间不同脉冲发生符合的事件.

在符合测量单元中,对两路脉冲信号的到达时间进行符合相关的判断本质上就是对这两通道脉冲信号进行逻辑与的处理过程.

符合测量单元的输入信号分别是两路电平脉冲信号 $x(t)$ 和 $y(t)$,它们都是 0-1 二值信号.对于瞬时符合事件,符合测量单元中软件算法所满足的符合相关函数可以表示为

$$f(x,y) = x(t) \cdot y(t) = \begin{cases} 1, & x(t) = 1 \text{ 且 } y(t) = 1 \\ 0, & \text{其他} \end{cases} \tag{5.46}$$

从式(5.46)中可以看出,当且仅当在 $x(t)$ 与 $y(t)$ 都等于 1 时,$f(x,y)$ 才等于 1.反之,在 $x(t)$ 与 $y(t)$ 任意一个为 0 时,$f(x,y)$ 等于 0.

对于延迟符合事件,符合相关函数可以表示为

$$f(x,y) = x(t) \cdot y(t+\tau) = \begin{cases} 1, & x(t) = 1 \text{ 且 } y(t+\tau) = 1 \\ 0, & \text{其他} \end{cases} \tag{5.47}$$

从式(5.47)中可以看出,只有 $x(t)$ 与 $y(t+\tau)$ 均为 1 时,$f(x,y)$ 才为 1.反之,当 $x(t)$ 与 $y(t+\tau)$ 任意一个为 0 时,$f(x,y)$ 等于 0.

利用符合相关函数对两路电平脉冲信号进行符合计数的方法一般有两种,分别为电平检测和边沿检测.电平检测是两路单脉冲信号在时间上只要有重叠,计数就加 1;边沿检测是检测到当两路单脉冲信号的边沿(上升沿或者下降沿)处在同一个采样时钟间隔即符合门宽 δ 内,就当作有一次计数.相对于电平检测,边沿检测具有更高的精度,所以书本中符合测量单元使用的是边沿检测方法.

5.3.2 符合测量单元的软件算法设计

我们采用如图 5.13 所示的基于量子纠缠光的二阶关联特性进行符合测量获取双光子到达时间差的实验时,首先利用数据采集设备在一定的采集时间内采集两个单光子探测器所输出的电平脉冲信号,并记录它们的上升沿时刻点,此时得到闲置光 CH1 和信号光 CH2 这两路通道上的时间序列;然后我们需要设计符合测量单元的软件算法,其中包括符合算法和曲线拟合;再利用符合算法来处理这两路时间序列,得到一系列离散的二

阶关联函数样本点;最后利用具有二阶关联特性的表达式对这些离散样本点进行曲线拟合,得到曲线峰值对应的延迟时间,即到达时间差.

在本小节中,我们对符合测量单元中软件算法的流程设计如图 5.15 所示,其具体步骤为:

(1) 在给定的采集时间 T 内,对具有一定的延迟时间的两路电平脉冲信号进行数据采集,得到两路时间序列,并根据不同的标志位来标定出闲置路 CH1 序列和信号路 CH2 序列;

(2) 对其中的一路数据 CH2 不作任何处理,作为基础序列,对另外一路数据 CH1 的每个时间序列点加上一个给定的延时 τ;

(3) 在给定的符合门宽 δ 内,对 CH1 和 CH2 这两路序列进行一次符合计数,并记录本次延时 $\Delta\theta_C$ 产生的符合计数值 $n(\tau)$;

(4) 根据所设置的延时增加步长 s 来得到新的延迟时间 τ',返回步骤(2),得到本次符合计数值 $n(\tau')$;

(5) 当到达所给定的最大循环次数,符合计数的过程结束;

(6) 将所有循环次数内得到的符合计数值转换为归一化的二阶关联函数值,得到不同延时 τ 和其对应的归一化二阶关联函数值 $g^{(2)}(\tau)$ 之间的离散点;

(7) 采用基于最小二乘拟合算法对所获得的离散点 $(\tau, g^{(2)}(\tau))$ 进行曲线拟合,此时曲线峰值所对应的横坐标延时值为两路相互纠缠量子光之间的到达时间差.

下面详细介绍步骤(3)中关于纠缠双光子对的符合算法过程,以及步骤(7)中关于离散样本点的曲线拟合过程.

5.3.2.1 纠缠双光子对的符合算法

符合算法是符合测量单元中占用处理时间和资源最多的部分,所以符合算法的运行时间直接影响了测距的效率.新加坡学者 Ho 提出了一种经典符合算法,他选择两种不同大小的符合门宽数值来对两路时间序列进行映射,变成两列二进制序列后,在频域里进行卷积运算,最后根据叠加运算的结果得到对应不同延时的二阶关联函数离散点.由于符合门宽的选择需要预先截取时间序列,该算法的精度受限于符合门宽的精度.我们所设计的符合计数过程为:在纠缠双光子对的符合算法过程中,每次改变延时 τ 都需要进行一次符合计数.图 5.16 是每次进行符合计数的示意图,闲置光 CH1 通道和信号光 CH2 通道分别记录了光子脉冲的时间标签序列,两路序列的每个时间标签之差只要在设定的符合门宽内就将符合计数值加 1.

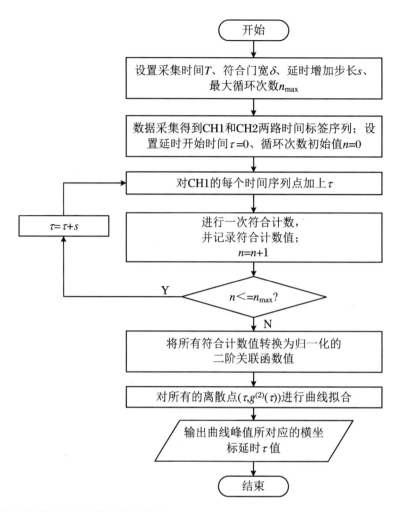

图 5.15　符合测量单元中软件算法的流程图

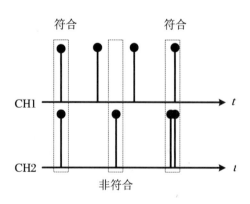

图 5.16　符合计数示意图

在延时 τ 下进行一次符合计数的流程如图 5.17 所示,最后输出的 $count$ 就是该延时 τ 下所对应的符合计数值 $n(\tau)$.

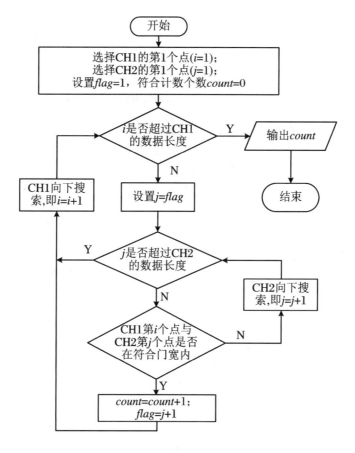

图 5.17　一次符合计数的流程图

与经典符合算法相比,该算法只需要对其中一路序列进行遍历,节省了运行时间,同时只需要存储两路时间序列,不需要存储二进制序列,占用了更少的资源.

由符合测量相关原理,当符合门宽 δ 远小于光场的相干时间 τ_c,即满足 $\delta \ll \tau_c$ 时,单次符合计数值 $n(\tau)$ 和理想的二阶关联函数 $g^{(2)}(\tau)$ 满足如下关系(曾瑾言 等,2003):

$$n(\tau) = T\delta(R_1 + \gamma_1)(R_2 + \gamma_2)\left[1 + \frac{g^{(2)}(\tau) - 1}{(1 + \gamma_1/R_1)(1 + \gamma_2/R_2)}\right] \qquad (5.48)$$

其中,T 为采集时间,δ 为符合门宽,R_1 和 R_2 为探测器 1 和探测器 2 的光子计数率,γ_1 和 γ_2 为对应探测器的暗计数率和环境噪声引起的计数率之和.

由式(5.48),可以得到 $g^{(2)}(\tau)$ 可表示为

$$g^{(2)}(\tau) = \frac{n(\tau) - T\delta(R_1 + \gamma_1)(R_2 + \gamma_2) + T\delta R_1 R_2}{T\delta R_1 R_2} \qquad (5.49)$$

当 $R_i \gg \gamma_i$,$i = 1,2$ 时,归一化二阶关联函数值与符合计数值之间的关系式可化简为

$$g^{(2)}(\tau) = \frac{n(\tau)}{T\delta R_1 R_2} \qquad (5.50)$$

在软件算法设计步骤(6)中,我们就是采用式(5.50),将所有循环次数内得到的符合计数 $n(\tau)$ 值转换为归一化二阶关联函数 $g^{(2)}(\tau)$ 值.

5.3.2.2 离散样本点的曲线拟合

经过不同的延时产生一系列符合计数值,得到一系列离散样本点,然后需要通过数据处理,由基于纠缠光的二阶关联的时域特性的峰值位置所对应的延迟变化量 $\Delta\tau$,也就是纠缠双光子对的到达时间差,可以解算得到最终的测距结果.理论上有多种数据处理方法,例如直接在离散样本值中进行一维搜索,如果所找到的点大于预先设定的阈值则认为该点对应的延时量即为 $\Delta\tau$.但是一维搜索对样本值的抖动很敏感,而实际测得的数据在峰值点附近存在幅度波动,即并不具有良好的凸函数的性质,所以一维搜索的结果存在一定误差.一般认为采用直接一维搜索算法的时间分辨率仅为实际二阶关联函数的半高宽.为了得到更高的系统分辨率,最大限度地利用探测器的响应速度,可以采用曲线拟合算法高精度地计算二阶关联分布函数的时域最大值来获取延迟变化量 $\Delta\tau$.

曲线拟合算法并不要求经过每一个已知的样本点,只要求按照整体拟合数据的误差最小来求得最好的近似拟合函数.基于最小二乘的曲线拟合就是使误差平方和最小的多项式拟合,即寻找一条曲线使其在误差平方和最小的准则下与所有数据点最为接近.对于实验数据 (x_i, y_i),$i = 1,2,\cdots,n$,根据选择的拟合函数 $w(x)$,使得误差 $e_i = w(x_i) - y_i$ 的平方和最小,即 $r(\alpha_1, \alpha_2, \cdots, \alpha_k) = \sum_{i=1}^{n} e_i^2 = \sum_{i=1}^{n} [w(x_i) - y_i]^2$,其中,$\alpha_i$,$i = 1, 2, \cdots, k$ 为 $w(x)$ 中待定的 k 个参数.

最小二乘拟合不需要任何先验知识,只需要有关被估计量的观测模型,就可以实现信号参量的拟合,并能使误差平方和达到最小,易于实现.因此在基于量子卫星的测距中,可以采用基于最小二乘的曲线拟合算法来计算峰值所对应的延迟变化量 $\Delta\tau$.在实际拟合过程中,依据对实验仿真结果的研究,光场具有的二阶关联函数表达式为

$$g^{(2)}(\tau) = p\exp\left[-\frac{(\tau - \Delta\tau)^2}{q^2}\right] \qquad (5.51)$$

其中,p,$\Delta\tau$ 和 q 为三个拟合参数,p 为相干光之间光强的比例,表示最大符合纠缠光子对的计数值,若将符合计数值转换为归一化二阶关联函数值,则 $p=1$;$\Delta\tau$ 为二阶关联函数峰值位置,表示二阶关联函数中心偏移位置;q 为相干光的线宽参数,决定二阶关联函数的半高宽.

选用式(5.51)作为待拟合函数,根据符合算法所得到的离散样本点,通过最小二乘拟合算法,即可拟合出延迟变化量 $\Delta\tau$ 的值.采用最小二乘数据拟合算法,系统最终分辨率可逼近前端单光子探测器的时间分辨率,大幅提高了系统性能.

5.3.3 符合算法中各参数对性能影响以及优化选取

两路量子纠缠光到达时间差 $\Delta\tau$ 的获取过程是当跟踪上从卫星端的纠缠光子源发射到地面的光信号后,在采集时间 T 内接收由两条不同距离光路而带来的具有一定延时量的量子纠缠光子对的脉冲信号,通过在符合算法中设置不同的延时 τ 来计算相应的符合脉冲个数 $n(\tau)$,并对符合计数值转换为归一化二阶关联函数值,则不同延时 τ 对应的就是其二阶关联函数值 $g^{(2)}(\tau)$,然后通过对这一系列离散样本点$(\tau,g^{(2)}(\tau))$进行曲线拟合,在 τ 与 $g^{(2)}(\tau)$ 所具有的二阶关联特性曲线上找到峰值对应的 τ 值,即为两路量子纠缠光的到达时间差 Δt.

在进行仿真实验时,纠缠光子源发射的两路纠缠光信号经过两个相同的单光子探测器被假设检测到的计数率 R 约为 $1\times10^5c/s^{-1}$,这意味着检测到的信号之间时间间隔 t_0 $=1/R=1\times10^{-5}s$,若采集时间为 T,那么所接收到的量子纠缠光子对的脉冲信号总数为 $N=T\times R$.

符合测量单元中的符合算法和曲线拟合的过程总结为:在采集时间 T 内采集两路纠缠光子的脉冲信号,然后在设定的延时开始时间 $t_{start}=0$ 和延时结束时间 $t_{end}=1$ ns 内,以给定的延时增加步长 s 来不断地增加延时 τ 的值,对不同延时 τ 下的两路脉冲信号的到达时间差值小于给定符合门宽 δ 的脉冲个数进行计数得到 $n(\tau)$,再使用式(5.50)将 $n(\tau)$ 转换为归一化二阶关联函数值,这样不断延时进行符合后可得到离散数据样本集合,也就是离散的二阶关联函数点,最后对这一系列离散点使用式(5.51)进行曲线拟合,并找到曲线峰值对应的横坐标 τ 值,即到达时间差 Δt.

在符合算法与曲线拟合过程中,涉及符合门宽 δ、采集时间 T 和延时增加步长 s 这三个参数的选取.为了获得合适的实验参数,在接下来的所有仿真实验中,在设定一个真实的到达时间差 $\Delta t=0.524$ ns 的情况下,通过分别选取这三个参数的大小进行符合计算,考查对到达时间差性能影响的实验并通过实验来得到各个合适的参数.

5.3.3.1 不同符合门宽 δ 的实验

符合门宽的选择是进行光场二阶关联检测的关键参数之一,实验结果能否正确反映光场的二阶关联特性和符合门宽的大小密切相关.上面关于符合计数值 $n(\tau)$ 的表达式是在符合门宽远小于光场相干时间的情况下得到的,而在符合门宽远大于光场的相干时间,即 $\delta \gg \tau_c$ 时,符合计数值 $n(\tau)$ 应表示为

$$n(\tau) = T\delta(R_1 + \gamma_1)(R_2 + \gamma_2)\left\{1 + \frac{1}{\delta}\int_{-\frac{\delta}{2}}^{\frac{\delta}{2}}\left[g^{(2)}(\tau) - 1\right]\mathrm{d}\tau\right\} \tag{5.52}$$

式(5.52)可化简为

$$n(\tau) = T\delta(R_1 + \gamma_1)(R_2 + \gamma_2)\left(1 + \frac{\tau_c}{\delta}\right) \tag{5.53}$$

式(5.53)中的最后一项表示光场关联特性,显然在符合门宽 δ 过大时,几乎可以忽略这一项.物理上的理解是,在非常大的符合门宽时间 δ 内,包含许多彼此之间没有关联特性的小的时间段,每个小时间段的时长约为 τ_c,它们之间的随机性导致了整个时段上光子计数变为了泊松分布(Poisson distribution),因此所选的符合门宽 δ 必须小于待测光场的相干时间 τ_c,而光场的相干时间 τ_c 约为量子纠缠光二阶关联函数的半高宽 FWHM(Full Width at Half Maximum),图 5.14 的 FWHM 约为 500 ps,所以 $\delta <$ 0.5 ns.不过从增大统计量的样本空间的角度来看,符合门宽 δ 也不能取得无限小.

在所做的仿真实验中,我们在设定 3 个代表性的符合门宽 δ 值:0.05 ns,0.2 ns 和 0.4 ns 情况下,进行符合计数和数据拟合,拟合出相应的到达时间差 Δt_a.该实验中其他参数设定为:采集时间 $T = 1$ ms 相当于采集了 100 个脉冲,延时增加步长 $s = 0.02$ ns,即在符合算法中需要进行 50 次的符合计数.

图 5.18(a)、图 5.18(b)和图 5.18(c)分别为这三种符合门宽情况下,根据符合算法过程得到的二阶关联函数图,其中横坐标表示符合算法中不同的延时 τ,纵坐标表示归一化二阶关联函数 $g^{(2)}(\tau)$,红色的一系列离散的样本点表示每次不同延时 τ 对应的 $g^{(2)}(\tau)$,蓝色的曲线表示对离散样本点进行拟合后的曲线.表 5.3 的实验 1~3 分别记录这三种符合门宽情况下进行符合计算后得到的拟合曲线峰值所对应的延时值 Δt_a.

图 5.18(a)是当符合门宽选取得较小时,连接离散样本点得到的曲线毛刺很多,不够平滑,拟合的结果也不够好;图 5.18(c)是当符合门宽选取得较大时,得到的二阶关联函数中段会有一段平的曲线,这段平的曲线形成的原因是当符合门宽取得较大时,在延时 τ

的某一段区间内,所有的符合光子对都能够被探测到,表现为在一段时间内符合计数的结果都是符合光子对数,对这样的离散点进行拟合的结果也是不理想的,因此需要适当选择如图 5.18(b)所示的门宽以使得测量得到的二阶关联函数较为平滑且没有平的一段线段,便于曲线拟合,尽管 0.2 ns 的符合门宽情况下离散点与拟合的曲线之间有细微的偏差,但对曲线峰值所对应延时值的精度影响很小. 在反复实验不同符合门宽情况下二阶关联函数拟合结果后,在参数设计中选择符合门宽 $\delta = 0.2$ ns.

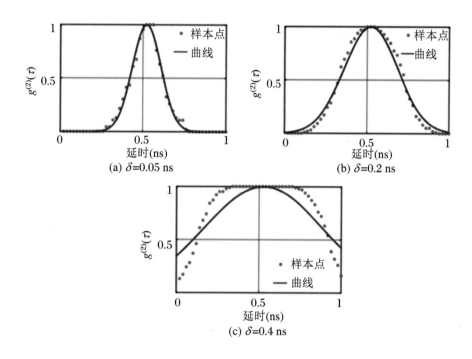

图 5.18　符合门宽对于二阶关联函数的影响

从符合门宽 δ 的实验中可以看出,符合门宽的大小决定拟合出的二阶关联函数曲线的宽度大小,符合门宽越大,二阶关联函数曲线越宽,由于在一段延时范围内离散样本点均达到最大值,所以对这样的离散样本点进行拟合得到的曲线峰值即对应的到达时间差是不够精确的;符合门宽越小,二阶关联函数曲线越窄.

表 5.3　选取不同的符合门宽对应的延时值

实验序号	δ(ns)	Δt_{a}(ns)
1	0.05	0.521
2	0.2	0.522
3	0.4	0.527

5.3.3.2　不同采集时间 T 的实验

利用高速采集电路采集单光子检测器所产生的电平信号,然后记录下电平信号上升沿的到达时间信息,这一过程是在采集时间 T 内取得样本集合,对两通道数据进行一次延时 τ 的符合计算后得到符合计数值 $n(\tau)$,这样不断地延时进行符合后得到离散的二阶关联函数样本点.现在对采集时间 T 作为变量来分析对符合计算后的二阶关联函数的影响,在统计学理论下,当 T 尽量大时,得到的离散样本点 $n(\tau)$ 就越多,从而对下一步的曲线拟合有很大帮助,使得计算结果越接近实际测量距离,但是采集时间 T 越大,对实验设备、存储空间和软件算法效率都是一大挑战,所以我们要在尽可能小的采集时间内达到较高的精度和效率.

本实验中,我们设定采集时间 T 分别在 $1\,\mathrm{ms}$,$10\,\mathrm{ms}$ 和 $50\,\mathrm{ms}$ 情况下,相当于分别采集了 100 个脉冲、1 000 个脉冲和 5 000 个脉冲来进行获取到达时间差的实验.在该实验中其他参数设定为:符合门宽固定为 $\delta=0.2\,\mathrm{ns}$,延时增加步长 $s=0.02\,\mathrm{ns}$.

图 5.19(a)、图 5.19(b)和图 5.19(c)分别是在这三种采集时间下得到的二阶关联函数图,表 5.4 记录的是该实验进行符合计算后得到的拟合曲线峰值所对应的延时值 Δt_a 的结果,在图 5.19(a)采集时间 $1\,\mathrm{ms}$ 时连接离散点的曲线有抖动,所以此时的测量结果

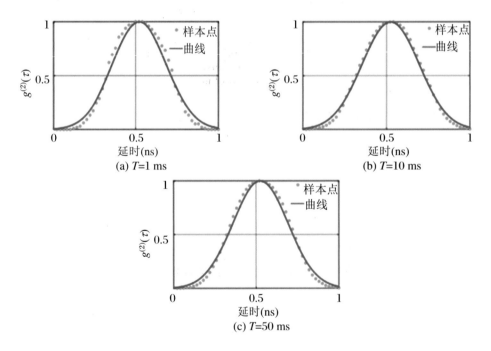

图 5.19　采集时间对于二阶关联函数的影响

对比真实的到达时间差 Δt 值会存在偏差,而在图 5.19(b) 和图 5.19(c) 采集时间为 10 ms 和 50 ms 时离散点组成的曲线更平滑,从表 5.4 延时值 Δt_a 结果的比较中,可以看出采集时间大于 10 ms 后再继续变大也不能提高测量的精度了,但采集时间越长,数据处理所占用的系统资源越多,计算速度越慢.综合多次重复实验结果和系统结算效率,在参数设计中,我们选择数据采集时间 $T = 10$ ms.

表 5.4　选取不同的采集时间对应的延时值

实验序号	T(ms)	Δt_a(ns)
1	1	0.522
2	10	0.523
3	50	0.523

5.3.3.3　不同延时增加步长 s 的实验

符合算法中延时增加步长 s 是用来不断地增加延时 τ 的值,使得延时 τ 从延时开始时间 t_{start} 变化到延时结束时间 t_{end},则符合算法中步骤(2)~(3)循环的次数为 $n = (t_{\text{end}} - t_{\text{start}})/s$,也就是得到了 n 个离散样本点$(\tau, g^{(2)}(\tau))$.延时增加步长 s 越小,需要循环的次数 n 也就越多,也就是得到的离散样本点更多,则使得下一步的基于最小二乘的曲线拟合精度更高,但相应的耗时也就越多,需要的存储空间也更大.所以我们需要找到合适的延时增加步长 s 值使得算法在具有尽可能高的精度的同时也具有高效率.

我们在延时增加步长 s 分别设定为 0.02 ns,0.01 ns 和 0.002 ns,即需要循环的次数依次为 50 次,100 次和 500 次的情况下,进行获取到达时间差的实验.实验中其他参数固定为:采集时间 $T = 10$ ms,符合门宽 $\delta = 0.2$ ns.

图 5.20(a)、图 5.20(b) 和图 5.20(c) 分别是在这三种延时增加步长下得到的二阶关联函数图,表 5.5 是该实验进行符合计算后得到的拟合曲线峰值所对应的延时值 Δt_a 的结果,在延时增加步长 s 为 0.02 ns 时,图 5.20(a) 中的离散点有 50 个,分布较稀疏,拟合后曲线的效果尚可,精度区间为 -1~1 ps,当延时增加步长 s 为 0.01 ns 和 0.002 ns 时,图 5.20(b) 和图 5.20(c) 中的离散点个数分别为 100 个和 500 个,随着离散样本点的个数越来越多,峰值附近的点也就越来越密集,所以对离散点进行曲线拟合的效果越好,从表 5.5 中可以看出,最后得到的延时值 Δt_a 精度也会越高,但延时增加步长越小,算法循环的次数越多,计算速度越慢.综合反复实验的结果和计算效率,在参数设计中选择延时增加步长 $s = 0.01$ ns.

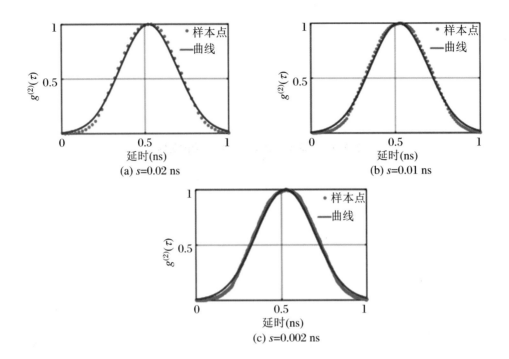

图 5.20　延时增加步长对于二阶关联函数的影响

表 5.5　选取不同的延时增加步长对应的延时值

实验序号	$s(\text{ns})$	$\Delta t_a(\text{ns})$
1	0.02	0.523
2	0.01	0.524
3	0.002	0.524

　　综上所有的实验,为了兼顾符合算法的测量精度和计算效率,我们选取最佳的符合门宽为 $\delta = 0.2$ ns,最佳的采集时间为 $T = 10$ ms 以及最佳的延时增加步长为 $s = 0.01$ ns.

5.3.4　小结

　　在运用量子纠缠光进行测距的过程中,高亮度量子纠缠源作为光源,在适当的采集时间内采集光子脉冲信息,然后利用符合测量单元的软件算法对经过两条不同距离光路而带来的具有一定延时量的量子纠缠光子对进行符合计数,得到一系列关于不同延时下对应的归一化二阶关联函数之间的离散样本点关系图,并对离散点进行曲线拟合处理,最终曲线峰值所对应的延时值就是两条光路之间的到达时间差,进而利用时间和距离之间的关系式来实现测距.在利用符合算法对量子纠缠光的到达时间差进行测量的过程中,我们通过不同的实验来得到该算法中符合门宽 δ、采集时间 T 以及延时增加步长 s 这三个参数的合适参数值.由于量子纠缠光源具有二阶关联特性,并且其二阶关联函数的半高宽(FWHM)决定了符合门宽的大小,也就决定了最终测距的精度结果.二阶关联函数的 FWHM 达到百皮秒级别,经过相应量子纠缠特性的曲线拟合算法可提高测量精度使得二阶关联函数峰值位置精度可达到皮秒级别,根据量子纠缠光源二阶关联函数得到的测量结果可达到百微米级别.

第 6 章

量子信道大气扰动延时补偿方法

6.1　量子信道大气扰动延时补偿方法的研究

　　量子定位系统(Quantum Positioning System,简称 QPS)在定位的过程中,由于大气层的折射,纠缠光在穿过大气层时会产生距离误差.大气层主要可分为三层:电离层、平流层和对流层.电离层是距地面 $60\sim1\,000$ km 范围的大气层,电离层受到光照较强,中性粒子受到太阳的辐射和其他高能粒子的碰撞,发生电离,产生大量的自由电子.当纠缠光在电离层中传播时,会产生距离误差,该误差被称为电离层路径延迟(罗力,2007).平流层距地面 $10\sim60$ km,其空气稳定,密度低,不含水汽,对纠缠光造成的折射小,纠缠光穿过平流层时产生的距离误差可忽略不计.对流层是距地面 10 km 范围内的大气层,该层集中了大气层中大部分的空气分子,其质量超过了大气层总质量的 90%,它具有很强的对流作用,使大气折射率不断发生变化,当纠缠光穿过对流层时,会产生距离误差,该误差被称为对流层路径延迟,其值一般在 2～20 m 的范围内(赵静旸,时爽爽,2018).在全球定位系统中,有学者根据不同电磁波在电离层中传播产生的电离层路径延迟不同,提出了双频改正模型(聂文峰 等,2014),该模型属于实测数据模型,可以直接计算出电离层路径延迟.也有研究者根据电离层的自由电子密度大小和它的时空变化规律,包括电离层自由电子密度的周日变化、季节变化、太阳周期变化等时间分布规律和全球分布、区域分布、垂直分布等空间分布规律,提出了 NeQuick 模型(王甫红 等,2018)和Klobuchar 模型(刘宸 等,2017)等经验模型,来降低电离层路径延迟给定位系统带来的影响.学者们通过电磁波在不同气象条件下的对流层中传播时产生的对流层路径延迟的不同,提出了 4 种针对 GPS 对流层路径延迟的修正方案:模型修正法、参数估计法、外部修正法和差分法(张晶晶 等,2014).模型修正法根据实时测量或气象站给定的气象参数,计算出对流层路径延迟,对实际的对流层路径延迟进行修正,该方法的应用最广泛,且精度较高;参数估计法根据平差理论,对对流层路径延迟进行修正;外部修正法利用外部设备提供的数据,通过对测定的实际 GPS 信号传播路径上水汽造成的路径延迟进行分析,能够在各种环境下都对对流层湿成分造成的路径延迟进行很好的修正;差分法根据空间气象参数在一定区域内相关性良好的特点,通过测量一条长度已知的路径,得到该路径上的对流层延迟,将其作为修正项对卫星和用户之间的对流层路径延迟进行修正.

本节根据 QPS 的测距与定位原理,提出 QPS 纠缠光信号穿过大气层过程中的路径延迟修正方案.根据电离层路径延迟与纠缠光频率以及纠缠光传播路径单位面积上电离层自由电子总含量之间的关系,提出 3 种电离层路径延迟修正方案:双频纠缠光电离层路径延迟修正方案、基于 NeQuick 模型的电离层路径延迟修正方案和基于 Klobuchar 模型的电离层路径延迟修正方案,并对这 3 种修正方案的优缺点进行讨论.根据对流层路径延迟与气象参数之间的关系,以及气象参数与纬度、高度和年积日的关系,提出 5 种对流层路径延迟修正方案:基于 Saastamoinen 模型(赵志浩,2014)的纠缠光路径延迟修正方案、基于 Hopfield 模型的纠缠光路径延迟修正方案、基于 WAAS 模型(赵铁成,韩曜旭,2011)的纠缠光路径延迟修正方案、基于 EGNOS 模型(赵章明 等,2016)的纠缠光路径延迟修正方案和基于 UNB 系列模型(周森 等,2015)的纠缠光路径延迟修正方案,并分析这 5 种对流层路径延迟修正方案的优缺点.为进一步提高纠缠光穿过大气电离层和对流层过程中所产生的路径延迟误差提供了方案(吴文燊 等,2019).

6.1.1 电离层路径延迟和对流层路径延迟的产生因素

频率为 f 的纠缠光穿过电离层所产生的电离层路径延迟为

$$\Delta L_{\text{电离}} = \int_{\text{用户}}^{\text{卫星}} (n_{\text{g}} - 1)\mathrm{d}l = -\int_{\text{用户}}^{\text{卫星}} \frac{c_2}{f^2}\mathrm{d}l - \int_{\text{用户}}^{\text{卫星}} \left(\frac{c_3}{f^3} + \frac{c_4}{f^4} + \cdots \right)\mathrm{d}l \tag{6.1}$$

其中,纠缠光频率与群折射率 n_{g} 之间的关系为 $n_{\text{g}} = 1 - \dfrac{c_2}{f^2} - \dfrac{c_3}{f^3} - \dfrac{c_4}{f^4} - \cdots$;$c_2, c_3, c_4$ 都是纠缠光传播路径上电子密度的函数.

式(6.1)右边第二项以后的项仅占电离层路径延迟总量的 1%(罗力,2007),所以,我们可以通过仅计算第一项,并同时考虑系数 c_2 与电离层电子密度 N_{e} 之间的关系 $c_2 = -40.28 N_{\text{e}}$,来得到电离层路径延迟 $\Delta L_{\text{电离}}$ 与纠缠光频率和电离层电子密度 N_{e},或单位面积电离层自由电子总含量 TEC 之间的关系为(聂文峰 等,2014)

$$\Delta L_{\text{电离}} = \int_{\text{用户}}^{\text{卫星}} \frac{40.28 N_{\text{e}}}{f^2}\mathrm{d}l = \frac{40.28}{f^2} TEC \tag{6.2}$$

其中,TEC 是对电离层自由电子密度在传播路径上的积分,它代表电离层自由电子总含量.

从式(6.2)中可以看出,电离层路径延迟实际上只与两个参数有关:纠缠光频率以及电离层自由电子总含量,且电离层路径延迟与纠缠光信号频率的平方成反比,与电离层自由电子总含量成正比.

QPS 中,纠缠光的频率是已知的,只要知道纠缠光传播路径上单位面积电离层自由电子总含量,根据式(6.1)就可以计算出电离层路径延迟.电离层自由电子密度大小与海拔高度、地方时、太阳活动以及季节 4 个因素相关,海拔越高,大气可供电离的中性分子密度越小,光照越强,电离层自由电子密度呈现随高度增加先增加后降低的趋势,电离层自由电子密度最大值所处位置一般在海拔 300~400 km;上午光照越来越强,电离层自由电子密度增加,下午 2 点时,电离层自由电子密度最大,之后随着光照的降低,电子生成率低于电子消失率,电离层自由电子密度降低,夜里电离层自由电子密度最小;太阳活动剧烈时,电离层受到太阳的高能辐射增加,自由电子密度增加,在太阳活动高峰年和低峰年之间电离层自由电子密度相差最大;太阳辐射强度随季节变化也会发生变化,资料显示,7 月份和 11 月份的电离层自由电子密度相差最大(赵威,2012).通过对电离层自由电子密度的空间变化建模,可以得到电离层自由电子密度随海拔高度变化的函数,再对自由电子密度积分,可以得到自由电子总含量,进而计算出电离层路径延迟.因为电离层自由电子总含量是电离层自由电子密度在传播路径上的积分,故可以对电离层自由电子总含量的时间变化进行建模,得到电离层自由电子总含量随时间变化的函数,根据式(6.2)得到电离层路径延迟的计算公式.

对流层中的大气成分包括干燥空气和水蒸气两部分,分别称之为干成分和湿成分,这两部分的大气折射指数不同,对流层的大气折射率为这两个部分的折射率之和(翟树峰,2018),即 $N(s) = N_d(s) + N_w(s)$,其中,$N(s)$ 是对流层的大气折射指数,$N_d(s)$ 是对流层的干成分大气折射指数,$N_w(s)$ 是对流层的湿成分大气折射指数.对流层路径延迟是纠缠光在对流层传播路径上对大气折射率的积分,即对流层路径延迟大小为 $\Delta L_{对流} = 10^{-6}\int N(s)\mathrm{d}s = 10^{-6}\int N_d(s) + N_w(s)\mathrm{d}s$,其中,$s$ 是纠缠光信号在对流层中的传播路径,干燥空气的大气折射指数 $N_d(s)$ 为 $N_d(s) = 77.6P(s)/T(s)$,水蒸气的大气折射指数 $N_w(s)$ 为 $N_w(s) = 3.73\times10^5 P_w(s)/T(s)^2$,$P(s)$,$P_w(s)$ 和 $T(s)$ 分别是纠缠光在对流层传播路径上对流层的气压、水汽压和绝对温度.由此可见,对流层路径延迟的大小与纠缠光传播路径上的气压、水汽压和绝对温度 3 个气象参数以及纠缠光在对流层的传播路径长度共 4 个参数有关.在实际应用中,纠缠光传播路径上的气压、水汽压和绝对温度 3 个气象参数很难测量.一般可以通过测量地面的气压、水汽压和绝对温度,来对这 3 个气象参数进行预测.

6.1.2 电离层路径延迟修正模型

为了进一步降低 QPS 中纠缠光通过电离层产生的电离层路径延迟,我们提出 3 种电离层路径延迟修正方案:

(1) 采用两个频率的纠缠光,根据式(6.1)获得两个电离层路径延迟,以及两个频率下的不同电离层路径延迟之间的关系,反推导出自由电子总含量,精确计算出每一个频率下的电离层路径延迟.

(2) 基于 NeQuick 模型的电离层路径延迟修正方案,通过对电离层自由电子密度求积分,计算出纠缠光传播路径单位面积上的自由电子总含量,计算出电离层路径延迟.

(3) 基于 Klobuchar 模型的电离层路径延迟修正方案,拟合出电离层时间延迟随时间的函数,计算出电离层时间延迟,得到电离层路径延迟.

下面我们将分别对这 3 种修正方案进行详细的分析.

6.1.2.1 双频纠缠光电离层路径延迟修正方案

QPS 的纠缠光子源发射两束相互关联的纠缠光,其中一束在卫星与用户之间传播,被称为信号光,另一束被称为闲置光. QPS 通过对信号光和闲置光进行符合测量和数据拟合,计算出两束纠缠光的到达时间差,将纠缠光传播速度与到达时间差相乘,得到两束纠缠光传播的由到达时间差产生的距离差.卫星与用户之间的测量距离公式为: $L'_{ir} = c\Delta t_i/2 + L'_{i0} = c\Delta t_i/2 + L_{i0} + \Delta L_{i0}$,其中,$c$ 是光在真空中的传播速度,$c = 3 \times 10^8\,\text{m/s}$,$\Delta t_i$ 是两束纠缠光的到达时间差,$L'_{i0} = L_{i0} + \Delta L_{i0}$ 是闲置光的传播距离,L_{i0} 是闲置光传播的实际距离,ΔL_{i0} 是闲置光传播过程中产生的电离层路径延迟.距离 L'_{ir} 被称为伪距,这是定位系统得到的卫星与用户之间的测量距离.卫星到用户的测量距离与卫星到用户的实际距离 L_{ir} 之间的关系为

$$L_{ir} = L'_{ir} - \Delta L_{ir} = c\Delta t_i/2 + L_{i0} + \Delta L_{i0} - \Delta L_{ir} \tag{6.3}$$

其中,ΔL_{ir} 是信号光在大气传播过程中产生的距离误差.

设两个频率分别为 f_1 和 f_2 的纠缠光信号进行独立距离测量时,测得的到达时间差分别为 Δt_{if_1} 和 Δt_{if_2}.仅考虑电离层路径延迟时,分别代入式(6.2),同时考虑其与式(6.1)之间的关系,可以得到卫星与用户的实际距离 L_{ir} 与纠缠光的两个频率、两个到达时间差、两条路径上的自由电子总含量以及闲置光传播的实际距离之间的关系分别为

$$L_{ir} = c\Delta t_{if_1}/2 + L_{i0} - (\Delta L_{ir\text{电离}f_1} - \Delta L_{i0\text{电离}f_1})$$
$$= c\Delta t_{if_1}/2 + L_{i0} - \frac{40.28}{f_1^2}(TEC_{ir} - TEC_{i0}) \tag{6.4a}$$

$$L_{ir} = c\Delta t_{if_2}/2 + L_{i0} - (\Delta L_{ir\text{电离}f_2} - \Delta L_{i0\text{电离}f_2})$$
$$= c\Delta t_{if_2}/2 + L_{i0} - \frac{40.28}{f_2^2}(TEC_{ir} - TEC_{i0}) \tag{6.4b}$$

其中,$\Delta L_{ir\text{电离}f_1}$ 和 $\Delta L_{ir\text{电离}f_2}$ 分别是频率为 f_1 和 f_2 的信号光穿过电离层时产生的电离层路径延迟;$\Delta L_{i0\text{电离}f_1}$ 和 $\Delta L_{i0\text{电离}f_2}$ 分别是频率为 f_1 和 f_2 的闲置光穿过电离层时产生的电离层路径延迟;TEC_{ir} 是信号光传播路径上的电离层自由电子总含量;TEC_{i0} 是闲置光传播路径上的电离层自由电子总含量.当闲置光在卫星内部直接向单光子探测器发射时,$L_{i0} = 0$;当闲置光没有穿过电离层时,$TEC_{i0} = 0$.

将式(6.4a)和式(6.4b)相减,可以得到信号光和闲置光穿过的电离层中自由电子总含量之差为

$$TEC_{ir} - TEC_{i0} = \frac{f_1^2 f_2^2}{40.28(f_2^2 - f_1^2)}\left(\frac{c\Delta t_{if_1}}{2} - \frac{c\Delta t_{if_2}}{2}\right) \tag{6.5}$$

将式(6.5)代入式(6.4a)或式(6.4b),可以对电离层路径延迟进行修正,使电离层路径延迟降低到原来的 1% 以下,几乎完全消除了电离层延迟的影响.

6.1.2.2 基于 NeQuick 模型的电离层路径延迟修正方案

大气层中的空气分子在空间上的不均匀分布,导致在受太阳辐射时,电离层中自由电子密度会形成多个极大值区域,每个极大值区域都有自身的自由电子密度峰值,该峰值点的高度被称为自由电子密度峰值区域高度.根据自由电子密度峰值区域高度,可将电离层分成 5 个部分,$60 \sim 90$ km 高度为 D 层,该层最大电子密度为 $10^9 \sim 10^{10}$ 个$/m^3$,且该层的自由电子夜间会消失;$90 \sim 150$ km 高度为 E 层,该层最大电子密度为 $10^9 \sim 10^{11}$ 个$/m^3$,且该层的自由电子密度白天大、夜间小;$150 \sim 200$ km 高度为 F1 层,该层最大电子密度约为 10^{11} 个$/m^3$,且该层的自由电子夜间会消失,一般夏季出现;$200 \sim 500$ km 高度为 F2 层,该层最大电子密度为 $10^{11} \sim 10^{12}$ 个$/m^3$,且该层的自由电子密度具有白天大、夜间小、冬天大、夏天小的特性;F2 层以上的自由电子密度随高度增加而降低. NeQuick 模型是一个实时三维半经验的电离层延迟修正模型,可以应用于单频纠缠光的 QPS,它根据电离层的分层结构计算纠缠光传播路径上单位面积内电离层自由电子总含量,以 F2 层峰值高度为界,将电离层分成 F2 层底部区域和顶部区域,每个区域的自由电子密度用不同的函数来描述,每个函数与相应层峰值参数密切相关.底部区域高度为 h 处的自由电子密度 $N_{bot}(h)$ 为(王甫红 等,2018)

$$N_{bot}(h) = N_E(h) + N_{F1}(h) + N_{F2}(h) \tag{6.6}$$

其中

$$N_E(h) = 4[N_{mE} - N_{F1}(h_{mE}) - N_{F2}(h_{mE})] \times \frac{\exp[(h - h_{mE})\xi(h)/B_E]}{\{1 + \exp[(h - h_{mE})\xi(h)/B_E]\}^2}$$

$$N_{Fi}(h) = 4[N_{mFi} - N_E(h_{mFi}) - N_{F2}(h_{mFi})] \times \frac{\exp[(h - h_{mFi})\xi(h)/B_i]}{\{1 + \exp[(h - h_{mFi})\xi(h)/B_i]\}^2}$$

$i = 1, 2$;$\xi(h) = \exp[10/(1 + |h - h_{mF2}|)]$;$N_{mE}, N_{mF1}, N_{mF2}$ 分别是 E,F1,F2 层的自由电子密度峰值参数;h_{mE}, h_{mF1}, h_{mF2} 分别是 E,F1,F2 层的自由电子密度峰值所处高度;B_E, B_1, B_2 分别是 E,F1,F2 层的厚度;h 是高度.

顶部区域高度为 h 的自由电子密度 $N_{top}(h)$ 为

$$N_{\text{top}}(h) = \frac{4N_{\text{mF2}}}{\left[1 + \exp(z)\right]^2} \exp(z) \tag{6.7}$$

其中

$$z = (h - h_{\text{mF2}})/(H_0\{1 + 12.5(h - h_{\text{mF2}})/[100H_0 + 0.125(h - h_{\text{mF2}})]\})$$

$$H_0 = B_{\text{2bot}}(3.22 - 0.053\,8f_{\text{oF2}} - 0.006\,64h_{\text{mF2}} + 0.113h_{\text{mF2}}/B_{\text{2bot}} + 0.002\,57R_{12})$$

f_{oF2}(单位:MHz)是 F2 层的临界频率,B_{2bot}(单位:km)是 F2 层底部厚度,R_{12} 是月平均太阳黑子数.

利用式(6.6)和式(6.7)计算出电离层的自由电子密度,再通过分段积分的方式计算信号传播路径上的电离层自由电子总含量 TEC,进而计算出纠缠光在电离层中传播时产生的电离层路径延迟,对 QPS 的电离层路径延迟进行修正.

本方案当卫星轨道高度低于 500 km 时,它的修正精度接近双频纠缠光电离层修正方案,几乎完全消除了电离层延迟的影响.不过,本方案对太阳活动造成的电离层自由电子密度变化不敏感,当太阳活动较强时,该方案修正精度较低.由于使用了分段积分去计算电离层的自由电子总量,同时在电离层延迟修正过程中需要附加一些参数文件辅助计算,计算量较大.

6.1.2.3　基于 Klobuchar 模型的电离层路径延迟修正方案

Klobuchar 模型通过计算穿过电离层的时间延迟 $T_{\text{电离}}$,再根据纠缠光传播速度与时间的乘积关系 $c \times T_{\text{电离}}$ 计算出电离层路径延迟.白天光照强度变化明显,电离层自由电子总含量也变化明显,导致电离层路径延迟发生变化,等效电离层时间延迟发生变化,白天电离层时间延迟近似为余弦函数中正的部分,天顶方向信号的电离层时间延迟 T 可表示为(刘宸 等,2017)

$$T_{\text{电离}} = A_1 + A_2\cos\frac{2\pi}{A_4}(t - A_3) \tag{6.8}$$

其中,A_1 是夜间垂直延迟常数;$A_2 = \sum_{j=0}^{3}\alpha_j(\varphi_m)^j$ 是白天余弦函数振幅;A_3 是电离层电子总数目达峰值时的地方时,取值为 50 400 s,即下午 2 点;$A_4 = \sum_{j=0}^{3}\beta_j(\varphi_m)^j$ 是不小于 72 000 s 的白天余弦函数的周期;t 是以 s 为单位的电离层穿刺点处的地方时;α_j,$j = 0$,1,2,3 和 β_j 是模型的修正参数;φ_m 是电离层穿刺点处的纬度,单位为 π 弧度.

上述 3 种电离层路径延迟修正方案中,双频纠缠光电离层路径延迟修正方案几乎能够完全修正电离层路径延迟,效果最好,不过在定位的过程中,纠缠光的收发装置需要收发两个频率的纠缠光,需要对两个频率纠缠光的测量数据分开处理,实现较为复杂. 基于 NeQuick 模型的电离层路径延迟修正方案和基于 Klobuchar 模型的路径延迟修正方案都可以对单频纠缠光的 QPS 进行电离层路径延迟修正,其中,基于 NeQuick 模型的电离层路径延迟修正方案适用于低轨卫星,当卫星的轨道高度低于 500 km 时,它有着接近于双频纠缠光电离层路径延迟修正方案的精度,几乎能够完全消除电离层延迟的影响,不过,对于高轨卫星,它的修正精度较低,且其利用分段积分的方法计算,计算量较大;基于 Klobuchar 模型的路径延迟修正方案计算简单、使用可靠,对电离层的自由电子密度沿纬度方向的变化比较平缓和光滑的中纬度地区,该模型更加适用,不过该方案将夜间电离层延迟看作常数和将式(6.8)中余弦函数的初始相位固定在下午 2 点,与实际情况有偏差,使得对电离层路径延迟的修正精度较低,只有 $50\%\sim60\%$. 若需要更高的精度,可以使用夜间电离层模型对夜间电离层路径延迟进行修正;利用纬度和年积日对式(6.8)中余弦函数的初始相位进行修正,不过随着参数数目的增加,计算量变大,实用性也随之降低.

6.1.3　对流层路径延迟修正模型

借助于 GPS 等定位系统的对流层延迟修正模型的研究成果,我们提出 5 种可用于QPS 的对流层路径延迟修正方案,它们分别是:

(1) 基于 Saastamoinen 模型的纠缠光路径延迟修正方案;

(2) 基于 Hopfield 模型的纠缠光路径延迟修正方案;

(3) 基于 WAAS 模型的纠缠光路径延迟修正方案;

(4) 基于 EGNOS 模型的纠缠光路径延迟修正方案;

(5) 基于 UNB 系列模型的纠缠光路径延迟修正方案.

6.1.3.1　基于 Saastamoinen 模型的纠缠光路径延迟修正方案

本方案利用地面气压 P_{d0}、地面水汽压 P_{w0} 和地面绝对温度 T_0 共 3 个气象参数,以及用户距离地面的高度和所在纬度,计算天顶对流层路径延迟,再根据用户处的卫星仰角 E,利用 Chao 映射函数计算出纠缠光传播路径上的对流层路径延迟 $\Delta L'_{\text{对流}}$ 为(赵志浩,2014)

$$\Delta L'_{\text{对流}} = \frac{2.277\times10^{-3}}{f(\varphi,h_0)}P_{d0} + \frac{2.277\times10^{-3}}{f(\varphi,h_0)}\left(\frac{1\,255}{T_0}+0.05\right)P_{w0} \tag{6.9}$$

其中,$f(\varphi, h_0) = 1 - 2.66 \times 10^{-3} \cos 2\varphi - 2.8 \times 10^{-7} h_0$ 是地球自转所引起的重力加速度变化修正项;φ 是用户所在的纬度;h_0 是用户位置的高度.

式(6.9)中,等式右边第一项为天顶干成分路径延迟,第二项为天顶湿成分路径延迟.Chao 映射函数将两部分路径延迟分别映射到实际路径上,对于干成分路径延迟,Chao 映射函数为(赵铁成,韩曜旭,2011)$m(E) = 1/(\sin E + 0.001\ 433/\tan E + 0.044\ 5)$,对于湿成分路径延迟,Chao 映射函数为 $m(E) = 1/(\sin E + 0.000\ 35/\tan E + 0.017)$.将映射函数与对应的天顶对流层延迟相乘,可以得到信号传播路径上的对流层路径延迟.

本方案计算干成分路径延迟的精度为 2~3 mm,计算湿成分路径延迟的精度为 3~5 cm.当没有实测气象数据时,Saastamoinen 模型计算天顶对流层路径延迟所需的气象参数可以利用加拿大 Rutgers University New Brunswick 开发的标准大气参数 DIPOP 模型进行计算:$T_0 = T_s - 0.006\ 8h_0$,$P_{d0} = P_s[1 - 0.006\ 8/(T_s h_0)]^5$,当用户距地面高度 h_0 小于 1 100 m 时,$P_{w0} = P_{ws}(1 - 0.006\ 8h_0/T_s)^4$,否则,$P_{w0} = 0$,其中,初始标准参考气象参数 $T_s = 288.15$ K,$P_s = 1\ 013.25$ mbar,$P_{ws} = 11.691$ mbar.

6.1.3.2　基于 Hopfield 模型的纠缠光路径延迟修正方案

本方案利用地面气压 P_{d0}、地面水汽压 P_{w0}、地面绝对温度 T_0、干大气层顶高 H_d 和湿大气层顶高 H_w 共 5 个气象参数计算天顶对流层路径延迟 $\Delta L'_{\text{对流}}$ 为(赵铁成,韩曜旭,2011)

$$\Delta L'_{\text{对流}} = 77.6 \times 10^{-6} \frac{P_{d0}}{T_0} \frac{H_d - h_0}{5} + 0.373 \frac{P_{w0}}{T_0^2} \frac{H_w - h_0}{5} \tag{6.10}$$

其中,$H_d = 40\ 136 + 148.72(T_0 - 273.16)$,$H_w = 11\ 000$ m.等式右边第一项为天顶干成分路径延迟,第二项为天顶湿成分路径延迟.Hopfield 模型中,干成分路径延迟的映射函数为 $m(E) = 1/\sin\sqrt{E^2 + 6.25}$,湿成分路径延迟的映射函数为 $m(E) = 1/\sin\sqrt{E^2 + 2.25}$.

Hopfield 模型计算干延迟的精度为 2 cm,计算湿延迟的精度为 5 cm,然而,Hopfield 模型的精度还会随着用户位置高度的增加而降低,不适合对高度超过 1 km 位置的用户进行对流层路径延迟修正.

6.1.3.3　基于 WAAS 模型的纠缠光路径延迟修正方案

本方案只需要知道用户位置的高度 h_0、用户所处位置纬度 φ 和该年的天数 d,利用地球表面的全球大气平均折射指数计算天顶对流层路径延迟,在该方案中,干成分映射函数与湿成分映射函数相同,均为 $\sin(E + 0.35°)$. WAAS 模型将随季节变化的平均信号延迟作为对流层路径延迟,对所处高度不同的用户有着不同的计算公式,将映射函数代入其中,得到纠缠光传播路径上对流层路径延迟计算公式为(赵铁成,韩曜旭,2011)

$$\Delta L_{对流} =$$

$$\begin{cases} \dfrac{2.506(1 + 1.25 \times 10^{-3} N_s)}{\sin(E + 0.35°)} \times (1 - 1.264 \times 10^{-4} h_0), & 0 < h_0 \leqslant 1\,500 \\[4mm] \dfrac{2.484[1 + 1.536\,3 \times 10^{-3} \exp(-2.133 \times 10^{-4} h_0) N_s]}{\sin(E + 0.35°)} \times \exp(1 - 1.509 \times 10^{-4} h_0), & h_0 > 1\,500 \end{cases}$$

$$(6.11)$$

其中

$$N_s = 3.61 \times 10^{-3} h_0 \cos[2\pi(d - d_h)/365] + |\varphi| \{-0.8225 + 0.1\cos[2\pi(d - d_\varphi)]\}$$

参数 d_h 在南半球时取值 335,在北半球时取值 152;参数 d_φ 在南半球时取值 30,在北半球时取值 213.

WAAS 对流层模型是温度、气压、相对湿度测量值进行对流层路径延迟修正和地球折射率全球平均值修正对流层路径延迟的折中产物.若仅根据地球表面的全球平均折射率估计得到的对流层路径延迟产生的误差,约为真实对流层路径延迟的 8%,将用户的纬度、高度、季节、仰角等信息都考虑进去,可以使得这个误差降为真实对流层路径延迟的6%,该方案对仰角大于 5° 的卫星均有效.

6.1.3.4 基于 EGNOS 模型的纠缠光路径延迟修正方案

EGNOS 模型是欧盟的 EGNOS(the European Geo-stationary Navigation Overly System)采用的对流层天顶路径延迟修正模型,它利用经验公式计算对流层路径延迟,通过气象资料拟合出各个参数随时间变化的函数,根据用户所处的纬度和观测日期计算出模型所需的 5 个气象参数:海平面的绝对温度 T、海平面气压 P_d、海平面水汽压 P_w、温度下降率 β 和水蒸气下降率 λ. EGNOS 模型天顶对流层路径延迟 $\Delta L'_{对流}$ 为(赵铁成,韩曜旭,2011)

$$\Delta L'_{对流} = \frac{7.760\,4 \times 10^{-5} R_d P_d}{g_m} \left(1 - \frac{\beta h_0}{T}\right)^{\frac{g}{R_d \beta}} + \frac{0.382 R_d P_w}{T[g_m(\lambda + 1) - \beta R_d]} \left(1 - \frac{\beta h_0}{T}\right)^{\frac{(\lambda+1)g}{R_d \beta} - 1}$$

$$(6.12)$$

其中，h_0 是用户的高度；$g = 9.806\ 65\ \text{m/s}^2$；$g_m = 9.784\ \text{m/s}^2$；$R_d = 287.054\ \text{J/(kg·K)}$，右边第一项为天顶干成分路径延迟，第二项为天顶湿成分路径延迟.

EGNOS 模型不需要实测气象参数，计算简单，修正精度的平均值约为 5 cm.

6.1.3.5 基于 UNB 系列模型的纠缠光路径延迟修正方案

UNB 系列模型和 EGNOS 模型一样，不需要实测气象参数，只需要提供高程、纬度和年积日就可以计算出对流层路径延迟. UNB 系列模型包括 UNB3、UNB3m、UNBw.na 等，目前应用较多的是 UNB3m 模型. UNB3m 模型是由 EGNOS 模型乘以 Niell 映射函数得到的对流层延迟 $\Delta L_{对流}$（周淼 等，2015）：

$$
\begin{aligned}
\Delta L_{对流} = {} & m_d(E) \frac{7.760\ 4 \times 10^{-5} R_d P_d}{g_m} \left(1 - \frac{\beta h_0}{T'}\right)^{\frac{g}{R_d \beta}} \\
& + m_w(E) \frac{0.382 R_d P_w}{T'[g_m(\lambda + 1) - \beta R_d]} \left(1 - \frac{\beta h_0}{T'}\right)^{\frac{(\lambda+1)g}{R_d \beta} - 1}
\end{aligned}
\tag{6.13}
$$

其中，$m_d(E)$ 和 $m_w(E)$ 分别是干延迟和湿延迟的 Niell 映射函数.

Niell 映射函数考虑了大气层分布随时间周期性变化的特性，能够很好地反映用户上空的气象参数，它仅与卫星高度角、用户位置的高度、用户所处纬度和年积日有关. Niell 干延迟和湿延迟的映射函数 $m_d(E)$ 和 $m_w(E)$ 分别为（赵志浩，2014）

$$
\begin{aligned}
m_d(E) = {} & \frac{1 + a_d/[1 + b_d/(1 + c_d)]}{\sin E + a_d/[\sin E + b_d/(\sin E + c_d)]} \\
& + \frac{h}{1\ 000} \left\{ \frac{1}{\sin E} - \frac{1 + a_d/[1 + b_d/(1 + c_d)]}{\sin E + a_d/[\sin E + b_d/(\sin E + c_d)]} \right\} \\
m_w(E) = {} & \frac{1 + a_w/[1 + b_w/(1 + c_w)]}{\sin E + a_w/[\sin E + b_w/(\sin E + c_w)]}
\end{aligned}
$$

其中，a_d，b_d 和 c_d 分别是用户处的干延迟映射系数，它们与用户所处的高度、所处纬度以及年积日相关，根据 UNB 系列模型提供的气象参数格网表，利用内插值方法可以计算出 a_d，b_d 和 c_d 的值；a_w，b_w 和 c_w 分别是用户处的湿延迟映射系数，仅与用户所处纬度有关，根据 UNB 系列模型提供的气象参数格网表，利用内插值方法可以计算出 a_w，b_w 和 c_w 的值.

本节给出的 5 种对流层路径延迟修正方案中，第 1 种基于 Saastamoinen 模型纠缠光路径延迟修正方案和第 2 种基于 Hopfield 模型的纠缠光路径延迟修正方案都需要实测气象参数，计算精度较高，其中，第 1 种方案能够完好地保留对流层的大部分特征，修正精度可达 3~5 cm，目前应用最为广泛；第 2 种是提出最早的对流层路径延迟修正方案，修正精度可达 5 cm，然而它只能对海拔高度低于 1 km 的用户的对流层路径延迟进行修正．其他 3 种方案只需要根据往年的气象资料拟合气象参数变化函数或建立气象参数表，再根据用户所处的位置和年积日就可以得出所需的气象参数，气象数据获取简单，计算方便，其中，第 3 种基于 WAAS 模型的纠缠光路径延迟修正方案需要利用全球平均大气折射指数修正对流层路径延迟，能够使对流层路径延迟的影响降低为原来的 6%；第 4 种基于 EGNOS 模型的纠缠光路径延迟修正方案的修正精度在 5 cm 左右，稍低于基于 Saastamoinen 模型的对流层路径延迟修正方案；第 5 种基于 UNB 系列模型的对流层路径延迟修正方案是建立在 EGNOS 模型的基础上的，它的修正精度与基于 EGNOS 模型的纠缠光路径延迟修正方案接近，不过它通过气象年参数表获取所需气象参数，能够更快地计算出对流层路径延迟．与基于 Saastamoinen 模型纠缠光路径延迟修正方案相比，在竖直方向上，基于 UNB 系列模型的纠缠光路径延迟修正方案有着更高的修正精度．相比较而言，利用实测气象参数的对流层路径延迟修正方案的精度更高，不过实测气象数据需要多种测量仪器，且计算复杂，不利于数据的自动化处理．

6.1.4　小结

QPS 在实现定位的过程中，同样需要降低电离层路径延迟和对流层路径延迟造成的测距误差，提高定位的精度．本节分别提出了 3 种补偿由电离层路径延迟造成的测距误差，以及 5 种对对流层路径延迟的修正方案．所提方案可以进一步提高测距与定位精度．

6.2　削弱大气干扰影响的三种量子测距定位方案

在空间定位系统测距与定位的过程中，大气层干扰对卫星与地面之间传播的信号的传播速度和传播路径都会产生影响，给定位系统带来测距与定位误差．大气层中，距离地面 10~50 km 的大气层是平流层，空气稳定，密度低，不含水汽，对纠缠光造成的折射小，纠缠光穿过平流层时造成的传播距离误差可忽略不计．所以大气层对测距和定位精度的影响主要来自于纠缠光穿过距离地面 50~2 000 km 的电离层(吴晓莉 等，2013)和距离地面 10 km 以内的对流层所产生的误差．在 GPS 中，对于电离层和对流层造成的测距误差已经有了大量的研究,利用相对定位技术进行定位时,若 GPS 基站与地面用户之间的距离在 50 km 以内,两条传播路径穿过的大气层的大气环境相关性较强(如自由电子密度、空气密度、温度等相近),电离层和对流层对两条传播路径造成的误差接近,通过差分能够将电离层和对流层带来的误差降低 80%(郁聪冲,2016).在量子定位系统中,也可以利用相对定位的方法削弱大气干扰造成的测距与定位误差.

本节在考虑纠缠光穿过大气电离层和对流层的过程中所产生的距离误差对系统测距精度造成影响的情况下,根据纠缠光在电离层中的传播距离误差与电离层自由电子密度、纠缠光频率之间的关系,以及纠缠光在对流层中的传播距离误差与对流层气压、温度等因素之间的关系,提出三种抗大气干扰的量子测距定位方案:基于三颗卫星加一个地面站的单频量子测距定位方案、基于三颗卫星的双频量子测距定位方案,以及基于三颗卫星加一个地面站的双频量子测距定位方案.本节在详细分析量子测距定位原理与过程的基础上,通过理论分析推导出三种量子测距定位方案在削弱大气干扰带来的测距误差的表达式,并给出了数值仿真计算实例,其中,本节所提出的基于三颗卫星加一个地面站的单频量子测距定位方案已经获得国家发明专利(丛爽,陈鼎 等,2019).

本节结构如下:首先分析了纠缠光在大气层中传播时产生的距离误差;然后从理论上分析所提出的三种削弱大气层影响的量子测距定位方案,并给出本书所提出的三种量子测距定位方案的数值仿真计算实例;最后是小结.

6.2.1 纠缠光在大气层中传播时产生的距离误差

我们以三颗卫星为例来说明量子定位系统的工作原理.在星基量子定位系统定位过程中,卫星通过 ATP 向用户和地面站发射纠缠光,经反射回卫星,被单光子探测器接收,生成单光子时间脉冲序列,通过符合测量和数据拟合获得纠缠光的到达时间差(Time Difference Of Arrival,简称 TDOA),根据到达时间差、光速以及卫星到用户之间的关系,可以得到卫星到用户之间测量距离 $L_{卫星-用户}$ 的计算公式为

$$L_{卫星-用户} = c\Delta t/2 \tag{6.14}$$

其中,Δt 是纠缠光在两条传播路径上的到达时间差;c 是纠缠光在真空中的传播速度,$c = 3 \times 10^8 \, \text{m/s}$.

通过符合测量和数据拟合,可以分别获得三颗卫星发射的纠缠光的到达时间差 Δt_i,$i = 1, 2, 3$.根据测量距离差公式(6.14),可以分别计算出三颗卫星与用户之间的测量距离,最后根据所得到的测量距离与用户坐标之间的转换关系,获得三个方程:

$$
\begin{cases}
\sqrt{(x_1 - x)^2 + (y_1 - y)^2 + (z_1 - z)^2} = c\Delta t_1/2 \\
\sqrt{(x_2 - x)^2 + (y_2 - y)^2 + (z_2 - z)^2} = c\Delta t_2/2 \\
\sqrt{(x_3 - x)^2 + (y_3 - y)^2 + (z_3 - z)^2} = c\Delta t_3/2
\end{cases}
\tag{6.15}
$$

其中，$R_1(x_1, y_1, z_1)$，$R_2(x_2, y_2, z_2)$和$R_3(x_3, y_3, z_3)$分别是卫星R_1，R_2和R_3的空间三维坐标；(x, y, z)为地面用户的空间三维坐标.

通过解算方程组(6.15)，可以得到用户的坐标(x, y, z)，实现对地面用户的定位.

在纠缠光的传播过程中，必须通过大气电离层和对流层，并产生测量距离误差，所以用户精确的实际距离$L_{实际}$应当为测量距离$L_{测量}$、电离层传播距离误差$\Delta L_{电离}$以及对流层传播距离误差$\Delta L_{对流}$的差，即

$$
L_{实际} = L_{测量} - \Delta L_{电离} - \Delta L_{对流}
\tag{6.16}
$$

从式(6.16)可以看出，测量距离与实际距离之间存在电离层传播距离误差以及对流层传播距离误差.要想获得高精度的测量距离，就必须求出电离层传播距离误差以及对流层传播距离误差.下面，我们将分别分析纠缠光在大气层中传播时这两种距离误差的产生原因以及影响因素.

6.2.1.1 电离层传播距离误差

电离层是地球大气层中被太阳射线电离的部分，在太阳光的强烈照射下，电离层中的中性气体分子被电离，产生大量的正离子和自由电子，降低了纠缠光在电离层中的传播速度，造成电离层传播距离误差，它除了与自由电子密度有关外，还与纠缠光的频率有关.由电离层产生的传播距离误差$\Delta L_{电离 f_k}$可以写为

$$
\Delta L_{电离 f_k} = \int_{卫星}^{地面} c\,dt - \int_{卫星}^{地面} v\,dt = \int_{卫星}^{地面} (c - v)\,dt = \int_{卫星}^{地面} (n_g - 1)v\,dt = 40.28\int_{卫星}^{地面} \frac{N_e}{f_k^2}\,dl
$$

$$
\tag{6.17}
$$

其中，N_e是纠缠光传播路径上电离层自由电子密度；f_k为纠缠光的频率；n_g是纠缠光在电离层中传播时的群折射率：$n_g = 1 + 40.28 N_{cir}/f_k^2$；$c$是纠缠光在真空中的传播速度，$c = 3 \times 10^8\,\text{m/s}$；$v$是纠缠光在电离层的实际传播速度，与$c$之间关系为$c = n_g v$；$dt$是纠缠光在电离层中传播时间的微分，$dl$是纠缠光在电离层中传播路径的微分，$dl = v\,dt$.

由式(6.17)可以看出，当纠缠光的频率f_k或者电离层自由电子密度N_e发生变化

时,纠缠光穿过电离层时产生的电离层传播距离误差 $\Delta L_{电离f_k}$ 也会随之发生变化.

6.2.1.2 对流层传播距离误差

对流层占据了地球大气层中空气总量的90%,大量的中性气体分子使得纠缠光在对流层中传播时发射折射,降低了纠缠光的传播速度,并使纠缠光的传播路径发生弯曲,造成对流层传播距离误差.

人们通过对对流层传播距离误差进行研究,提出了 Saastamoinen 对流层延迟模型,计算对流层传播距离误差的公式为

$$\Delta L_{对流} = \frac{0.002\,277}{f(\varphi,h)} \times \frac{P}{\sin E + \dfrac{0.001\,433}{\tan E + 0.044\,5}} + \frac{0.002\,277}{f(\varphi,h)} \times \frac{\left(\dfrac{1\,255}{T} + 0.05\right)P_w}{\sin E + \dfrac{0.000\,35}{\tan E + 0.017}}$$

$$\tag{6.18}$$

其中,φ 和 h 分别是用户测量到的纬度和海拔高度;$f(\varphi,h)$是地球自转所引起的重力加速度变化修正项,$f(\varphi,h) = 1 - 2.66 \times 10^{-3}\cos 2\varphi - 2.8 \times 10^{-7}h$;$P$ 是用户处的大气压强;T 是用户处的绝对温度;P_w 为用户处的水汽压,$P_w = RH \times e^{-0.000\,639\,6h - 37.246\,5 + 0.213\,166T - 0.000\,256\,9T^2}$,$RH$ 为用户处空气的相对湿度,e 是自然常数,e$\approx$2.718 28;E 是卫星对用户的仰角.

由式(6.18)可以看出,必须知道用户所处位置的纬度、海拔高度、绝对温度、大气压强、相对湿度,以及卫星对用户的仰角等6个参数,才能够利用 Saastamoinen 模型计算出卫星与用户之间的对流层传播距离误差.所以,实际上,对流层传播距离误差是很难获得的.对流层产生的传播距离误差大小一般在2~20 m,通过 Saastamoinen 模型补偿后,对流层产生的传播距离误差可以减小到3~5 cm.

6.2.2 三种削弱大气层影响的方案

本小节将提出三种抗大气扰动的量子测距定位方案,它们分别是:
(1) 基于三颗卫星加一个地面站的单频量子测距定位方案;
(2) 基于三颗卫星的双频量子测距定位方案;
(3) 基于三颗卫星加一个地面站的双频量子测距定位方案.

6.2.2.1 基于三颗卫星加一个地面站的单频量子测距定位方案

本方案中我们利用三颗卫星和一个地面站实现对用户的定位,每颗卫星和地面站,以及用户组成一个测距子系统,独立测量出卫星与用户之间的测量距离,最终根据测出的三个测量距离,利用方程组(6.15)解算出用户的坐标.由量子卫星、地面站和地面用户组成的单频量子测距定位方案的一个测距子系统如图6.1所示,其中,纠缠光子源用来制备并分发纠缠光子对,为整个定位系统提供测距与定位所需的纠缠光信号(尹娟娟等,2011).ATP通过瞄准和捕获对方发射的信标光,同时自身也发射信标光,与对方的ATP装置建立空间光链路,并跟踪信号保证光链路持续稳定(丛爽,汪海伦 等,2017).D1和D2是单光子探测器,它们探测接收沿着星地光链路反射回来的单光子,对光电转换后的电信号进行放大处理(史学舜 等,2017),并输出由单光子到达时间信息组成的时间脉冲信号.双通道数据采集器通过两个数据采集通道在时间轴上记录来自两个单光子探测器的时间脉冲信号.量子卫星通过量子通信链路将脉冲信号传播给地面用户 r,为用户解算装置提供地面用户坐标解算的初始数据.用户解算装置通过符合测量和数据拟合得到两路纠缠光的到达时间差,再分别计算出三颗卫星与用户之间的距离,最后根据方程组(6.15)计算出用户的坐标.

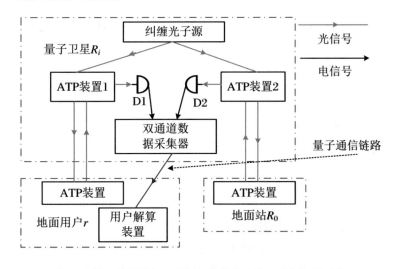

图 6.1 基于三颗卫星加一个地面站的单频量子测距定位方案的一个测距子系统

根据式(6.16),可以分别得到纠缠光在卫星 R_i 与用户以及与地面站 R_0 之间的测量距离;将其带入式(6.14),我们可以得到卫星与用户之间的实际距离 L_{ir} 为

$$L_{ir} = c\Delta t_i/2 + L_{i0} + (\Delta L_{i0电离} - \Delta L_{ir电离} + \Delta L_{i0对流} - \Delta L_{ir对流}) \quad (6.19)$$

其中,$\Delta L_{ir电离}$和$\Delta L_{ir对流}$是卫星与用户之间的电离层传播距离误差和对流层传播距离误差;L_{i0},$\Delta L_{i0电离}$和$\Delta L_{i0对流}$是卫星与地面站之间的实际距离、电离层传播距离误差和对流层传播距离误差.

由式(6.19)可以看出,在基于三颗卫星加一个地面站的单频测距定位方案中,所需要测量的卫星与用户之间的实际距离由4部分组成:

(1) 卫星与地面站之间,以及卫星与用户之间的测量距离差$c\Delta t_i/2$;

(2) 卫星与地面站之间的实际距离L_{i0};

(3) 卫星与地面站的实际距离之间的电离层传播距离误差$\Delta L_{ir电离}$和卫星与用户之间的电离层传播距离误差$\Delta L_{i0电离}$的差值:$(\Delta L_{i0电离}-\Delta L_{ir电离})$;

(4) 卫星与地面站的实际距离之间的对流层传播距离误差$\Delta L_{i0对流}$和卫星与用户之间的对流层传播距离误差$\Delta L_{ir对流}$的差值:$(\Delta L_{i0对流}-\Delta L_{ir对流})$.

(1)中的测量距离差可以通过拟合出的到达时间差获得;(2)中实际距离是已知的.所以,要想获得更高精度的实际距离与位置,我们必须能够求出(3)和(4)中的传播距离误差的差值.

不过,从式(6.19)中可以看出,与没有地面站相比较,加上地面站后,由电离层和对流层产生的传播距离误差,由式(6.16)中的$\Delta L_{ir电离}+\Delta L_{ir对流}$大小降低到

$$(\Delta L_{ir电离}-\Delta L_{i0电离})+(\Delta L_{ir对流}-\Delta L_{i0对流})\ll\Delta L_{ir电离}+\Delta L_{ir对流} \quad (6.20)$$

换句话说,加上一个地面站,能够进一步提高量子定位系统的测距精度.

6.2.2.2 基于三颗卫星的双频量子测距定位方案

该方案采用三颗量子卫星,但同时使用两个频率的纠缠光,如图6.2所示,其中,D1,D2,D3和D4是四个单光子探测器,F1和F2是两个滤波器,F1能够通过频率较高的纠缠光,F2能够通过频率较低的纠缠光.

图6.2中,纠缠光子源利用两个不同频率的泵浦光分别制备出包含频率为f_1和f_2($f_1>f_2$)的纠缠光,纠缠光子源将制备得到的纠缠光发射向ATP装置和分光镜2.发射向ATP装置的纠缠光通过ATP装置发射向地面用户,在地面用户处反射回卫星ATP装置,再发射向分光镜1,通过分光镜1得到两束相同的纠缠光,分别发射向两个滤波器F1和F2,频率为f_1的纠缠光能通过滤波器F1,被单光子探测器D1接收,频率为f_2的纠缠光能通过滤波器F2,被单光子探测器D2接收.同样地,发射向分光镜2的纠缠光中频率为f_1的纠缠光被单光子探测器D3接收,频率为f_2的纠缠光被单光子探测器D4接收.双通道数据采集器1采集D1和D3接收到的单光子信号,双通道数据采集器2采集D2和D4接收到的单光子信号,并将两个双通道数据采集器采集到的单光子到达时间脉

量子导航定位系统
Quantum Navigation and Positioning Systems

冲信号发送到用户解算装置,通过符合测量和数据拟合分别获得频率 f_1 和 f_2 的纠缠光的到达时间差,再根据式(6.14)分别计算出在频率 f_1 和 f_2 下卫星到用户的测量距离.

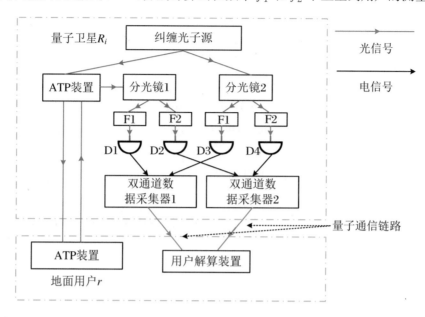

图 6.2 基于三颗卫星的双频量子测距定位方案的一个测距子系统

根据式(6.17),可以分别得到频率为 f_1 和 f_2 的纠缠光进行独立测距时,卫星与用户之间的实际距离 L_{ir} 为

$$L_{ir} = c\Delta t_{if_1}/2 - \Delta L_{ir\text{电离}f_1} - \Delta L_{ir\text{对流}} \tag{6.21a}$$

$$L_{ir} = c\Delta t_{if_2}/2 - \Delta L_{ir\text{电离}f_2} - \Delta L_{ir\text{对流}} \tag{6.21b}$$

将式(6.21a)与式(6.21b)相减,整理后可以得到在频率 f_1 和 f_2 下,卫星与用户之间电离层传播距离误差的差为

$$\Delta L_{ir\text{电离}f_1} - \Delta L_{ir\text{电离}f_2} = c\Delta t_{if_1}/2 - c\Delta t_{if_2}/2 \tag{6.22}$$

根据式(6.17)所给出的电离层产生的传播距离误差,可以分别得到采用频率为 f_1 和 f_2 的纠缠光进行独立测距时,卫星与用户之间的电离层传播距离误差,然后将它们相减,得到卫星与用户之间电离层传播距离误差的差为

$$\Delta L_{ir\text{电离}f_1} - \Delta L_{ir\text{电离}f_2} = \left(1 - \frac{f_1^2}{f_2^2}\right) \times 40.28 \int_{R_i}^{r} \frac{N_{eir}}{f_1^2} \mathrm{d}l_{ir} = \left(1 - \frac{f_1^2}{f_2^2}\right) \Delta L_{ir\text{电离}f_1}$$

$$\tag{6.23}$$

将式(6.23)代入式(6.22),可计算出频率为 f_1 的纠缠光所产生的电离层传播距离误差 $\Delta L_{ir\text{电离}f_1}$ 为

$$\Delta L_{ir\text{电离}f_1} = \frac{cf_2^2}{2(f_2^2 - f_1^2)}(\Delta t_{if_1} - \Delta t_{if_2}) \tag{6.24}$$

从式(6.24)中可以看出,只要通过符合测量和数据拟合,分别获得频率为 f_1 和 f_2 的纠缠光的到达时间差 Δt_{if_1} 和 Δt_{if_2},就可以计算出频率为 f_1 的纠缠光穿过电离层所产生的电离层传播距离误差 $\Delta L_{ir\text{电离}f_1}$.同理,可以得到频率为 f_2 的纠缠光穿过电离层所产生的电离层传播距离误差 $\Delta L_{ir\text{电离}f_2}$.

将式(6.24)代入式(6.21a),可以得到卫星与用户之间的实际距离 L_{ir} 为

$$L_{ir} = c\Delta t_{if_1}/2 - \frac{cf_2^2}{2(f_2^2 - f_1^2)}(\Delta t_{if_1} - \Delta t_{if_2}) - \Delta L_{ir\text{对流}} \tag{6.25}$$

从式(6.25)中可以看出,该方案根据式(6.24)能够准确计算出电离层传播距离误差 $cf_2^2(\Delta t_{if_1} - \Delta t_{if_2})/[2(f_2^2 - f_1^2)]$,所以,能够完全消除电离层传播距离误差对量子定位系统测距精度的影响.不过此方案中对流层传播距离误差 $\Delta L_{ir\text{对流}}$ 无法确定.

6.2.2.3 基于三颗卫星加一个地面站的双频量子测距定位方案

本测距定位方案结合了前两种方案的优点,采用三颗量子卫星,但同时使用两个频率的纠缠光实现对用户的定位.利用双频纠缠光消除电离层传播距离误差对测距精度的影响,同时由于地面站的存在,也可以部分修正对流层传播距离误差.

量子卫星、地面站和用户组成的基于三颗卫星加一个地面站的双频量子测距定位方案的一个测距子系统如图 6.3 所示.该方案中,纠缠光子源制备出包含频率为 f_1 和 f_2 $(f_1 > f_2)$ 的纠缠光,同时发射向用户和地面站,在地面站和用户处反射回来的纠缠光通过卫星上的两个 ATP 装置,到达两个分光镜,后面的处理过程与基于三颗卫星的双频测距定位方案相同.

将式(6.16)代入式(6.14),可以分别得到频率为 f_1 和 f_2 的纠缠光进行独立测距时,卫星与用户之间的实际距离 L_{ir} 为

$$L_{ir} = c\Delta t_{if_1}/2 + L_{i0} + (\Delta L_{i0\text{电离}f_1} - \Delta L_{ir\text{电离}f_1}) + (\Delta L_{i0\text{对流}} - \Delta L_{ir\text{对流}})$$
$$\tag{6.26a}$$

$$L_{ir} = c\Delta t_{if_2}/2 + L_{i0} + (\Delta L_{i0\text{电离}f_2} - \Delta L_{ir\text{电离}f_2}) + (\Delta L_{i0\text{对流}} - \Delta L_{ir\text{对流}})$$
$$\tag{6.26b}$$

一方面,卫星与地面站之间电离层传播距离误差的差具有与式(6.23)相同的关系;另一方面,卫星与地面站之间的实际距离也具有与式(6.25)相同的关系,将式(6.25)代入式(6.26a),可以得到基于三颗卫星加一个地面站的双频量子测距定位方案下卫星与用户之间的实际距离 L_{ir} 为

$$L_{ir} = c\Delta t_{if_1}/2 + L_{i0} - \frac{cf_2^2}{2(f_2^2 - f_1^2)}(\Delta t_{if_1} - \Delta t_{if_2}) - (\Delta L_{ir对流} - \Delta L_{i0对流})$$

(6.27)

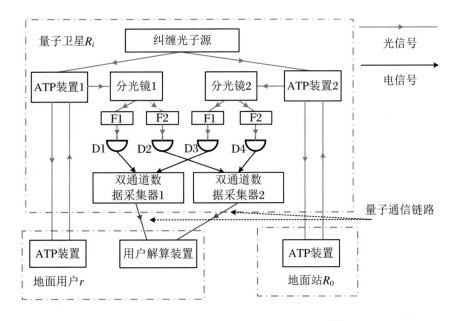

图 6.3 基于三颗卫星加一个地面站的双频量子测距定位方案的一个测距子系统

从式(6.27)中可以看出,基于三颗卫星加一个地面站的双频量子测距定位方案下,我们能够精确地计算出电离层中的传播距离误差的差为

$$cf_2^2(\Delta t_{if_1} - \Delta t_{if_2})/[2(f_2^2 - f_1^2)]$$

(6.28)

通过对其进行修正,完全消除了电离层传播距离误差对量子定位系统测距精度的影响,同时,将对流层传播距离误差给量子定位系统带来的测距误差大小从 $\Delta L_{ir对流}$ 降低到了 $\Delta L_{ir对流} - \Delta L_{i0对流}$.

6.2.3 数值计算实例

在本小节所进行的计算实例中,假定地球半径为 6 400 km,卫星在离地面 500 km 的轨道上运行,其坐标为 $(6.9\times10^{6},0,0)$,用户的坐标假定为 $(6.36\times10^{6},0.5\times10^{6},0)$,地面站 R_0 坐标为 $(6.39\times10^{6},-0.3\times10^{6},0)$,纠缠光的两个频率分别选为 $f_1=3.53\times10^{14}$ Hz 和 $f_2=1.59\times10^{14}$ Hz.

我们以基于三颗卫星加一个地面站的双频量子测距定位方案为例来具体计算消除电离层和对流层带来的传播距离误差对测距精度的影响.

在实际应用中,我们根据符合测量和数据拟合的方式获取两条光路上纠缠光的到达时间差.符合测量过程中,在一个采集时间范围内采集两个时间脉冲序列上的所有脉冲,通过对两个脉冲序列给定一个延时 τ 之后进行符合计数,只要两个时间脉冲序列上一个符合门宽中均存在脉冲,则符合计数值加 1,得到延时为 τ 的符合计数值 $n(\tau)$,并对其进行归一化,再以给定的延时增加步长不断增加延时 τ 的值,不断符合计数,最终得到一系列的离散样本集合,对这些离散样本点进行数据拟合,就可以得到延时 τ 与符合计数值 $n(\tau)$ 之间的符合关联函数,该函数峰值点对应的延时 τ 就是两路纠缠光的到达时间差.根据符合测量和数据拟合之后得到两个到达时间差分别为 $\Delta t_{if_1}=9.616\ 155\times10^{-4}$ s 和 $\Delta t_{if_2}=9.616\ 156\times10^{-4}$ s,将它们代入式(6.28)中计算出所产生的电离层传播距离误差的差 $\Delta L_{ir\text{电离}f_1}-\Delta L_{i0\text{电离}f_1}$ 为

$$\Delta L_{ir\text{电离}f_1}-\Delta L_{i0\text{电离}f_1}=\frac{cf_2^2}{2(f_2^2-f_1^2)}(\Delta t_{if_1}-\Delta t_{if_2})$$

$$=\frac{3\times10^8\times(1.59\times10^{14})^2}{2\times[(1.59\times10^{14})^2-(3.53\times10^{14})^2]}$$

$$\times(9.616\ 155-9.616\ 156)\times10^{-4}=0.003\ 8(\text{m})$$

我们可以利用用户或地面站处的气压、空气相对湿度和绝对温度、纬度、距地面高度以及卫星对用户或对地面站的仰角 6 个参数,根据 Saastamoinen 对流层路径延迟模型的对流层传播距离误差式(6.19),计算出对流层传播距离误差的差,即使不进行计算,对流层传播距离误差给量子定位系统带来的测距误差大小从 $\Delta L_{ir\text{对流}}$ 降低到了 $\Delta L_{ir\text{对流}}-\Delta L_{i0\text{对流}}$.

对于基于三颗卫星加一个地面站的单频量子测距定位方案,通过增加一个地面站,

使得电离层和对流层产生的传播距离误差分别被修正为电离层和对流层在两条光路上产生的传播距离误差的差,可以使量子定位系统的测距误差由 $\Delta L_{ir电离} + \Delta L_{ir对流}$ 降低到 $(\Delta L_{ir电离} - \Delta L_{i0电离}) + (\Delta L_{ir对流} - \Delta L_{i0对流})$.

对于仅基于三颗卫星的双频量子测距定位方案,根据式(6.24)能够准确计算出电离层传播距离误差 $cf_2^2(\Delta t_{if_1} - \Delta t_{if_2})/[2(f_2^2 - f_1^2)]$,完全消除电离层传播距离误差对量子定位系统测距精度的影响,不过,没有修正对流层传播距离误差 $\Delta L_{ir对流}$.

本例中我们选用的是基于三颗卫星加一个地面站的双频量子测距定位方案,该方案是将前两种方案结合,既能够完全修正电离层传播距离误差,也能够部分修正对流层传播距离误差.

6.2.4　小结

本节提出了三种抗大气干扰的量子测距定位方案,它们都能够在一定程度上降低大气干扰带来的测距误差,其中基于三颗卫星加一个地面站的量子测距定位方案利用纠缠光在卫星与地面站之间传播路径上的电离层传播距离误差和对流层传播距离误差对量子定位系统的测距误差进行修正,提升测距精度,该方案可以同时降低电离层和对流层量子定位系统测距定位精度,不过不能对它们完全修正;基于三颗卫星的双频量子测距定位方案利用双频纠缠光在电离层传播过程中产生的电离层传播距离误差不同且成比例关系,计算出电离层传播距离误差,完全消除电离层给量子定位系统测距定位精度带来的影响,不过,不能修正对流层传播距离误差;基于三颗卫星加一个地面站的双频量子测距定位方案结合了前两种测距定位方案的优点,既能完全修正电离层传播距离误差,也能降低对流层传播距离误差给量子定位系统测距定位精度带来的影响,抗大气干扰能力最强.

第 7 章

量子定位系统仿真平台设计

7.1 地面对量子卫星信号捕获及粗跟踪过程的仿真研究

量子定位是以量子光为信息载体,在量子卫星和地面站之间进行数据传输的一种定位方法.量子光的纠缠特性,决定了量子定位与传统定位相比具有定位精度高、保密性好等优势,但同时也存在精确对准困难和保持稳定链路难度大等问题.ATP 系统采用粗精跟踪的复合嵌套,通过对量子卫星发射信标光的捕获、瞄准、跟踪,可以使地面站与量子卫星间建立稳定的信标光链路和通信光链路,解决精确对准困难和保持稳定链路难度大的问题(宋媛媛 等,2017b).其中,粗跟踪系统负责在初始阶段扫描和捕获大范围的信标光,并引导信标光进入精跟踪视场;精跟踪系统负责在粗跟踪精度的基础上减少跟踪误差和补偿由卫星运动引起的超前瞄准误差.

ATP 系统的正常工作需要以量子卫星轨道信息作为其控制器的输入信号,控制器驱动电机使光学天线的视轴始终指向量子卫星,维持量子光链路的稳定.在 ATP 系统的工作中,量子卫星的轨道信息一般通过星历表计算或者 GPS 得到,在此基础上对已知的卫星位置进行坐标转换,才可以作为 ATP 系统控制器的输入信号,此外,还需根据轨道信息计算得到的通过时间决定 ATP 系统的开始工作时刻.由美国分析图形有限公司(Analytical Graphics Inc,简称 AGI)研制开发的 STK(Satellite Tool Kit)软件是国际航天领域中先进的系统分析软件,具有强大的计算分析和仿真显示功能(张彩娟,2007),可以根据已知的轨道参数进行仿真,直接给出 ATP 系统控制器所需的输入信号,但是其中的变换过程没有详细给出.

本节在完成卫星运行轨道设计的基础上,首先计算出卫星通过地面站上方可视范围的时间,然后推导出卫星轨道信息在 WGS-84 坐标系下的位置参数,变换到地球北东天坐标系下,再变换到地面站载荷设备坐标系下,给出地面接收端的方位角和俯仰角随时间变化曲线(即 ATP 系统控制器的输入信号)的计算过程,之后以地面站位于安徽省合肥市为例,给出三次左边转换的计算结果,并在 STK 中以相同的参数对卫星轨道进行软件仿真,给出三维和二维卫星通过地面站上方的仿真动画,最后将仿真动画与控制器输入信号、控制器捕获和粗跟踪阶段的仿真结果在 MATLAB 环境下的 GUI 中直观地显示出来(汪海伦 等,2019).

7.1.1 卫星运行轨道参数的确定及经过地面端上方区域时间的计算

唯一地确定一条人造地球卫星的轨道一般需要 6 个参数:轨道半长轴、偏心率、轨道倾角、升交点赤经、近地点角距和真近点角.在 ATP 系统的工作中,量子卫星的轨道信息一般由卫星测控部门通过轨道预报算法得到,本小节我们是在设定卫星轨道为圆轨道,并利用卫星轨道高度,以及卫星轨道平面满足经过地面上空区域某点的条件,在 MATLAB 环境下完成卫星轨道计算的.所以,所采用的参数为确定卫星轨道平面的 2 个相交向量(6 个参数),加上卫星轨道高度,一共 7 个参数,其中,轨道高度 r 为卫星绕地球运行的轨道距离地球表面的高度,一般用近地点与远地点均值来表示.参考"墨子号"量子卫星的实际轨道的长半轴为 584 km,短半轴为 488 km,为了简化模型,量子定位卫星的轨道设计成高度为 $r = 500$ km 的圆轨道.

下面我们还需要确定卫星经过地面端上方区域的时间.图 7.1 为卫星轨道经过地面

端正上方的过程与时间,其中,图 7.1(a)中实线代表地球表面,虚线代表卫星运动轨道,水平线上方部分的虚线圆弧为卫星经过地面端(ground station)的可见区域;图 7.1(b)是卫星经过地面端上空区域情况,其中,AB 段为星地 ATP 的捕获做好机动准备,主要通过控制地面端方位轴俯仰轴的转动与卫星自身姿态实现;在 BC 段完成卫星对地面端的捕获的单向瞄准过程,实施方法是由地面端发射信标光(transmitting beacon light),让卫星端接收信标光,通过这一过程来实现该功能;然后在 CD 段完成星地间的双向瞄准(mutual pointing),主要通过卫星端向地面端发射信标光,地面端捕获信标光来实现;DE 段为测试时间(test time),进行基于量子光通信的星地间量子定位实验的测试.卫星经过地面端上方区域时间为卫星过境(AE 段)的总时间.

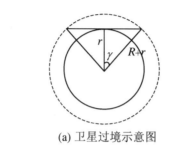

(a) 卫星过境示意图

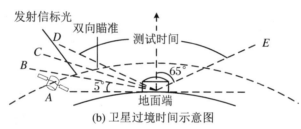

(b) 卫星过境时间示意图

图 7.1　卫星轨道参数

卫星沿其轨道环绕一整圈所需要的时间,称为轨道周期 T,它可以由轨道周期公式获得(梁延鹏 等,2014):

$$T = 2\pi\sqrt{\frac{(R+r)^3}{GM}} = 2\pi\sqrt{\frac{(6\,378+500)^3}{3.986\times10^{14}}} = 5\,665\,(\mathrm{s}) \tag{7.1}$$

其中,R 为地球半径,取 6 378 km;$r = 500$ km;GM 是地球引力常数,取 $3.986\times10^{14}\,\mathrm{m}^3/\mathrm{s}^2$.

对于经过地面正上方的匀速圆周运动的卫星轨道,其过境时间总长 T_a 与周期 T 成正比:

$$T_a/T = 2\gamma/(2\pi) \tag{7.2}$$

其中,γ 为与地面端地平线垂直的地球半径与地面端地平线和轨道交点的轨道半径之间的夹角,它可以根据图 7.1(a)中所显示出的反三角函数关系计算出来:

$$\gamma = \arccos[r/(r+R)] = \arccos[6\,378/(6\,378+500)] = 22.0° \tag{7.3}$$

根据图 7.1(a)中所表示出的卫星运动轨道(整个虚线圆弧)与卫星经过地面的可见区域(水平线上方部分的虚线圆弧)之比,求出卫星过境时间总长 $T_a = \gamma T/\pi = 692.4$ s. 以 DE 段等于 130°为例,可以计算出星地间量子卫星经过地面端的可见时间为 $T_{DE} = (130°/180°)T_a = 500.1$ s.

7.1.2　地面端接收卫星发射信号的方位角和俯仰角的推导

7.1.2.1　坐标定义及计算过程

GPS 定位系统的地心坐标系是 WGS-84 坐标系,该坐标系是右手坐标系,以地球质心作为坐标原点,x 轴正方向为指向零子午面和赤道交点的方向,z 轴正方向为指向协议地极方向.地球东北天坐标系也是右手坐标系,在该坐标系中,原点是地面端中心,x 轴和 y 轴在当地水平面上,x 轴在当地水平面上指向正东方向(东),y 轴在当地水平面上指向正北方向(北),z 轴指向上天顶(天),这也是东北天坐标系命名的由来.地面端载荷设备坐标系根据地面端的载荷设备安装角度来定义,若载荷设备坐标系的 x 轴与地球东北天坐标系的 x 轴重合,地面端载荷坐标系与东北天坐标系只有一个绕 x 轴旋转角度的差别.

在星地量子定位中,一般采用 ATP 中二维转台的方位角与俯仰角来控制光学天线的转动,它们是基于载荷设备坐标系而定义的,以出射光沿 $-y$ 轴方向定义为基准零位,则方位角绕 z 轴逆时针转动的方向为正,俯仰角绕 x 轴指向天的方向为正.所以有必要将由卫星在 WGS-84 坐标系中的位置矢量,通过坐标系转化为载荷设备坐标系中的位置矢量,然后通过解耦获得二维转台的方位角与俯仰角.

图 7.2 给出了计算地面端方位角、俯仰角的流程.

图 7.2　方位角与俯仰角求取流程图

下面将根据图 7.2 依次推导：

（1）将 WGS-84 坐标下的位置矢量转换到地球东北天坐标系下；

（2）将由（1）得到的位置矢量转换到地面端载荷设备坐标系下；

（3）在地面端载荷设备坐标的情况下将三维空间函数解耦为方位轴与俯仰轴的关于时间的函数；

（4）最终根据具体条件计算结果.

设在 WGS-84 坐标系给出的卫星轨道位置的经度 L、纬度 B 和高度 H，则在 WGS-84 坐标系中直角坐标为（梁延鹏 等，2014）

$$\begin{cases} x = (N + H)\cos B\cos L \\ y = (N + H)\cos B\sin L \\ z = \left[N(1 - e^2) + H\right]\sin B \end{cases} \tag{7.4}$$

其中，N 是法线长度，其表达式为 $N = a/\sqrt{1 - e^2\sin^2 B}$，$e^2$ 是椭球偏心率的平方，具体数值为 $e^2 = 0.006\ 694\ 379\ 901\ 3$，$a$ 是地球赤道长半径，取 $a = 6\ 378$ km.

1. WGS-84 坐标系到地球东北天坐标系转换

该过程主要分为 4 步骤进行：① WGS-84 坐标系绕 z 轴旋转 L；② 绕 y 轴旋转 B；③ 绕 y 轴旋转 $90°$；④ 绕 z 轴旋转 $90°$. 该坐标变换过程用矩阵的乘积可表示为

$$M_{\text{dw}} = \begin{bmatrix} 0 & 1 & 0 \\ -1 & 0 & 0 \\ 0 & 0 & 1 \end{bmatrix} \begin{bmatrix} 0 & 0 & -1 \\ 0 & 1 & 0 \\ 1 & 0 & 0 \end{bmatrix} \begin{bmatrix} \cos B & 0 & \sin B \\ 0 & 1 & 0 \\ -\sin B & 0 & \cos B \end{bmatrix} \begin{bmatrix} \cos L & \sin L & 0 \\ -\sin L & \cos L & 1 \\ 0 & 0 & 1 \end{bmatrix} \tag{7.5}$$

其中，L 和 B 分别表示经度和纬度.

2. 东北天坐标系到地面载荷坐标系转换矩阵

令东北天坐标系转换到地面端载荷设备坐标系的转换矩阵为 M_{ed}，在该矩阵中，地面载荷设备的安装角度与其密切相关，假若重合的一轴为 x 轴，则

$$M_{\text{ed}} = \begin{bmatrix} 1 & 0 & 0 \\ 0 & \cos\partial & \sin\partial \\ 0 & -\sin\partial & \cos\partial \end{bmatrix} \tag{7.6}$$

其中，∂ 为将东北天坐标系绕 x 轴旋转后与地面端载荷设备坐标系重合所需的角度.

3. 方位角和俯仰角的求取

在 WGS-84 坐标系下，令 OS_{w} 为卫星的位置矢量，OF 为地面端的位置矢量. 令 GS 为经过坐标变换后的卫星在地面端载荷设备坐标系下的位置矢量，其表达式可以由式

(7.5)、式(7.6)带入得出

$$GS = M_{ed} \cdot M_{dw}(OS_w - OF) \tag{7.7}$$

然后将卫星在地面端载荷设备坐标系下的位置矢量 GS 解耦为方位角 A_S 和俯仰角 E_S:

$$\begin{cases} A_S = \arctan(-x_{GS}/y_{GS}) \\ E_S = \arctan(z_{GS}/\sqrt{x_{GS}^2 + y_{GS}^2}) \end{cases} \tag{7.8}$$

其中, x_{GS}, y_{GS}, z_{GS} 为位置矢量 GS 的 x, y, z 坐标值.

7.1.2.2　MATLAB 中的计算结果及其分析

在卫星距地面高度 $R = 500$ km,地球半径 $r = 6\,378$ km 已知的情况下,地面端经纬度表示为 (L, B),地面端高度为 H. 假定地面端位于安徽省合肥市,其经纬度为 $(117.27°, 31.86°)$,地面端高度为 0.5 km. 卫星轨道即为在 WGS-84 坐标系中,以原点为圆心,过地面端上方 500 km 一点的空间圆. 由已知条件,通过式(7.4)可以算出地面端在 WGS-84 坐标系中的坐标,选择与 OF 垂直的向量 n,并求与 n 垂直且相互垂直的两个单位向量 u 和 v. 根据空间圆的参数方程,当 $\theta \in (-\pi, \pi)$ 时,卫星轨道可以由参数方程表示为

$$\begin{cases} x(\theta) = (R + r)\cos\theta u_x + (R + r)\sin\theta v_x \\ y\theta = (R + r)\cos\theta u_y + (R + r)\sin\theta v_y \\ z\theta = (R + r)\cos\theta u_z + (R + r)\sin\theta v_z \end{cases} \tag{7.9}$$

计算得到的卫星轨道 $(x, y, z)_w$ 就是卫星的位置矢量 OS_w,再经过式(7.5)的 M_{dw} 和式(7.6)的 M_{ed} 的坐标转换,其中,坐标转换矩阵 M_{ed} 中角度 ∂ 由在地面载荷设备实际安装后进行标定,此处取 $\partial = 12°$. 最终可以根据式(7.8)得到方位角 A_S 和俯仰角 E_S,如图 7.3(a)所示,其中,蓝色实线为方位角 A_S,红色实线为俯仰角 E_S,绿色虚线框为实际可以进行星地间量子定位实验的时间段,大约为 500 s.图 7.3(b)为方位角与俯仰角之间的关系.

根据 7.1.2.1 小节的理论方法,将计算过程用 MATLAB 实现的结果如图 7.3 所示,其中,图 7.3(a)为光学天线输入信号图,蓝色实线为方位角 A_S,红色实线为俯仰角 E_S,整个输入信号长度为 692 s,绿色虚线框为实际可以进行星地间量子定位实验的时间段,大约为 500 s,对应可见时间计算结果.

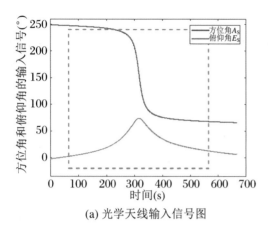

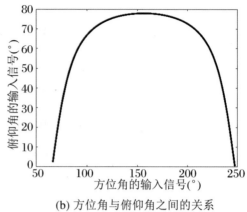

(a) 光学天线输入信号图　　　　　(b) 方位角与俯仰角之间的关系

图 7.3　地面端的方位角与俯仰角

图 7.3(b)为方位角与俯仰角之间的关系,从中可以看出方位角的变化范围为 $(66°,247°)$,俯仰角的变化范围为 $(0°,78°)$.最大俯仰角没有达到预计的 $90°$,主要原因是本书采用的俯仰角计算方法存在局限性,俯仰角由式(7.8)的第二个式子求反正切得到,理论上只有反正切的值无穷大时,才能得到 $90°$ 的俯仰角,实际中并不能得到.此外,运算过程的编写中,有一部分长度参数是以千米为单位的,经过多次运算会存在一定误差,影响了最后俯仰角的结果.

7.1.2.3　STK 中卫星对地面端信号可覆盖空间的仿真

为了得到卫星与地面端相对位置的 2D 和 3D 视图,需要在 STK 中创建一个与上述例子相同的 STK 场景(scenario)并运行仿真,该场景包含一个地面站(facility)和一个卫星(satellite)及其对应的传感器(sensor)(丁溯泉 等,2011),需要进行以下步骤设计:

1.创建地面站

合肥地面站具体参数为经度(longitude)117.27°,纬度(latitude)31.86°,高度(altitude)0.5 km.

2.创建卫星

由于量子定位卫星的轨道高度设计为 500 km,在 STK 软件里卫星轨道参数的设定中,选择从地球表面到椭圆的最大值(apogee altitude)和从地球表面到椭圆的最小值(perigee altitude),都设为 500 km.卫星轨道参数中的轨道倾角设定为 109°,根据卫星与地面站之间的访问关系,2018 年 7 月 15 日上午 9 时许可以产生访问.根据访问可持续的时间,我们将仿真中的场景运行时间设置为 2018 年 7 月 15 日 9:19～9:31.

3．创建传感器

分别在地面站和卫星上创建传感器，传感器的类型（sensor type）选择圆锥形（simple conic），地面站上传感器的圆锥角（cone angle）设置为 $60°$，卫星上传感器的圆锥角设置为 $45°$.

图 7.4 为采用 STK 软件设计的卫星通过地面端上方路径的仿真结果在同一时刻的截图，其中，7.4(a)为三维动画仿真截图，7.4(b)为二维动画仿真截图．图 7.4(a)中一条围绕地球一圈的绿色细线是卫星绕地球运动的轨道，绿色实心方点是卫星目前所在位

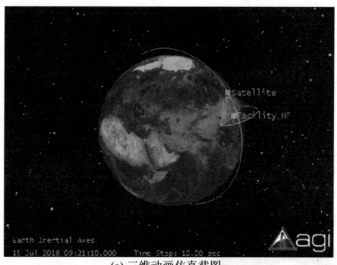

(a) 三维动画仿真截图

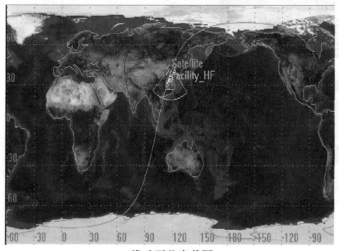

(b) 二维动画仿真截图

图 7.4　仿真动画截图

置,蓝色方点是地面站所在位置,以卫星为顶点的圆锥面是卫星端传感器圆锥角设置为45°时可覆盖空间的边界,在图7.4(b)的二维视图中以卫星为圆心的扇形显示,图7.4(b)中的红色线条是地面端传感器圆锥角设置为60°时可覆盖空间的边界,对应图7.4(a)右侧淡红色区域.卫星端传感器的可覆盖区域和地面端传感器的可覆盖区域重叠时,STK软件中的二维和三维仿真界面中才会显示两端传感器的可覆盖空间的边界.换句话说,只有当两者具有交集的部分时,卫星与地面端之间才能够进行链路的建立.

7.1.3 基于 GUI 的动画仿真演示平台设计

ATP 系统的工作过程可分为捕获、粗跟踪和精跟踪,其中捕获过程是根据 GPS 得到地面光学天线初始指向的方位角和俯仰角,然后驱动二维转台,通过扫描过程对准信标光,并实施捕获动作,当双方互相捕获到对方的信标光时,捕获过程结束;粗跟踪过程是根据接收到的信标光位置不断调整二维转台,保持星地两者在相对运动中维持粗跟踪精度稳定.基于 GUI(余胜威,2016)对量子定位系统仿真演示平台中捕获和粗跟踪部分进行设计,捕获和粗跟踪部分所涉及的所有参数选择及输入、输出信号显示被设计到输入信号区、捕获和粗跟踪区两个区域中,得到的动画仿真演示平台如图7.5 所示.

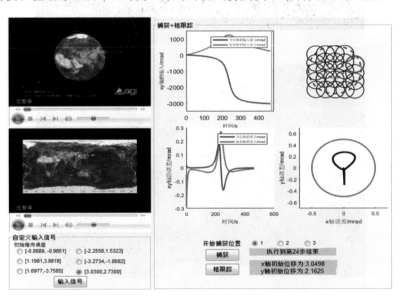

图 7.5 基于 GUI 的动画仿真演示平台

图7.5 中,可以在输入信号区域根据所选择初始指向误差的坐标,展示卫星与地面

端相对关系的二维、三维动画和经过坐标转换后的方位轴和俯仰轴的角度变化曲线;在捕获和粗跟踪部分选择开始捕获的位置,获得相应的捕获与粗跟踪的仿真结果.

7.1.3.1 初始指向误差与开始捕获位置的设置

图 7.5 中的初始指向误差是光学天线在已知卫星运动轨道的情况下,对卫星进行初始指向后光学天线的指向与卫星之间的 x-y 方向的误差,我们在由初始预指向精度 $0.5°$ 换算成直径为 8.7 mrad 的不确定区域内,共设置了 6 种初始指向误差:$(-0.888\ 9, -0.985\ 1)$,$(-2.255\ 8, 1.532\ 3)$,$(1.198\ 1, 3.981\ 9)$,$(-3.273\ 4, -1.868\ 2)$,$(1.697\ 7, -3.758\ 5)$和$(3.030\ 0, 2.730\ 0)$;其选择的控件有:1 个坐标轴控件,6 个单选按钮和 1 个按钮.6 个单选按钮用来选择不同的初始指向误差,按钮用来在捕获和粗跟踪区域内左上角的坐标轴控件中显示期望的方位轴信号和俯仰轴信号的图像.

与开始捕获位置选择相关的控件位于捕获和粗跟踪区域中,包含 1 个坐标轴控件(axes1)、3 个单选按钮和 1 个按钮.3 个单选按钮用来选择开始捕获的位置,我们设定有 3 个位置:位置 1 对应卫星刚刚进入可见区域,即输入信号的时刻为 0 的位置;位置 2 对应卫星经过地面端上方时,输入信号总长的 1/2 位置;位置 3 对应卫星进入可见区域后,且距离到地面端上方一半的位置,即输入信号总长的 1/4 位置.捕获按钮中需添加捕获阶段仿真的回调函数.

根据选定的扫描路径是编写扫描路径的函数,设不确定区域为 8.7 mrad,粗跟踪探测器视场为 3 mrad,粗跟踪探测器的帧频为 100 fps,扫描步长为 $3\sqrt{2}/4$ 倍的粗跟踪探测器半径,约 1.59 mrad,函数的终止条件是目标与粗跟踪探测器的坐标欧式距离小于粗跟踪探测器的视场半径.捕获部分的仿真结果会在捕获按钮按下后,动态地显示在坐标轴控件(axes2)中,捕获仿真结束,3 个静态文本中会显示捕获仿真的结果,即所需要的捕获步长和此时方位轴与俯仰轴的位移.捕获部分的仿真结果同时受初始指向误差和开始捕获位置两个选择的影响,其中,初始指向误差影响捕获仿真的步长,开始捕获位置影响捕获仿真的位移偏移量.

7.1.3.2 粗跟踪部分的演示

粗跟踪部分采用两个电流-速度-位置三闭环粗跟踪控制器,分别控制二维转台的方位轴和俯仰轴来完成,其期望信号也就是已经计算得出的方位轴和俯仰轴随时间变化的函数.每个三闭环粗跟踪控制器都有 5 个参数:速度环比例系数 K_{vp}、速度环积分系数 K_{vi}、位置环比例系数 K_{pp}、位置环积分系数 K_{pi}、位置环微分系数 K_{pd}.我们取方位轴控

制器参数为 $K_{vp} = 1.5, K_{vi} = 0.15, K_{pp} = 45, K_{pi} = 7$ 和 $K_{pd} = 5$,俯仰轴的控制器参数为 $K_{vp} = 0.01, K_{vi} = 0.1, K_{pp} = 10, K_{pi} = 1.6$ 和 $K_{pd} = 0.01$.

与粗跟踪部分相关的控件有:2 个坐标轴控件(axes3 和 axes4)和 1 个按钮,如图 7.5 所示,其中,2 个坐标轴控件分别用来显示粗跟踪过程方位轴和俯仰轴的跟踪误差及仿真结果,粗跟踪按钮中需添加粗跟踪阶段仿真的回调函数,需要注意的是粗跟踪按钮必须在单击捕获按钮后,并且等捕获仿真结果在坐标轴控件中完全显示后才能单击,否则由于回调函数中初始化操作的存在,会打乱坐标轴控件中的仿真结果.同时,捕获阶段仿真结束后,为了直观显示开始捕获位置的选择,会用一条绿色竖线在输入信号的坐标轴控件(axes1)中标记捕获完成时的位置,由于捕获时间相对于整个输入信号时间来说非常短,平均只占万分之一,因此捕获完成时的位置可以近似等于开始捕获的位置.粗跟踪阶段的仿真建立在捕获阶段完成的基础上,因此粗跟踪仿真时间是从捕获完成时刻开始的,左下角的坐标轴控件(axes3)和右下角的坐标轴控件(axes4)会同步显示粗跟踪阶段方位轴与俯仰轴在时间序列上的误差和在空间序列上的误差,同时在输入信号的坐标控件中显示第二条绿色竖线,动态标记粗跟踪仿真进行的时刻.

7.1.4 小结

本节设计了基于 GUI 的动画仿真演示平台中的捕获和粗跟踪部分,在 MATLAB 环境中实现了地面端接收卫星发射信号的方位角和俯仰角的计算,并将其结果作为 ATP 系统的期望输入信号,完成了在 6 种的初始指向误差和 3 种开始捕获时刻条件下,ATP 系统捕获和粗跟踪部分的仿真.同时,在 STK 软件中对卫星在轨运动进行三维动画仿真,将仿真动画集成在基于 GUI 的动画仿真演示平台中.

7.2 ATP 系统动态仿真平台设计

ATP 系统作为量子定位系统中关键子系统,采用在粗跟踪系统中嵌套精跟踪系统的复合轴技术,负责星地光链路的建立,完成量子光的捕获、跟踪以及精确对准任务(汪海伦,丛爽,尚伟伟 等,2018).为了演示 ATP 系统的扫描捕获以及跟踪的动态过程,呈现一个更加友好的人机交互界面,我们在完成 7.1 节的地面对量子卫星信号捕获及粗跟踪过程的仿真设计的基础上,本节将设计 ATP 系统的动态仿真平台(邹紫盛 等,2019a).

MATLAB 图形用户界面接口(Graphic User Interface,简称 GUI)平台可以实现人机交互,不但可以使显示更加简洁明了,还可以设计出别具风格的交互界面,通过执行动作和变化界面来满足用户的需求(刘兵,2018).因此,本书在按照 ATP 系统的技术需求上,基于 MATLAB 的 GUI 开发了一个动态仿真平台.此 ATP 系统动态仿真平台为 ATP 系统仿真演示提供了一个良好的交互式的用户界面,对系统的工作过程进行了动态仿真,有助于用户对其工作原理以及实验结果的理解.

7.2.1　ATP 系统的工作原理

ATP 系统一般采用嵌套式的粗跟踪系统复合精跟踪系统的技术,其中,粗跟踪系统主要负责在初始时刻扫描捕获大范围的信标光,并将信标光斑引入精跟踪系统;精跟踪系统主要负责对信标光和量子光进行精确跟踪和锁定.这种粗-精复合跟踪技术可用于补偿由于天气和环境引起的误差以及抑制卫星平台振动引起的光轴抖动,从而可使 ATP 系统获得较高的跟踪精度,维持稳定的星地间光链路.我们在之前的研究中已经建立了 ATP 系统的 Simulink 仿真模型,其结构图如图 7.6 所示,其中图 7.6(a)是双轴 ATP 系统 Simulink 仿真结构图,主要由 x 轴和 y 轴 ATP 系统组成,这里 x 轴表示方位轴,y 轴表示俯仰轴,以及对应的 ATP 输入信号模块和数据显示模块.为了更细致显示单轴的结构,我们以 x 轴为例进行展开,得到单轴 ATP 系统 Simulink 仿真结构如图 7.6(b)所示,其主要由粗跟踪和精跟踪两部分串联组成,其中,粗跟踪部分由粗跟踪控制器和被控电机组成的闭环系统构成,其采用位置环和速度环串级控制,位置环采用 PID 控制器,速度环采用 PI 控制器.

图 7.6 中的精跟踪部分主要由模型参考自适应控制(Model Reference Adaptive Control,简称 MRAC)的控制器、被控对象快速反射镜,以及自适应强跟踪卡尔曼滤波器(Adaptive Strong Tracking Kalman Filter,简称 ASTKF)组成.

图 7.6 对 ATP 系统 Simulink 仿真的整体结构有了一个清晰的展示,但是缺乏对仿真过程的动态演示,为此,下一小节中我们将对 ATP 系统 Simulink 仿真结构图采用 GUI 的动画仿真形式展现出来,并可由客户选择不同的初始参数来进行实验.

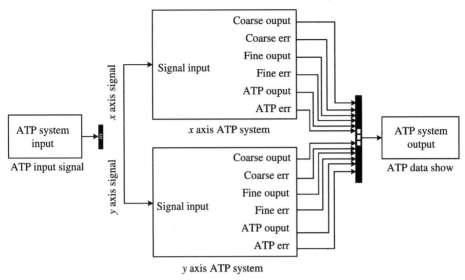

(a) 双轴ATP系统 Simulink仿真结构图

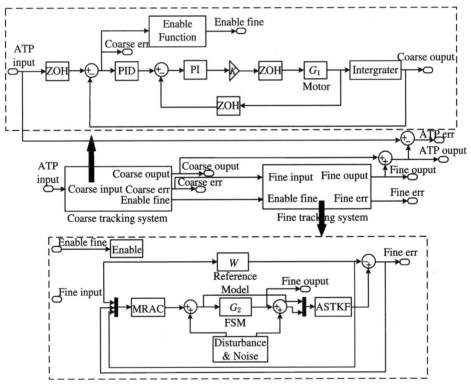

(b) 单轴 ATP系统 Simulink仿真结构图

图 7.6 ATP 系统 Simulink 仿真结构图

7.2.2　基于 GUI 的 ATP 系统动态仿真平台设计

在 MATLAB 软件中,GUI 的开发一般有两种实现方法:一种是利用 MATLAB 软件所提供的 GUI 组件布局开发工具 GUIE 来实现;另一种则是利用组件函数,通过编写 M 文件来实现(刘兵,2018).本小节所要开发的 ATP 系统动态仿真平台主要采用的是 GUIE 开发方式,即首先建立应用程序的 GUI 图形用户界面布局文件,然后在软件自动生成的大文件中编写界面布局所包含的各个组件的回调函数,在该函数中,通过编写程序代码,实现演示程序中的各个功能.ATP 系统动态仿真平台主要需要完成三个功能,分别是输入显示、捕获和粗跟踪显示、精跟踪显示,下面分别对这三个功能模块进行设计.

7.2.2.1　输入显示模块设计

ATP 系统的输入信号包括俯仰轴信号和方位轴信号,这两个信号可以根据 STK 软件仿真获得的卫星轨道数据通过相应的换算关系获得(梁延鹏,2014),利用 STK 软件,设置地面站经纬度和海拔为合肥的经纬度和海拔,即 latitude 为 117.27°,longitude 为 31.86°,altitude 为 1 km,设置低轨卫星参数:apogee 为 500 km,perigee 为 500 km, inclination 为 109°,得到卫星相对合肥的方位轴与俯仰轴的角度数据.故在输入显示模块需要实时显示 STK 软件中低轨卫星二维及三维的轨道路径动画,它可由两个 "Activex"音视频播放控件实现,其中 Activex1 显示二维的轨道动画,Activex2 显示三维的轨道动画.输入信号还受地面站的望远镜的初始指向误差影响,故在输入显示模块设计了一个"自定义输入信号"的子"Panel"模块,并在其中设置了 6 种初始指向误差: $(-0.888\,9, -0.985\,1)$,$(-2.255\,8, 1.532\,3)$,$(1.198\,1, 3.981\,9)$,$(-3.273\,4, -1.868\,2)$,$(1.697\,7, -3.758\,5)$ 和 $(3.030\,0, 2.730\,0)$,它可以由 6 个单独的"Radio Button"单选按钮实现.每次实验选择一个单选按钮来指定初始指向误差,此外还需要一个"Axes"坐标轴控件来显示俯仰轴信号和方位轴信号,因其作为粗跟踪模块的输入信号,我们将其放置在捕获和粗跟踪显示模块处,记为 Axes1.另外,输入显示模块还需要一个"输入信号"按钮来控制输入信号的启动,其可由一个"Pushbutton"按钮控件实现,当其被按下之后,后台的回调函数 Pushbutton1_Callback 会开始执行,可控制 Activex1, Activex2 以及 Axes1 的动态显示.

7.2.2.2　捕获和粗跟踪显示模块设计

捕获和粗跟踪显示模块的作用是动态显示捕获扫描的过程、方位轴及俯仰轴的粗跟踪误差实时变化情况以及实现三组开始捕获位置的选择,因此设计了四个"Axes"坐标轴、三个"Radio Button"单选按钮、两个"Edit Text"可编辑文本和一个"Pushbutton"按钮.其中,Axes1 坐标轴控件用于显示输入信号,即方位轴和俯仰轴随时间变化信号,其由输入显示模块中的"输入信号"按钮控制.Axes2 显示捕获的动态过程,捕获的原理采用的是分行式螺旋扫描方法.Axes3 显示方位轴及俯仰轴的粗跟踪误差随时间的变化情况.Axes4 显示方位轴、俯仰轴双轴空间上的粗跟踪误差.三个"Radio Button"按钮表示开始捕获位置的三种选择方案,其中位置"1"表示从卫星刚刚进入可见区域开始捕获,位置"2"表示从卫星经过地面站上方时,即从输入信号占总长的 1/2 位置开始捕获,位置"3"表示从卫星进入可见区域后,且距离到地面站上方一半的位置,即从输入信号总长 1/4 位置处开始捕获,这三种开始捕获位置再分别对应六种初始指向误差,故总共可以进行十八种实验.在两个"Edit Text"可编辑文本中,Edit1 负责显示捕获步数,Edit2 负责显示进入粗跟踪的时间."启动 ATP 系统"按钮负责控制 ATP 系统的启动,当其被按下之后,后台的回调函数 pushbutton2_Callback 会开始执行,可控制"Axes"坐标轴控件以及"Edit Text"可编辑文本控件显示以及输入显示模块中的所有"Activex"音视频播放控件的显示.

7.2.2.3　精跟踪显示模块设计

精跟踪显示模块主要显示精跟踪过程中的方位轴及俯仰轴误差实时变化情况以及 ATP 系统的输出跟踪曲线,可由三个"Axes"坐标轴和一个"Edit Text"可编辑文本控件实现,其中,Axes5 用于显示 ATP 系统的输出跟踪曲线图,分别为输出方位轴跟踪输入方位轴以及输出俯仰轴跟踪输入俯仰轴的跟踪变化情况,Axes6 用于显示精跟踪系统中方位轴及俯仰轴的跟踪误差随时间的变化曲线,Axes7 显示精跟踪系统中方位轴及俯仰轴双轴空间上的跟踪误差.Edit3 负责显示进入精跟踪系统的时间.

为了进一步测试上述设计的 ATP 系统动态仿真平台的实际体验效果,下面对该仿真平台进行了实例演示.

7.2.3　ATP 系统动态仿真平台实例演示

首先启动"main. m"主函数,之后会进入 GUI 初始启动界面,然后在输入显示模块中的"自定义输入信号"处选择一种初始指向误差,比如(-3.273 4,-1.868 2),然后点击"输入信号"按钮,之后在输入显示模块的上方会实时显示低轨卫星的二维及三维的轨道位置路径动画,如图 7.7 所示,其中图 7.7(a)为二维轨道动画,图 7.7(b)为三维轨道动画.

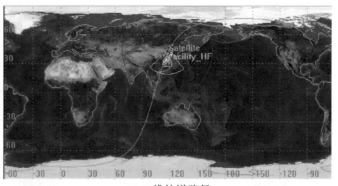

(a) 二维轨道路径

(b) 三维轨道路径

图 7.7　STK 软件中卫星轨道路径

————————

　　同时,在捕获和粗跟踪显示模块中的左上角会同步地显示低轨卫星相对地面站(合肥)的方位轴与俯仰轴的角度位置信号动画,如图 7.8(a)所示.然后我们选择开始捕获位置,比如选择开始捕获位置为位置"1",然后单击"启动 ATP 系统"按钮.此时,捕获和粗跟踪显示模块右上角会显示捕获的动态过程,如图 7.8(b)所示,当捕获完成之后,在其下方会显示"捕获完成的步数为:16 步".接下来,粗跟踪系统被自动启动,下方可编辑文本处会显示"进入粗跟踪时间为:0.16 s",同时,图 7.8(a)会同步地显示卫星相对地面站(合肥)的方位轴与俯仰轴的角度位置信号动画,并且会添加一条绿色竖线代表初始捕获位置,一条实时动画红色竖线表示当前跟踪信号所处的位置,图 7.8(c)实时显示方位轴与俯仰轴的粗跟踪误差随时间变化曲线,图 7.8(d)显示粗跟踪系统中方位轴与俯仰轴双轴空间上动态误差.

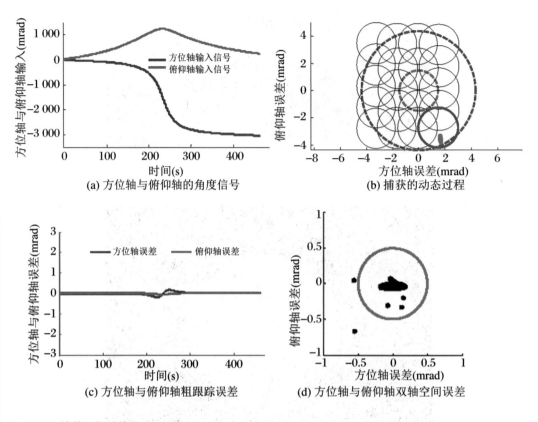

(a) 方位轴与俯仰轴的角度信号

(b) 捕获的动态过程

(c) 方位轴与俯仰轴粗跟踪误差

(d) 方位轴与俯仰轴双轴空间误差

图 7.8 捕获和粗跟踪显示

当仿真进行到粗跟踪误差进入 $500\ \mu\mathrm{rad}$ 以内时,精跟踪系统被自动启动,精跟踪显示模块中的可编辑文本处显示"进入精跟踪时间为:0.223 6 s",同时,精跟踪显示模块上方显示 ATP 系统输出跟踪曲线图,如图 7.9(a)所示,中间处显示方位轴与俯仰轴的精跟踪误差随时间变化曲线,如图 7.9(b)所示,最下方显示精跟踪系统中方位轴与俯仰轴双轴空间上跟踪误差,如图 7.10 所示.

最终得到 ATP 系统动态仿真平台的系统仿真结果如图 7.11 所示,该图展示了从方位轴与俯仰轴输入信号到捕获跟踪全过程的动画显示过程.

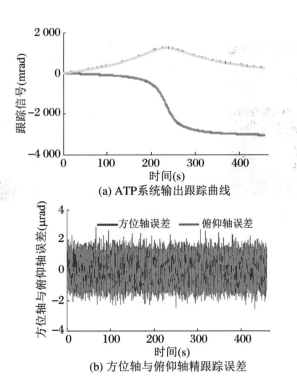

(a) ATP系统输出跟踪曲线

(b) 方位轴与俯仰轴精跟踪误差

图 7.9　ATP 系统中最终精跟踪系统性能

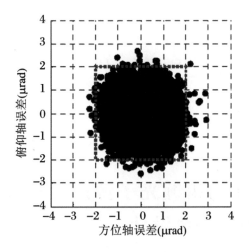

图 7.10　精跟踪系统方位轴与俯仰轴双轴空间误差

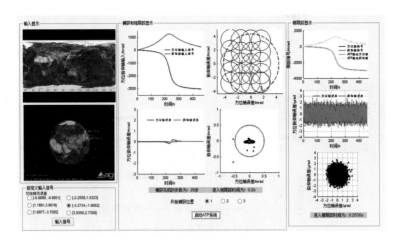

图 7.11　ATP 系统动态仿真平台的系统仿真结果显示图

7.2.4　小结

本节在 GUI 基础上设计了 ATP 系统动态仿真平台,该仿真平台实现了 ATP 系统从输入信号端到仿真结果端的动态显示,可以让用户通过 GUI 界面模块选择仿真条件进行多组实验,并将仿真的图形化结果以人机交互的动态方式实时显示出来.仿真实例表明该 ATP 系统动态仿真平台让用户对整个 ATP 系统的工作过程有直观的了解和清晰的认识.

7.3　基于 GUI 的纠缠光子源产生与接收以及时间差拟合的仿真平台设计

在量子导航定位系统中,通常使用产生量子纠缠光源品质较高,且最成熟的自发参量下转换(Spontaneous Parametric Down Conversion,简称 SPDC)技术来制备纠缠双光子对,SPDC 是由非线性晶体内泵浦光和量子真空噪声的综合作用产生的,每一个入射到晶体内的光子以一定概率自发地分裂为能量较低的两个光子,这两个光子在时间和空间上具有高度的相关性,所以这两个光子被称为纠缠双光子对.当采用量子导航定位系统对地面用户进行定位时,需要联立卫星-地面用户之间的距离方程组,而距离方程需要依据光速和量子纠缠双光子对的到达时间差(Time Difference Of Arrival,简称 TDOA)的关系来建立,所以测量 TDOA 值在导航定位系统中尤为关键(丛爽,宋媛媛 等,2019).使用 SPDC 技术所产生的纠缠双光子对在被接收后,通过量子导航定位系统中的符合测量单元来实现纠缠双光子对之间 TDOA 的获取,符合测量单元可以通过设计软件算法来实现,主要利用了纠缠双光子对的二阶关联特性,对满足符合条件的光子数进行符合计数,可以得到一系列离散的二阶关联分布函数样本点,再对这些样本点进行曲线拟合来测量二阶关联函数曲线的中心偏移量即峰值偏移量,此时曲线峰值所对应的延迟时间就是纠缠双光子对之间的 TDOA 值.

为了演示纠缠光子源的产生与接收,以及在进行符合计数与曲线拟合后的实验结果,呈现一个更加友好的人机交互界面,我们设计了一个基于 MATLAB 图形用户界面接口(Graphic User Interface,简称 GUI)(谈云骏,郝敏,2018)的纠缠光子源产生与接收以及符合计数拟合结果的仿真平台(宋媛媛,丛爽 等,2019).该仿真平台包括了在量子导航定位系统中选取合适参数时 SPDC 技术所制备出具有尽量大的双光子频率纠缠度和干涉可见度的纠缠双光子对的双光子联合光谱图与单光子光谱图的特性显示,产生这两路量子纠缠光的光子脉冲信号与接收转换成两路电平脉冲信号随着横坐标时间变化的动态显示,以及人为输入想设置的真实时间差后进行符合计数和曲线拟合所得到的仿真结果图与符合时间差数值的显示,可以让用户通过 GUI 界面选择符合计数过程中符合门宽、采集时间与延时增加步长这三个参数的不同数值进行多组符合测量的仿真实验,同时将仿真的图形化结果和测量值以人机交互的方式显示出来.

7.3.1 纠缠光子源产生与接收以及符合计数拟合的工作过程和 GUI 设计

在采用自发参量下转换方法来制备纠缠双光子对时,为了达到尽量大的双光子频率纠缠度和干涉可见度,脉冲光频宽 σ_{p} 应尽量小,当 σ_{p} 小到趋近于 0 时,脉冲光抽运就变成了连续光抽运,达到最大纠缠度和干涉可见度;在脉冲光频宽 σ_{p} 确定后,为提高频率纠缠度还可以增大晶体厚度 L,但 L 过大会降低干涉可见度,所以应该选取合适的 L(宋媛媛,陈鼎 等,2019).

因此在使用脉冲光进行抽运时,我们选择的参数值分别为:

（1）信号光和闲置光在晶体中传播的平均逆群速度与抽运光传播的逆群速度差 $D_+ = -1.82 \times 10^{-13} \mathrm{s/mm}$；

（2）闲置光与信号光在晶体中的逆群速度之差 $D = 1 \times 10^{-13} \mathrm{s/mm}$.

通过仿真不同参数下的实验结果中，当我们选择晶体的厚度 L 为 1 mm、脉冲光的频宽 σ_p 为 0.1 nm 时，可以达到尽量大的频率纠缠度 R 为

$$R = \frac{\Delta \nu_s}{\Delta \nu_c} \approx \frac{4.78}{0.49} \approx 9.76 \tag{7.10}$$

以及较大的干涉可见度 V 为

$$V = \frac{\iint \mathrm{d}\omega_s \mathrm{d}\omega_i \mid A(\omega_s, \omega_i) A(\omega_i, \omega_s) \mid}{\iint \mathrm{d}\omega_s \mathrm{d}\omega_i \mid A(\omega_s, \omega_i) \mid^2} \approx \frac{3.463}{3.534} \approx 0.98 \tag{7.11}$$

将上述各参数代入双光子的联合光谱函数 $S(\nu_s, \nu_i)$ 表达式，得

$$S(\nu_s, \nu_i) = \mid \exp[-(\nu_s + \nu_i)^2/\sigma_p^2] \mathrm{sinc}\{[-(\nu_s + \nu_i)D_+ - (\nu_i - \nu_s)D/2]L/2\} \mid^2$$
$$\tag{7.12}$$

我们在 Mathematics 环境下，可以得到如图 7.12(a) 所示的双光子联合光谱函数图.

将上述各参数再代入信号光子和闲置光子的单光子光谱函数 $S_s(\nu_s)$ 和 $S_i(\nu_i)$ 的表达式，得

$$\begin{cases} S_s(\nu_s) = \displaystyle\int \mathrm{d}\nu_i \left| \exp[-(\nu_s + \nu_i)^2/\sigma_p^2] \right. \\ \qquad\qquad \left. \cdot \mathrm{sinc}\{[-(\nu_s + \nu_i)D_+ - (\nu_i - \nu_s + \Omega)D/2]L/2 \right|^2 \\ S_i(\nu_i) = \displaystyle\int \mathrm{d}\nu_s \left| \exp[-(\nu_s + \nu_i)^2/\sigma_p^2] \right. \\ \qquad\qquad \left. \cdot \mathrm{sinc}\{[-(\nu_s + \nu_i)D_+ - (\nu_i - \nu_s + \Omega)D/2]L/2 \right|^2 \end{cases} \tag{7.13}$$

此时令 ν_s 和 ν_i 在 $(-20, 20)$（单位：THz）范围内变化，我们可以得到如图 7.12(b) 所示的单光子光谱图.

由图 7.12(b) 可以看出，信号光和闲置光的单光子光谱图基本重合，表明纠缠光中的两路信号具有最大的频率纠缠度和干涉可见度. 此时，需要对纠缠双光子的单光子光谱进行傅里叶逆变换，将频域信号转换到时域，通过调用 MATLAB 中的 ifft() 变换函数，可以得到如图 7.13 所示的纠缠双光子的频域波形（图 7.13(a)）和时域图像（图 7.13(b)），从图 7.13 中可以看出，信号光和闲置光的频率波形在时域波形中也是基本重合的. 图

7.13(b)中的三角波占空比约为 1/20,由此我们可以在仿真平台中重复产生具有相同占空比的时域中脉冲信号.

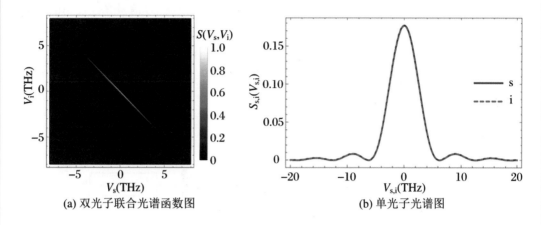

(a) 双光子联合光谱函数图   (b) 单光子光谱图

图 7.12 脉冲光抽运时不同函数的光谱图形

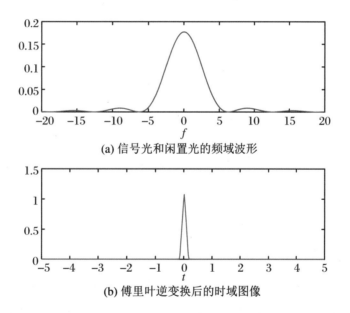

(a) 信号光和闲置光的频域波形

(b) 傅里叶逆变换后的时域图像

图 7.13 纠缠双光子的频域波形和时域图像

在量子导航定位系统中,纠缠双光子对的产生可以直接使用纠缠光子对发生器产品,以上海昊量光电设备有限公司的全光纤纠缠光子源 ATU-EPS 为例,其脉冲频率有 50 MHz,纠缠源与光纤器件兼容,具有良好的模式纯度和高光谱亮度,光子对的发射率由计算机控制,标准产品的双光子干涉可见度大于 90%,如果添加外围制冷,双光子干涉可见度可达到 98%.在产生与接收纠缠双光子的仿真实验中,我们在 Simulink 中所建立的结构如图 7.14 所示,其中,get_source 模块用来产生两路相互纠缠的信号光信号和闲置光信号,show_scope 模块用来显示两路光信号的时域三角波形,信号光经过 stay 模块直接将信号路光信号转换为单光子探测器所探测到的电平信号,闲置光经过 receive 模块将闲置路光信号延迟了所设置的真实时间差这段时间后再转换为单光子探测器所探测到的电平信号,show_square 模块用来显示这两路电平方波脉冲信号.

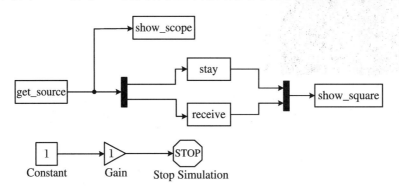

图 7.14　产生与接收纠缠双光子的 Simulink 结构图

　　在量子光产生与接收的实验中,设置了"启动""暂停"和"复位"这三个功能,这些功能是依赖图 7.14 中的 Constant、Gain 和 STOP 所组成的模块实现的,当 Gain 中参数设置为 0 时则启动 get_source,stay 和 receive 模块;当 Gain 中参数设置为 1 时则使 STOP 起作用,即停止了 Simulation;选择复位时则不仅结束了 Simulation,同时也清除了图 7.15 中左下角"photon source & received"的四幅图,图 7.15 为纠缠光子源的产生与接收以及时间差拟合的仿真平台,在纠缠光子源的产生仿真实验中,将信号光和闲置光的脉冲频率设为 50 MHz,相当于每个脉冲的周期为 20 ns,图 7.15 左下角中的量子光产生部分是通过重复产生图 7.12(b)中具有相同 1/20 占空比的时域中脉冲信号产生的.当信号光和闲置光被两个单光子探测器分别接收时,单光子探测器可以将两路光子脉冲信号转换为电平脉冲信号,即每当单光子探测器探测到一个光子到达时会输出一个 TTL 电平方波脉冲信号.由于单光子探测器需要一定的时间进行复原,因此在探测器复原的那一段时间内,单光子探测器即使探测到有光子到达也不会输出电信号脉冲,这一段时间被称为单光子探测器的死时间,一般在 100 ns 左右,正是由于这种现象的存在,单光子探测器每秒钟能够探测的光子数是有限的.

　　单光子探测器接收的是微弱的光信号,在实际测距实验中探测器计数率约为 $1 \times 10^5 c/s$,单光子探测器每当接收到一个光子后,先通过光电效应将光信号转换为微弱的电信号,然后由探测器将电信号放大,最终输出一个电信号脉冲,不同的单光子探测器输出的信号不同,主要可以根据电信号脉冲的正负分为正脉冲和负脉冲.在接收纠缠双光子的仿真实验中,两个单光子探测器输出的电平信号如图 7.15 左下角量子光接收部分所示,输出的是正脉冲电平信号,单光子探测器在没有光子脉冲信号时对应的电位为 0 V,探测到有光子到达时输出的电平峰值约为 1 V,上升沿持续时间为 500 ps 左右.

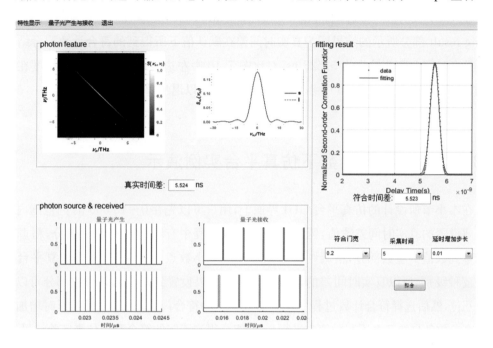

图 7.15　纠缠光子源的产生与接收以及时间差拟合结果的 GUI 设计

首先,点击图 7.15 中菜单栏的"特性显示"时,会在左上角的"photon feature"中分别显示出如图 7.12(a)和图 7.12(b)所示的两幅纠缠光子对的特性图,同时显示出在符合计数仿真实验中我们所设置的真实时间差的默认值 5.524 ns,这里的真实时间差数值可以重新设置,即在图 7.15 的 GUI 设计中"真实时间差:"后面的"Edit Text"文本控件中可以输入所期望设置的信号光和闲置光之间到达时间差值,可以设置的范围为 (0,10 000)(单位:ns).然后,点击图 7.15 中菜单栏的"量子光产生与接收"下的"启动"就开始随着横坐标时间的增加不断地产生和接收两路信号光和闲置光,点击"暂停"则使得当前量子光产生与接收的四个图像暂停住了,点击"复位"则清空了这四个图像并结束 Simulation;当进行符合计数与曲线拟合的仿真实验时,可调参数有三个:符合门宽、采集时间与延时增加步长,在图 7.15 的右下角部分分别设置了符合门宽可选取 0.05 ns, 0.2 ns 和 0.4 ns,采集时间可选取 1 ms,5 ms 和 10 ms,延时增加步长可选取 0.05 ns、

0.01 ns 和 0.005 ns,这三个参数值的选取会影响符合计数与曲线拟合的结果,所以在仿真实验中需要选取适当的值后再点击右下方的"拟合"按钮,在图 7.15 中这三个参数的数值分别为 0.2 ns,5 ms 和 0.01 ns,点击"拟合"按钮后在图 7.15 的右上角 fitting result 部分显示当前设置的真实时间差数值下符合计数拟合结果图(到达时间差的拟合是通过调用 fittype() 函数完成的),并将实验中曲线拟合所得到的符合时间差结果输出在图 7.15 的 GUI 设计中"符合时间差:"后面的"Edit Text"文本控件里,当前图 7.15 中 fitting result 部分所示的结果图为真实时间差在默认值下所得到的符合计数拟合结果图以及符合时间差数值输出为 5.523 ns,对比图 7.15 中左边默认的真实值,其精度在皮秒级别.最后,选择点击图 7.15 中菜单栏的"退出"就可以退出整个界面了.

7.3.2 选取不同参数下仿真平台实例演示

在本小节所设计的仿真平台 GUI 界面上,用户可以先在 0~10 000 ns 的范围内任意选择要设置的真实时间差数值,因为在符合计数过程中有粗调和精调两部分,粗调是为了测量到数值的整数部分,精调则是为了精确测到小数点后的第三位,即仿真平台的精度在皮秒级别,所以真实时间差的整数部分最大可以设置到四位数且小数部分可以设置到第三位,然后选择符合计数过程中精调部分涉及的符合门宽、采集时间与延时增加步长这 3 个参数各自的 3 个不同数值来进行 27 种组合得到不同的符合测量仿真实验结果.

在我们的仿真平台上,当真实时间差的整数部分设置在不同位数的量级上,通过粗调都可以得到较准确的整数数值,而对于小数部分的测量,用户可以根据实际情况中所允许的误差范围,在不同的参数组合中选择一组合适的参数来满足精度和效率的需求.

我们将真实时间差设置为 5.524 ns,分别进行四个符合测量仿真实验,各个实验的参数及结果如表 7.1 所示,实验结果如图 7.16 所示,其中纵坐标为归一化相关函数,横坐标为延时,单位为纳秒.

表 7.1 符合测量仿真实验参数及结果

实验编号	采集时间(ms)	延时增加步长(ns)	符合门宽(ns)	拟合时间差(ns)	拟合误差(ps)
1	1	0.05	0.05	5.529	5
2	1	0.05	0.4	5.519	−5
3	5	0.01	0.2	5.523	−1
4	10	0.01	0.2	5.524	0

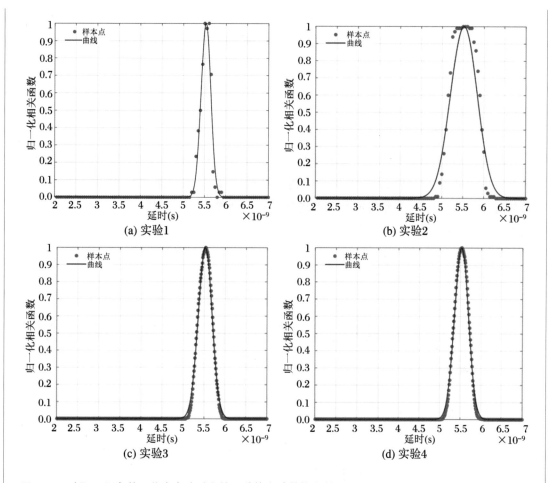

图 7.16　选取不同参数下仿真实验对应的四种符合计数拟合结果图

当采集时间取 1 ms,延时增加步长取 0.05 ns 时,符合门宽分别取 0.05 ns 和 0.4 ns
所得到的仿真实验结果分别如图 7.16(a) 和图 7.16(b) 所示,仿真平台上符合时间差结
果分别显示为 5.529 ns 和 5.519 ns,此时仿真实验误差均在 -10~10 ps 范围内,从中可
以看出符合门宽取值较小或较大都会很明显地影响仿真实验结果的精度;当精度要求更
高时,符合门宽应取 0.2 ns,延时增加步长可以取 0.01 ns,采集时间分别取 5 ms 和
10 ms 所得到的仿真实验结果如图 7.16(c) 和图 7.16(d) 所示,仿真平台上符合时间差
结果分别显示为 5.523 ns 和 5.524 ns,此时仿真实验误差均在 -1~1 ps 范围内,但由于采
集时间越大,仿真平台运行耗时就越长,所以采集时间取在 10 ms 时仿真平台运行时间
最长,也就是随着仿真平台精度的提高,其运行效率会有所降低.用户应该在允许的误差
范围内选择计算效率较高的参数,所以需要综合考虑精度和效率来决定最优参数值.对
于 0~10 000 ns 范围内任意量级的真实时间差数值,这三个参数的最优值选择都是相同

的,所以根据本小节的实例可以看出,在一般情况下,符合门宽选择 0.2 ns,采集时间选择 5 ms,延时增加步长选择 0.01 ns 就可以同时满足精度和效率的需求.

7.3.3 小结

本节在 GUI 基础上设计了量子导航定位系统中关于纠缠光子源产生与接收以及符合测量单元进行符合计数和曲线拟合的仿真平台,可以让用户通过 GUI 界面选择符合计数过程中符合门宽、采集时间与延时增加步长三个参数的不同数值进行多组符合测量的仿真实验,直接得到到达时间差.

7.4 基于量子卫星"墨子号"的量子测距过程仿真实验

2016 年,我国发射了世界上第一颗量子卫星"墨子号",并率先开展了星地间量子通信实验,取得了举世瞩目的成就(Gibney,2016).在量子通信与量子导航定位等领域中,需要以量子光作为信息载体,在量子卫星和地面站之间进行数据传输.相较于传统电磁波通信方式,星地光通信具有更宽的可调制波段,更高的指向性以及更窄的波束,具有设备体积小、重量轻、工作功率小等优势(Kaushal,Kaddoum,2016).同时星光通信过程需要地面站与卫星的光信号收发装置精确对准,并维持稳定的光通信链路.星地光通信需要采用精度更高的捕获、跟踪和瞄准(Acquisition Tracking and Pointing,简称 ATP)系统建立并维持稳定的光通信链路(Jono et al.,1999),ATP 系统通常采用粗精跟踪的复合嵌套,通过对量子卫星发射信标光的捕获、瞄准及跟踪,可以使地面站与量子卫星间建立稳定的信标光和通信光链路,解决精确对准困难和保持稳定链路难度大的问题.其中,粗跟踪系统负责在初始阶段扫描和捕获大范围的信标光,并引导信标光进入精跟踪视场;精跟踪系统负责在粗跟踪精度的基础上减少跟踪误差和补偿由卫星运动引起的超前瞄准误差.粗精跟踪复合嵌套的结构能够有效补偿由于大气扰动及外界环境引起的误差,并抑制由于卫星及地面站平台机械振动引起的光轴偏移(Rzasa,2012).ATP 系统的正常工作需要以卫星轨道信息作为其控制器的输入信号,控制器驱动二维转台电机运动,使其搭载的光学天线视轴始终指向量子卫星,维持量子光链路的稳定.在 ATP 系统

的工作中,卫星的轨道信息一般通过星历表计算或者 GPS 得到(Zhang, Zhang et al.,
2006),在此基础上对已知的卫星位置进行坐标转换,才可以作为 ATP 系统控制器的输
入信号.

　　本节基于"墨子号"量子卫星的轨道参数,对卫星的星下点轨迹进行了仿真,获得"墨
子号"在 24 小时运行时间内的运动轨迹,并对"墨子号"的可观测性进行了分析,获得在
一天中位于安徽省合肥市的地面用户对"墨子号"的可观测区间.通过计算可观测时间段
内卫星相对于地面站的方位角与俯仰角,获得地面站 ATP 系统对卫星实施捕获跟踪瞄
准过程的输入信号.在建立 ATP 系统的仿真模型基础上,本节对"墨子号"进行捕获跟踪
瞄准仿真实验.仿真实验结果表明,所设计的 ATP 系统满足性能指标要求,其稳态跟踪
精度能够达到 2 μrad.

　　在实现捕获跟踪瞄准过程的基础上,本节来实现通过发射纠缠光子对进行量子测距
过程的仿真.纠缠光子对的制备通常采用自发参量下转换的方式,通过选取合适的泵浦
光波长及非线性晶体的厚度,可以提高纠缠光子对的相干度.在接收到纠缠光子对后,地
面站可以通过符合测量的方式计算出 TDOA 值.符合测量利用纠缠光子对的二阶关联
特性,通过记录满足符合条件的纠缠光子对数目,可以获得一系列二阶关联函数样本点,
对样本点进行曲线拟合后,可以得到二阶关联函数的峰值,峰值所对应的延迟时间即纠
缠光子对的 TDOA 值.符合测量算法的实现需要选择三个参数,包括符合门宽、采集时
间以及延时增加步长.为了展示纠缠光子对产生及收发的过程以及符合计数与拟合的结
果,并对仿真实验过程进行控制,本节基于 MATLAB 设计了一套对通过 ATP 系统获取
的纠缠光子对信号的拟合处理,计算出到达时间差的仿真过程.

7.4.1　"墨子号"轨道仿真及可观测性分析

7.4.1.1　卫星轨道参数

　　确定一条人造地球卫星的轨道最少需要 6 个参数,这 6 个参数分别为:轨道半长轴、
轨道偏心率、轨道倾角、升交点赤经、近地点幅角和初始时刻平近点角.我们将根据"墨子
号"轨道六参数,在 MATLAB 环境下对卫星轨道进行建模,并以特定地面观测站对"墨子
号"的可观测性进行分析.

　　"墨子号"卫星在世界标准时间 2019 年 6 月 23 日 14 时 43 分 10 秒时卫星轨道六参
数如表 7.2 所示.根据"墨子号"卫星的轨道六参数,计算出卫星运动相关参数如表 7.3
所示.

表 7.2 "墨子号"卫星轨道六参数

参数	符号	数值
轨道半长轴	a	6 862.393
轨道偏心率	e	0.001 217 8
轨道倾角	i	97.361 5°
升交点赤经	Ω	82.177 6°
近地点幅角	ω	213.664 5°
初始时刻平近点角	M_0	286.361 7

表 7.3 "墨子号"卫星运动参数

参数	符号	数值
卫星速度(km/s)	ν	7.462 2
卫星轨道周期(s)	T	6 027.1
日周期数	N	14.335
平均角速度(rad/s)	n	0.001 1

下面我们将首先根据"墨子号"卫星运动相关参数进行星下点轨迹计算与仿真.

7.4.1.2 "墨子号"星下点轨迹计算与仿真

星下点是地球中心与卫星连线在地表交点的经纬度.本小节对"墨子号"星下点进行仿真,获得卫星在一天工作周期内的星下点轨迹.根据卫星轨道六参数,在给定观测时间 t 内,"墨子号"卫星平近点角 M 为

$$M = n(t - t_0) \tag{7.14}$$

其中,n 为卫星运动的平均角速度,t 为观测时刻,t_0 为过近地点时刻.

根据式(7.14),可以得到卫星偏近点角 E 与真近点角 f 分别为

$$E = M + e\sin E, \quad f = \arctan\left(\frac{\sqrt{1 - e^2}\sin E}{\cos E - e}\right) \tag{7.15}$$

利用级数展开,可以得到卫星真近点角 f 与平近点角 M 之间的关系为

$$f = M + \left(2e - \frac{1}{4}e^3\right)\sin M + \frac{5}{4}e^2\sin 2M + \cdots \tag{7.16}$$

根据卫星真近点角,可以得到卫星的轨道方程为

$$r_{\mathrm{s}} = \frac{a(1-e^2)}{1+e\cos f}, \quad x_{\mathrm{s}} = r_{\mathrm{s}}\cos f, \quad y_{\mathrm{s}} = r_{\mathrm{s}}\sin f \tag{7.17}$$

其中, r_{s} 为卫星轨道平面参数方程, x_{s} 与 y_{s} 为卫星轨道平面参数方程的分量.

根据卫星轨道平面参数方程中的 x_{s} 与 y_{s} 分量,可以得到卫星在地心惯性(ECI)坐标系下的轨迹 r_{ECI} 为

$$r_{\mathrm{ECI}} = R_{\Omega}R_{\omega}R_i\begin{bmatrix} x_{\mathrm{s}} & y_{\mathrm{s}} & 0 \end{bmatrix}^{\mathrm{T}} \tag{7.18}$$

其中, R_{Ω}, R_{ω} 和 R_i 为轨道平面坐标系到地心惯性坐标系的旋转矩阵,它们与卫星在 ECI 坐标系下的升交点赤经 Ω、近地点幅角 ω、轨道倾角 i 的具体坐标表达式分别为

$$\begin{cases} R_{\Omega} = \begin{bmatrix} \cos\Omega & -\sin\Omega & 0 \\ \sin\Omega & \cos\Omega & 0 \\ 0 & 0 & 1 \end{bmatrix} \\[2mm] R_{\omega} = \begin{bmatrix} \cos\omega & -\sin\omega & 0 \\ \sin\omega & \cos\omega & 0 \\ 0 & 0 & 1 \end{bmatrix} \\[2mm] R_i = \begin{bmatrix} \cos i & -\sin i & 0 \\ \sin i & \cos i & 0 \\ 0 & 0 & 1 \end{bmatrix} \end{cases} \tag{7.19}$$

获得卫星在 ECI 坐标系下的坐标后,还需要将其转换至地心地固(Earth Centered Earth Fixed,简称 ECEF)坐标系下,获得卫星在 ECEF 坐标系下的坐标 r_{ECEF}. ECI 至 ECEF 的关键转换步骤包括:① 计算地球岁差;② 计算地球章动;③ 考虑地球自转影响;④ 考虑极移的影响.最后,需要将卫星在 ECEF 坐标系下的轨迹 r_{ECEF} 转换到卫星星下(LLA)点的经纬度坐标系,获得卫星星下点经纬度. ECEF 坐标系至 LLA 坐标系的转换公式为

$$\vartheta = \arctan\left(\frac{z_{\mathrm{ECI}}}{x_{\mathrm{ECI}}^2 + y_{\mathrm{ECI}}^2}\right)$$

$$\varphi = \begin{cases} 180° + \arctan\left(\dfrac{y_{\mathrm{ECI}}}{x_{\mathrm{ECI}}}\right), & x_{\mathrm{ECI}} < 0 \\[3mm] \arctan\left(\dfrac{y_{\mathrm{ECI}}}{x_{\mathrm{ECI}}}\right), & x_{\mathrm{ECI}} > 0 \\[3mm] 360° + \arctan\left(\dfrac{y_{\mathrm{ECI}}}{x_{\mathrm{ECI}}}\right), & x_{\mathrm{ECI}} = 0 \end{cases} \tag{7.20}$$

其中，ϑ 为卫星经度，φ 为卫星纬度；x_{ECEF}，y_{ECEF} 和 z_{ECEF} 分别为卫星在 ECEF 坐标系下的分量．在仿真系统实验过程中，我们利用 MATLAB 中的内置函数 eci2lla，该函数可直接将 ECI 坐标系转换至 LLA 坐标系．

根据卫星轨道六参数计算卫星星下点轨迹的过程总结如下：① 根据式(7.16)和式(7.17)计算卫星在轨道平面坐标系下的坐标；② 根据式(7.18)计算卫星在 ECI 坐标系下的坐标；③ 进行岁差、章动、自转及极移补偿，获取卫星在 ECEF 坐标系下的坐标；④ 根据式(7.20)，将卫星在 ECEF 坐标系下坐标转换为卫星星下点坐标．

根据卫星轨道六参数，将卫星星下点运动轨迹计算为从地面某一点观测到的卫星星下点坐标轨迹的转换步骤如图 7.17 所示．

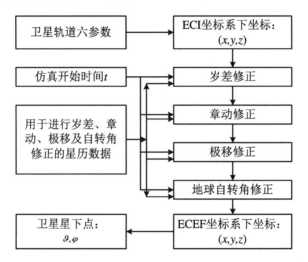

图 7.17　根据轨道参数获得卫星星下点坐标的转换步骤

根据"墨子号"卫星相关参数，利用 MATLAB 对卫星星下点轨迹进行建模，可以得到"墨子号"卫星在 24 小时的运行时间内，所有的星下点轨迹如图 7.18 所示，其中，红点为指定的地面站的位置，本小节将地面站位置设置在安徽省合肥市，其经度为 $117.273°$，纬度为 $31.862°$，海拔高度为 0.5 km．细实线为"墨子号"卫星运行在地球上空所有星下点轨迹．

从图 7.18 中可以看出，在一天 24 小时内，量子卫星一共有四条轨迹，经过指定地面站上空，地面站有 4 次可以利用卫星进行测距的机会．那么，当卫星经过指定地面站上空过程中，有多长的可观测时间呢？下面，我们根据可观测性条件，进行可观测性分析，获得可观测区域．

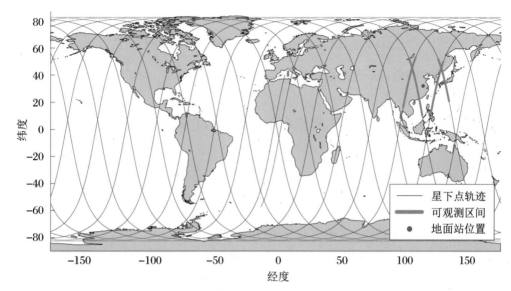

图 7.18 "墨子号"量子卫星星下点轨迹仿真图

7.4.1.3 "墨子号"卫星可观测性分析

为了分析卫星运动过程中对地面站的可观测性,需要引入中心角的概念,卫星中心角可视化定义如图 7.19 所示,其中,γ 为卫星中心角,r_s 为卫星轨道半径,r_e 为地面站距地心距离,El 为地面站 ATP 系统俯仰角.

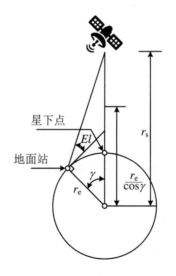

图 7.19 卫星中心角几何示意图

定义卫星中心角 γ 为

$$\cos\gamma = \cos L_e \cos L_s \cos l_s - l_e + \sin L_e \sin L_s \tag{7.21}$$

其中,γ 为卫星中心角,L_e 为地面站北纬,l_e 为地面站西经,L_s 为星下点北纬,l_s 为星下点西经.

若地面站要观测到某颗卫星,则该地面站俯仰角 El 必须大于 $0°$,要使 $El > 0°$,则需要满足

$$r_s > \frac{r_e}{\cos\gamma} \tag{7.22}$$

其中,r_s 为卫星轨道半径,r_e 为地面站与地心的距离.

根据卫星星下点轨迹和代表合肥一个用户的经纬度位置信息,可以得到卫星在 24 小时运行时间内,对地面站的中心角如图 7.20 所示,图中虚线为地面站最大可观测中心角,只有当卫星中心角小于地面站最大可观测中心角时,地面站才能观测到卫星轨迹,所以从图 7.20 可知,卫星在一天的运行时间中,存在四个时间段的卫星中心角小于地面最大可观测角,满足式(7.22).这四段可视轨迹对应于图 7.18 中的蓝色实线.

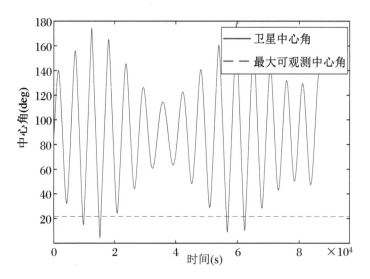

图 7.20 卫星中心角仿真曲线

卫星星下点轨迹及可观测区间三维仿真图如图 7.21 所示,其中,黄色半球球心所在位置为地面站位置,半球覆盖区域为地面站对卫星可观测的四个区域.

图 7.21　卫星星下点轨迹及可观测区间三维仿真图

7.4.1.4　卫星相对地面站方位角及俯仰角计算

在对"墨子号"实施捕获、跟踪与瞄准过程中,需要计算卫星在可观测时间段内相对于地面站 ATP 系统的位置,从而确定 ATP 系统工作时的方位角与俯仰角,其中,俯仰角 El 的计算公式为

$$El = \arccos\left\{\frac{\sin\gamma}{\left[1 + \left(\dfrac{r_e}{r_s}\right)^2 - 2\left(\dfrac{r_e}{r_s}\right)\cos\gamma\right]^{1/2}}\right\} \tag{7.23}$$

其中,r_s 为卫星轨道半径,r_e 为地面站与地心的距离,γ 为卫星中心角.

为了计算 ATP 系统的方位角 Az,需要先定义中心角 β,β 的计算公式为

$$\beta = \arctan\left(\frac{\tan|\,l_s - l_e\,|}{\sin L_e}\right) \tag{7.24}$$

其中,l_s,l_e 和 L_e 分别为星下点西经、地面站西经和地面站北纬.

方位角 Az 与中心角 β 之间的几何示意图如图 7.22 所示,可分为四种情况:

当地面站位于北半球时,若卫星位于地面站东侧,则有 $Az = 180° - \beta$;若卫星位于地面站西侧,则有 $Az = 180° + \beta$.

当地面站位于南半球时,若卫星位于地面站东侧,则有 $Az = \beta$;若卫星位于地面站西侧,则有 $Az = 360° - \beta$.

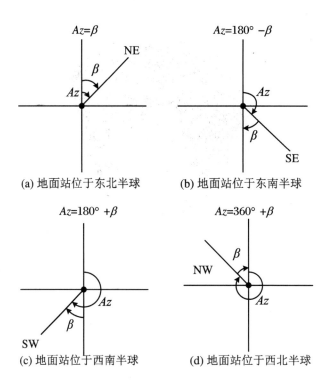

(a) 地面站位于东北半球

(b) 地面站位于东南半球

(c) 地面站位于西南半球

(d) 地面站位于西北半球

图 7.22　计算 ATP 系统方位角的中心角的几何示意图

根据地面站方位角与俯仰角计算公式进行仿真,得到"墨子号"在 24 小时运行时间内,地面站 ATP 系统可以利用和跟踪的卫星光信号的方位角和俯仰角的联合轨迹如图 7.23 所示.

"墨子号"在 24 小时运行时间内,地面站 ATP 系统可以接收的来自量子卫星光信号的方位角与俯仰角分别如图 7.24(a)和图 7.24(b)所示.根据可见时间段内地面站 ATP 系统需要捕获和跟踪量子光的方位角与俯仰角曲线,可以得到方位角与俯仰角角速度分别如图 7.24(c)和图 7.24(d)所示.

根据对"墨子号"卫星经过合肥地面可观测时间段内 ATP 系统期望跟踪信号的方位角与俯仰角的变化曲线图 7.23 中的时间横坐标可知,卫星在 24 h 的运行时间中,地面站可观测总时长为 2 377 s,最长可观测时长为 667 s,最短可观测时长为 496 s,平均可观测时长为 594 s.由方位角与俯仰角角速度变化曲线可知,ATP 系统俯仰角角度变化更剧烈,且在四段可观测时间段中,第二段可观测时间内俯仰角角速度变化最剧烈,因此选择第二段曲线作为 ATP 系统的输入信号进行跟踪,跟踪时间段选择 300~400 s.

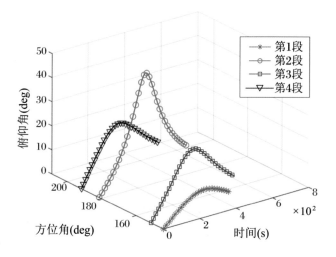

图 7.23　方位角和俯仰角联合轨迹

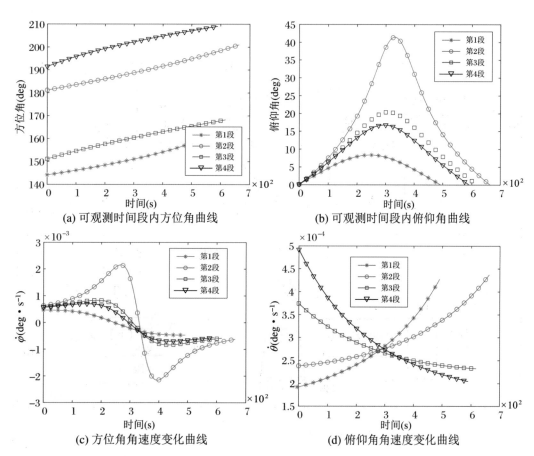

(a) 可观测时间段内方位角曲线

(b) 可观测时间段内俯仰角曲线

(c) 方位角角速度变化曲线

(d) 俯仰角角速度变化曲线

图 7.24　可观测时间段内 ATP 系统期望跟踪信号的方位角与俯仰角变化曲线

7.4.2 ATP 系统工作过程仿真

7.4.2.1 ATP 系统工作原理

卫星端及地面站端利用 ATP 系统进行星地光通信的示意图如图 7.25 所示.量子卫星与地面站分别发射一束发散角较宽的信标光,并针对信标光进行捕获跟踪瞄准,从而建立并维持一个高精度的双向光通信链路.ATP 系统一般采用粗、精跟踪嵌套式的复合结构,它能够有效补偿由于环境引起的误差,并抑制由于卫星及地面站平台的震动所引起的光轴偏移,获得较高的跟踪精度.粗跟踪系统的功能是在 ATP 过程的初始时刻采用扫描的方式捕获信标光,并对信标光信号进行精度较低的粗跟踪,将信标光光斑引入精跟踪系统.精跟踪系统的功能是实现对信标光的精确跟踪过程,使通信双方的跟踪误差小于 2 μrad.

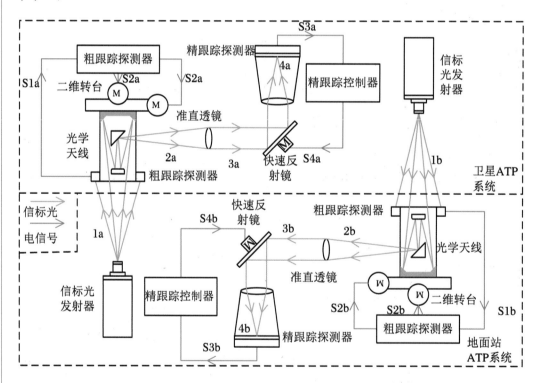

图 7.25 卫星和地面站利用 ATP 系统进行星地光通信示意图

ATP 系统是跟踪方位角与俯仰角的单轴 ATP 子系统组合而成的复合轴系统,以跟踪方位角的单轴 ATP 系统为例,其 Simulink 时域仿真框图及系统仿真框图内部详细结构分别如图 7.26 和图 7.27 所示,单轴 ATP 系统由粗跟踪系统与精跟踪系统两部分串联组成,其中,粗跟踪系统由粗跟踪控制器及二维转台伺服电机组成闭环控制回路,并采用三环 PID 串级控制,自内向外分别为电流环、速度环与位置环,电流环经过等效后可以化简为一比例环节,速度环采用 PI 控制器进行控制,而位置环采用 PID 控制器进行控制;精跟踪部分由精跟踪控制器、快速反射镜及自适应强跟踪卡尔曼滤波器(Adaptive Strong Tracking Kalman Filter,简称 ASTKF)组成,精跟踪控制器采用模型参考自适应控制(Model Reference Adaptive Control,简称 MRAC).

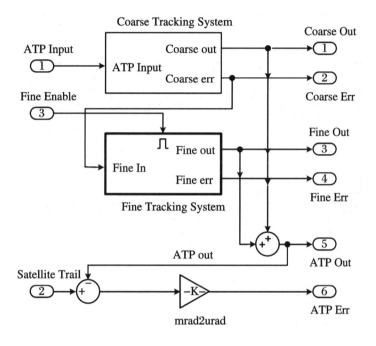

图 7.26　单轴 ATP 系统 Simulink 仿真框图

粗跟踪控制系统模型采用三环 PID 结构,自内而外分别为电流环、速度环和位置环,其中电流环可以近似等效为一个系数为 1 的比例环节,经过等效后的仿真框图如图 7.27 上半部分所示,其中,Motor 模块为电机模型;K_t 为电机的电流力矩系数;Encoder 模块为测角机构,用于获得电机的角位移;控制系统速度环与位置环分别采用 PI 与 PID 控制器,速度环控制器比例系数 $k_{vp} = 1.5$,$k_{vi} = 0.15$,位置环控制器比例系数 $k_{pp} = 40$,积分系数 $k_{pi} = 7$,微分系数 $k_{pd} = 3$.粗跟踪控制系统利用粗跟踪相机光斑质心数据,方位、俯仰电机各相电流数据和测角机构获得的电机转角数据,对粗跟踪电机进行控制,从而实现对于信标光的捕获与粗跟踪.

精跟踪控制系统采用模型参考自适应控制器对快速反射镜进行控制,并利用强跟踪卡尔曼滤波器滤除状态扰动及测量噪声.精跟踪探测器测量由快速反射镜反射的光斑的位置,获得当前角度偏差,并根据偏差产生控制信号,驱动快速反射镜偏转一个角度,实现对于粗跟踪误差的补偿,使 ATP 系统输出误差稳定在 2 μrad 之内,达到理想的跟踪效果.单轴精跟踪控制系统仿真框图如图 7.27 的下半部分所示,其中 MRAC 为模型参考自适应控制器,Controlled FSM 模块为快速反射镜状态空间模型,Reference Model 模块为控制器参考模型,Kalman Filter 模块为强跟踪卡尔曼滤波器,Disturb 和 Noise 分别为系统扰动及噪声.

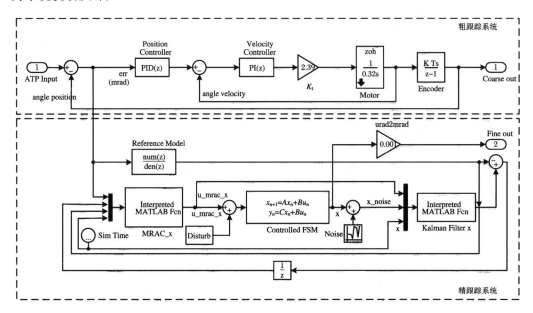

图 7.27　单轴 ATP 系统仿真框图内部详细结构

实验中采用的自适应控制律的具体公式为

$$\begin{cases} h_i^{\mathrm{I}}(k) = h_i^{\mathrm{I}}(k-1) + \lambda_i e(k) \theta_{\mathrm{F}}^{\mathrm{m}}(k-i) \\ h_i^{\mathrm{P}}(k) = \mu_i e(k) \theta_{\mathrm{F}}^{\mathrm{m}}(k-i) \\ h_i(k) = h_i^{\mathrm{I}}(k) + h_i^{\mathrm{P}}(k) \end{cases}, \quad i=1,2; \ \lambda_i > 0; \ \mu_i \geqslant -\lambda_i/2$$

$$\begin{cases} g_i^{\mathrm{I}}(k) = g_i^{\mathrm{I}}(k-1) + \rho_i e(k) u(k-i-1) \\ g_i^{\mathrm{P}}(k) = \sigma_i e(k) u(k-i-1) \\ g_i(k) = g_i^{\mathrm{I}}(k) + g_i^{\mathrm{P}}(k) \end{cases}, \quad i=0,1; \ \rho_i > 0; \ \sigma_i \geqslant -\rho_i/2$$

$$
\begin{cases}
f_i^{\mathrm{I}}(k) = f_i^{\mathrm{I}}(k-1) + l_i e(k) e(k-i) \\
f_i^{\mathrm{P}}(k) = q_i e(k) e(k-i) \qquad\qquad , \quad i = 1,2; \ l_i > 0; \ q_i \geqslant -l_i/2 \\
f_i(k) = f_i^{\mathrm{I}}(k) + f_i^{\mathrm{P}}(k)
\end{cases}
$$

其中，h,g,f 分别为前馈、增益、反馈调节系数；e 为系统误差；u 为控制器输出信号；其余参数物理意义及取值如表 7.4 所示.

表 7.4 自适应控制律中相关参数的参数值

模型参数	符号	参数值
前馈调节因子	λ	$[0.1, 0.5]$
	μ	$[1, 2]$
增益调节因子	ρ	$[1.05, 4]$
	σ	$[1.5, 1.1]$
反馈调节因子	l	$[1, 1]$
	q	$[1.5, 1.5]$
前馈环节系数初值	$h^{\mathrm{I}}(0)$	$[0, 2.2]$
增益环节系数初值	$g^{\mathrm{I}}(0)$	$[15.523, 1]$
反馈环节系数初值	$f^{\mathrm{I}}(0)$	$[0.563, 0.218]$

根据精跟踪系统快速反射镜状态空间模型，以及自适应控制律，我们设计并建立的强跟踪卡尔曼滤波方程为

$$
\alpha(k-1) = \frac{1-c}{1-c^k}
$$

$$
x^*(k) = A\hat{x}(k-1) + Bu(k-1) + \Gamma\hat{q}(k-1)
$$

$$
\tilde{y}(k) = y(k) - Cx^*(k) - r
$$

$$
P^*(k) = \lambda(k) A\hat{P}(k-1)A^{\mathrm{T}} + \Gamma\hat{Q}(k-1)\Gamma^{\mathrm{T}}
$$

$$
K_{\mathrm{f}}(k) = P^*(k)C^{\mathrm{T}}\left[CP^*(k)C^{\mathrm{T}}\right]^{-1}
$$

$$
\hat{x}(k) = x^*(k) + K_{\mathrm{f}}(k)\tilde{y}(k)
$$

$$
\hat{y}(k) = C\hat{x}(k)
$$

$$\hat{P}(k) = [I - K_{\mathrm{f}}(k)C]P^*(k)$$

$$K(k) = K_{\mathrm{f}}(k)\tilde{y}(k)\tilde{y}(k)TK_{\mathrm{f}}(k)T + \hat{P}(k) - A\hat{P}(k-1)A^{\mathrm{T}}$$

$$\hat{q}(k) = [1 - \alpha(k-1)]\hat{q}(k-1) + \alpha(k-1)\hat{\varepsilon}(k-1)$$

$$\hat{Q}(k) = [1 - \alpha(k-1)]\hat{Q}(k-1) + \alpha(k-1)[(\Gamma^{\mathrm{T}}\Gamma)^{-1}\Gamma^{\mathrm{T}}K(k)\Gamma(\Gamma^{\mathrm{T}}\Gamma)^{-1}]$$

其中,α 为时变估计修正因子,x^* 为状态预测值,$\tilde{y}$ 为输出误差,λ 为强跟踪渐消因子,P^* 为状态预测协方差,K_{f} 为卡尔曼滤波器增益,$\hat{x}$ 为状态估计值,$\hat{y}$ 为输出估计值,$\hat{P}$ 为状态估计协方差,$\hat{q}$ 为状态扰动估计均值,$\hat{Q}$ 为状态扰动估计方差.

卡尔曼滤波器设计计算中需要用到的相关参数如表 7.5 所示.

表 7.5　强跟踪卡尔曼滤波器参数

滤波器参数	符号	参数值
扰动均值	$q(0)$	0
扰动协方差	$Q(0)$	0
系统初始状态	$\hat{x}(0)$	$[0;0]$
状态估计方差	$\hat{P}(0)$	$[0.1,0;0,0.1]$
测量噪声方差	R	6.115
强跟踪器遗忘因子	ρ	0.9
强跟踪器弱化因子	l	50
SH 遗忘因子	c	0.651 6

ATP 系统整体 Simulink 仿真框图及仿真程序界面如图 7.28 所示.该仿真系统主要由目标输入模块、方位轴及俯仰轴 ATP 子系统、精跟踪使能模块及数据记录与可视化模块组成.目标输入模块为 ATP 系统提供待跟踪目标位置信息;方位轴及俯仰轴 ATP 子系统用于控制光学系统对目标的跟踪;精跟踪使能模块根据粗跟踪误差,判断是否开始精跟踪过程;数据记录与可视化模块将跟踪结果保存至 Simulink 工作空间中,并进行数据可视化.

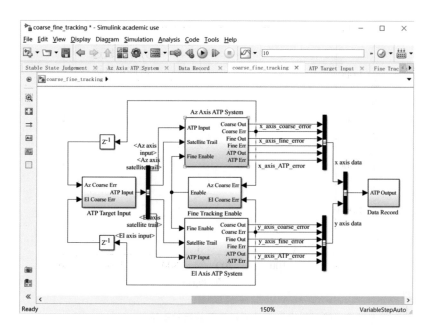

图 7.28 双轴复合 ATP 系统 Simulink 仿真界面及框图

7.4.2.2 ATP 系统仿真及其结果分析

利用 7.4.2.1 小节所建立的 ATP 仿真系统,设置控制器相关参数,然后根据单颗量子定位卫星所在的不同位置进行三组实验.在实验中,设置仿真时间 T 为 10 s,粗跟踪系统采样时间间隔 $\Delta T_\mathrm{f} = 0.01$ s,精跟踪系统采样时间间隔 $\Delta T_\mathrm{f} = 4 \times 10^{-4}$ s,目标跟踪精度为 2 μrad.地面站及卫星的仿真采用 Satellite Tool Kit(STK)仿真软件,在软件中设定地面站经纬度为(117.27°,31.86°),高度为 0.5 km;卫星轨道六参数为:半长轴 $\alpha = 6\,878.14$ km,轨道偏心率 $e = 0.000\,13$,轨道倾角为 109°,升交点赤经为 4°,近地点幅角和平近点角为 0°.设置仿真开始时间为 2018 年 7 月 15 日上午 9 时 19 分 30 秒,结束时间为 2018 年 7 月 15 日上午 9 时 30 分 4 秒,记录卫星轨道数据,得到卫星在地面站视野中可见时间为 636 s.可见时间内卫星在地面站坐标系下的方位角与俯仰角如图 7.29 所示.选择三个位置作为三次仿真实验中地面站开始进行捕获跟踪及瞄准动作时卫星的初始位置.三次实验中卫星的初始位置分别为(4 023.02,108.37)、(3 911.64,536.41)和(2 476.85,1 346.22).

通过在 Simulink 下对量子导航定位系统中的 ATP 系统进行不同参数设计下的系统仿真实验,获得三组不同的实验结果如表 7.6 所示.

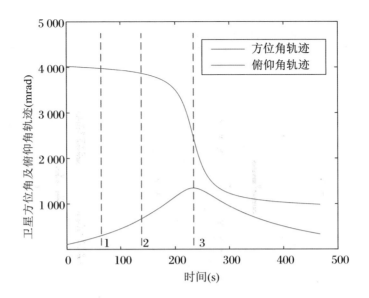

图 7.29　可见时间内量子导航卫星在地面站坐标系下的运动轨迹

表 7.6　ATP 系统仿真实验结果

性能指标	符号	实验编号		
		#1	#2	#3
捕获时间	t_a	0.27	0.03	0.03
粗跟踪时间	t_c	0.01	4.49	0.04
精跟踪时间	t_f	0.06	0.02	0.06
调节时间	t_s	0.34	4.54	0.13
准确跟踪率	P_f	99.54%	99.78%	99.84%

　　从表 7.6 中可以看出,在捕获到量子定位卫星,信号进入粗跟踪探测器视场后,粗跟踪过程的一般调节时间在 0.04 s 左右,三次实验中最大粗跟踪时间为 4.49 s;精跟踪过程的一般调节时间在 0.3 s 左右,三次实验中最大粗跟踪时间为 4.54 s.需要指出的是,精跟踪过程的调节时间中包含粗跟踪的调节时间.实验结果表明,当采用分行螺旋式扫描策略时,系统能够在 25 步之内实现对于卫星的捕获,捕获概率为 100%.

　　图 7.30 为 ATP 系统在采用分行螺旋式扫描方式捕获过程实验 1 的结果图,其中,红色轨迹为卫星运动轨迹,灰色有向线段为捕获的路径,最外圈的蓝色虚线大圈为捕获开始时卫星的不确定域,中间的咖啡色虚线小圆为光学天线初始位置,红点为卫星所在位置,蓝色实线小圆为最终捕获并保持跟踪的范围,从图 7.30 中可以看出,粗跟踪系统经过 9 次分行螺旋式扫描,花费 0.27 s 捕获到信号.

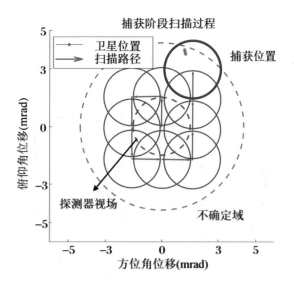

图 7.30　捕获阶段扫描过程

　　图 7.31 为实验中粗跟踪过程的误差曲线,实验中所花费的粗跟踪过程的调节时间为 0.01 s,从中可以看出,信号在进入粗跟踪探测器视场后,其误差能够始终落在粗跟踪的 500 μrad 小的红色圆圈的精度性能指标域内(Duan et al.,2019).

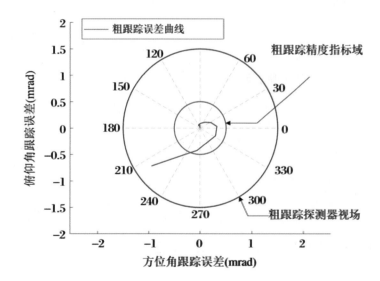

图 7.31　粗跟踪误差曲线

图 7.32 为 ATP 系统精跟踪的误差信号,实验中所花费的精跟踪过程的调节时间为 0.06 s;精跟踪的方位角平均跟踪误差为 0.58 μrad,俯仰角平均跟踪误差为 0.60 μrad, ATP 系统的整个调整时间为 0.34 s.实验结果表明,精跟踪误差小于 2 μrad 的误差信号占总误差点的 99.54%(Duan et al.,2019).

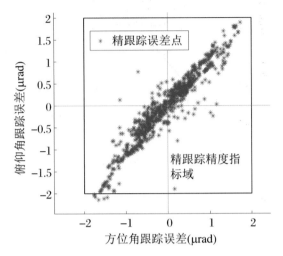

图 7.32　精跟踪误差信号

本小节针对量子导航定位系统中用于建立并维持高精度光通信链路的 ATP 系统,具体结合真实的"墨子号"量子卫星的轨道六参数,对量子卫星轨道发射的信号到达地面用户的信号变换,以及地面对卫星发射到地面的信号,进行捕获与高精度精跟踪的 ATP 系统的设计,以及系统仿真实验的研究.提出了一种基于 PID 控制器、MRAC 控制器以及 AST 卡尔曼滤波器的粗精跟踪串联 ATP 系统,利用 Simulink 仿真软件建立了仿真模型,并进行了实验.实验结果表明本书提出的 ATP 系统能够在 5 s 内实现对于卫星的捕获与跟踪,跟踪误差小于 2 μrad.下一小节我们将在所设计的 ATP 系统的基础上,进行量子测距过程的仿真实验及其结果分析.

7.4.3　量子测距过程的仿真实验及其结果分析

7.4.3.1　符合计数过程仿真

在建立并维持稳定的光通信链路后,地面站可以通过链路向卫星发射具有纠缠特性的量子光,并接收由卫星角锥反射镜反射的纠缠光子对,通过曲线拟合计算出闲置光与

量子导航定位系统
Quantum Navigation and Positioning Systems

纠缠光的到达时间差(Time Difference Of Arrival,简称 TDOA),从而建立卫星-地面用户之间的距离方程组.当至少有三颗量子卫星与地面用户建立光通信链路后,可以测算到三组 TDOA 值,根据 TDOA 值、量子卫星的三维坐标以及光速与时间延迟之积等于卫星与用户距离两倍的关系,可以计算出地面用户的三维坐标.设三颗卫星的坐标分别为 $R_i(X_i,Y_i,Z_i)$,$i=1,2,3$,地面用户的坐标为 $r(x,y,z)$,则光速、闲置光与纠缠光的到达时间差和卫星及地面用户之间的距离关系可以写为

$$2\sqrt{(X_i-x)^2+(Y_i-y)^2+(Z_i-z)^2}=c\Delta t_i,\quad i=1,2,3 \qquad (7.25)$$

其中,c 为光速;Δt_i,$i=1,2,3$ 为三颗卫星与地面用户之间的 TDOA 值.

根据式(7.25)可以计算出用户的空间位置三维坐标 $r(x,y,z)$.

为了展示纠缠光子源产生和接收的过程及符合计数与曲线拟合后的结果,同时便于仿真相关参数的设置,本小节基于 MATLAB 用户图形界面接口设计了纠缠光子源产生与接收以及符合计数拟合的仿真程序.程序界面如图 7.33 所示,该界面就是我们在 7.3 节中建立起的量子测距过程的系统仿真实验界面.在程序界面中,photon feature 框展示了纠缠光时频域光谱图;photon source & received 框展示了纠缠光子对的产生及发射接收过程;fitting result 框展示了 TDOA 值的拟合结果.

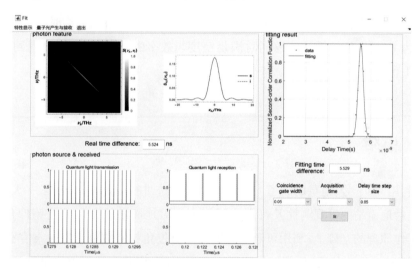

图 7.33　符合计数过程仿真控制程序

7.4.3.2　符合计数仿真实验结果及其分析

在仿真实验中,设置纠缠光子对的到达时间差为 5.524 ns,并分别设置符合门宽、采

集时间以及延时增加步长,进行多组实验,得到利用符合计数进行测距的仿真实验的参数及结果如表 7.7 所示.

表 7.7 符合计数仿真实验结果

实验编号	采集时长(ms)	延时增加步长(ns)	符合门宽(ns)	拟合到达时间差(ns)	拟合误差(ps)
1	1	0.05	0.05	5.529	5
2	1	0.05	0.2	5.521	-3
3	1	0.05	0.4	5.519	-5
4	1	0.01	0.05	5.523	-1
5	1	0.005	0.05	5.523	-1
6	5	0.05	0.05	5.519	-3
7	10	0.05	0.05	5.526	2

从仿真结果中可以看出,随着采集时间的增加,拟合精度会有很大提高,但同时仿真程序运行效率会有所下降;此外,符合门宽对于拟合的精度也有较大影响.考虑到量子导航系统应当在允许的误差范围内尽量具有较高的效率,因此需要综合考虑精度及运行效率确定最优参数值.对于 $0\sim10\ 000$ ns 范围内的真实时间差数值,这三个参数的最优值选取都是相同的,根据仿真实验结果,当设定符合门宽为 0.05 ns、采集时间为 1 ms、延时增加步长为 0.01 ns 时,系统能够同时满足精度与效率的要求,此时拟合得到的 TDOA 值误差为 1 ps.

7.4.4 小结

本节利用"墨子号"卫星的轨道参数对其运动轨迹进行了仿真,分析了一天的工作周期中,卫星对地面站的可观测性及可观测区间内相对地面站的方位角及俯仰角,并在阐述 ATP 工作原理的基础上,利用可观测区间内的方位角与俯仰角作为输入信号,对 ATP 系统进行了 Simulink 仿真,仿真结果表明本节提出的 ATP 系统能够对低轨道量子卫星实施有效的捕获跟踪瞄准过程,跟踪精度优于 2 μrad. 在准确实施捕获跟踪瞄准过程的基础上,本节设计并进行了纠缠光子对的产生,纠缠光子对的数据的获取与拟合,得到纠缠光子对的符合计数曲线,并精确地计算出纠缠光子对的到达时间差,实现量子测距的过程,为后续量子导航定位系统的物理实现,提供了坚实的理论及系统仿真实验基础.

第 8 章

量子定位系统中考虑超前瞄准角的 ATP 系统的设计及其仿真实验

8.1 引言

在量子定位系统中,量子光的发散角度很小,且光束对准跟踪精度要求高,这意味着为了能够实现星地间光链路的高精度对准,需要建立一套捕获、跟踪和瞄准(Acquisition Tracking and Pointing,简称 ATP)系统用以对光链路的建立及保持.深空星地激光通信的 ATP 系统是星地量子通信实验的基础,星地量子定位系统在光链路的建立、维持基础上采用的 ATP 系统与星地激光通信系统中 ATP 系统原理相同(刁文婷 等,2016),其中,超前瞄准子系统作为 ATP 系统的重要组成部分,用于地基系统在向运动卫星发射量子光时,以及星基卫星在导航过程中,跟踪地面移动目标时,弥补由于星地之间相对运动造成的发射瞄准偏差,当瞄准偏差过大时,有可能直接导致系统性能恶化,严重时可能会造成通信链路中断,因此,瞄准偏差的有效补偿,对链路保持起到较为重要的作用,直接影响着跟踪精度与导航系统的定位精度(叶德茂 等,2012).

　　本章在描述量子导航定位系统,以及其中的捕获、跟踪和瞄准系统的工作过程的基础上,对超前瞄准子系统中超前瞄准偏差产生的原因进行分析,并提出一种利用精跟踪系统的超前瞄准实现方案,对超前瞄准子系统进行设计.同时借助量子科学实验卫星"墨子号"的轨道六要素对超前瞄准角进行计算,转化成地面 ATP 系统精跟踪系统的动态跟踪中心,对考虑了超前瞄准偏差补偿的 ATP 系统进行系统仿真实验,并对结果进行分析.

8.2　超前瞄准子系统设计

　　在星地量子通信过程中,ATP 系统作为通信过程中的关键系统,具有捕获、跟踪、瞄准的作用,一般采用嵌套式的粗跟踪系统复合精跟踪系统的技术,其组成及工作过程如图 8.1 所示.

　　图 8.1 中,信标光模块为星地间光链路的建立提供稳定的信标光光源,在接收信号过程中,ATP 粗跟踪模块首先对入射光进行捕获,并初步对准,将入射光引入精跟踪能够探测到的范围,之后转入精跟踪模块,实现对入射光的精确跟踪,使通信双方的跟踪误差小于 2 μrad.在信号发射过程中,由于通信双方之间存在高速的相对运动,利用超前瞄准系统,使系统发射的量子光沿卫星运行方向,超前所接收的入射光瞄准一个角度,进而完成超前对准发射.

8.2.1　超前瞄准原理分析

　　在 ATP 系统中,除了精确跟踪对方位置以外,为了补偿光束在来往时间内双方间的相对位移引起的瞄准误差,还应将量子光的发射角度沿着卫星运动方向,超前入射信标光一定的角度,这个偏差的角度称为超前瞄准角(刘智颖,付跃刚,2006).超前瞄准角是根据两个通信终端的相对位置及速度来计算通信光束超前跟踪运动方向的角度.超前瞄准示意图如图 8.2 所示,其中,A 与 A' 两点分别为惯性坐标系中,在运行轨道上的同一空间卫星在不同时刻的位置,B 点为地面目标的位置.

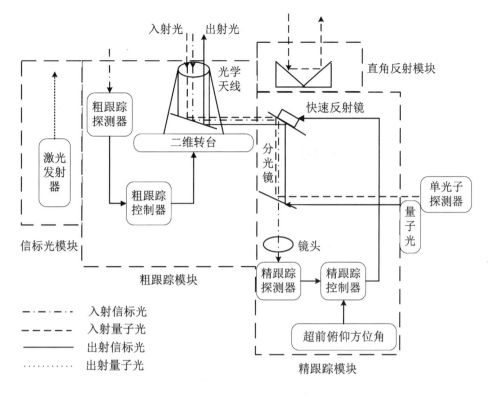

图 8.1 ATP 系统组成及工作过程

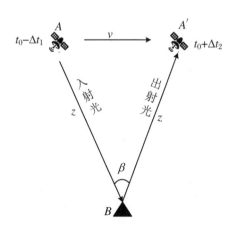

图 8.2 超前瞄准示意图

在 $t = t_0 - \Delta t_1$ 时,卫星在 A 点发射的入射信标光,经过时间 Δt_1 到达地面观测 B 点,之后,在 t_0 时刻,地面 B 点发射的量子光需经过 Δt_2 时间到达卫星端,此时卫星已经从 A 点运动到了 A' 点,所以为了补偿由 A 点运动到 A' 点带来的误差,需要在 B 点将

出射光光轴超前 A 点偏离入射光光轴一定的角度 β.

设卫星 A 相对地面目标 B 的速度为 v,光速为 c.由于人造卫星运动速度相对光速较慢,光束的来回时间很短,卫星在这段时间内运动的距离较短,因此可以认为光束往返的长度一致,时间相同,即 $\Delta t = \Delta t_1 = \Delta t_2$.空间卫星与地面之间的距离为 $z = c\Delta t$.根据弧长计算公式,超前瞄准角 β 的值很小,可近似表示为(钱锋,2014)

$$\beta \approx \sin\beta = \frac{v \times 2\Delta t}{z} = \frac{2v\Delta t}{c\Delta t} = 2\frac{v}{c} \tag{8.1}$$

8.2.2 超前瞄准实现方案

对于超前瞄准角度的补偿,有两种实现方案:一是通过设计额外的超前瞄准模块来实现,超前瞄准模块由超前瞄准镜、超前瞄准探测器以及超前瞄准控制器三部分组成;二是基于精跟踪模块的方法来实现(梁延鹏,2014).由于使用独立的超前瞄准模块实现量子光的超前瞄准方法增加了终端重量和 ATP 子系统的复杂度,本章采用第二种基于精跟踪模块的方法来实现超前瞄准角度的补偿,其过程是:将计算所得到的超前瞄准角度转换为精跟踪模块的动态跟踪中心,再由精跟踪控制器控制快速倾斜镜偏转,使出射光方向偏离信标光光轴进而实现超前瞄准.

采用基于精跟踪模块方法实现超前瞄准角的补偿方案如图 8.3 所示,它通过修改精跟踪点的位置来实现出射光与入射光之间的偏角 β.设入射光方向为跟踪轴方向 PT,出

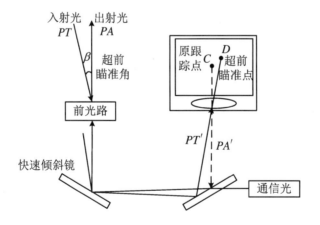

图 8.3 超前瞄准实现方案

射光方向为瞄准轴方向 PA，入射光经光路传输后到达精跟踪镜头前的方向为 PT'，其成像点为超前瞄准点．精跟踪探测器的原跟踪点保证了跟踪轴与瞄准轴重合，原跟踪点 C 出射的光线 PA' 经光路传输后，会沿瞄准轴 PA 出射，即 PT' 轴与 PA' 轴夹角和 PT 轴与 PA 轴夹角相等，均等于超前瞄准角．因此，修改精跟踪点从 C 到 D 的平面位置，可以使瞄准轴 PA 偏离跟踪轴 PT，进而实现出射光的偏离角度 β．

8.3　超前俯仰角与方位角的计算

式(8.1)给出的是超前瞄准角的一维近似表达，在实际应用中需要先将超前瞄准角 β 分为超前俯仰角与方位角(李柏良，2019)，然后再进行两个角度的分别控制，并根据精跟踪探测器镜头焦距及像元尺寸，将其换算成对应方向上的精跟踪像元数目，进而得到超前瞄准点 D 的位置．

通过卫星的轨道六要素可以进行更准确的超前瞄准角的计算．这六个参数分别为轨道半长轴 a、偏心率 e(确定卫星运行的轨道大小与形状)、轨道倾角 i、升交点赤经 Ω、近地点幅角 ω(确定卫星轨道所在的空间方位)，以及真近点角 f(确定卫星在轨道中的位置)．根据卫星的轨道六要素可以唯一地确定卫星轨道及卫星的空间位置，其中只有真近点角是随时间变化的量，其余都是常量．定义平近点角 $M = n(t - t_p)$，其中 n 为卫星运动的平均角速度，t 为观测时刻，t_p 为过近地点时刻．真近点角可以表示为

$$f = M + \left(2e - \frac{e^3}{4}\right)\sin M + \frac{5e^2}{4}\sin 2M + \frac{13e^3}{12}\sin 3M + \cdots \tag{8.2}$$

根据卫星真近点角可以获得卫星的轨道方程式为

$$r = \frac{a(1 - e^2)}{1 + e\cos f} \tag{8.3}$$

在地心轨道坐标系中，卫星的位置坐标可以表示为：$x_0 = r\cos f$，$y_0 = r\sin f$，$z_0 = 0$．

应用坐标转换公式并根据卫星的地心轨道位置坐标可以推导出卫星在地心惯性坐标系中的坐标为

$$\begin{bmatrix} x \\ y \\ z \end{bmatrix} = R_z(-\Omega)R_x(-i)R_z(-\omega)\begin{bmatrix} x_0 \\ y_0 \\ z_0 \end{bmatrix}$$

其中,$R_z(\theta)$,$R_x(\theta)$ 分别表示绕 z 轴与 x 轴的旋转矩阵,具体形式为

$$R_z(\theta) = \begin{bmatrix} \cos\theta & \sin\theta & 0 \\ -\sin\theta & \cos\theta & 0 \\ 0 & 0 & 1 \end{bmatrix}, \quad R_x(\theta) = \begin{bmatrix} 1 & 0 & 0 \\ 0 & \cos\theta & \sin\theta \\ 0 & -\sin\theta & \cos\theta \end{bmatrix}$$

考虑地球岁差、章动、自转及极移的影响(Urban,Seidelmann,2013),可以获取卫星在地心地固坐标系下的坐标 $[x'\ y'\ z']^T$,并转换成卫星星下点坐标,用经纬度表示为

$$\vartheta = \arctan\left(\frac{y'}{x'}\right), \quad \varphi = \arctan\left(\frac{z'}{\sqrt{x'^2 + y'^2}}\right) \tag{8.4}$$

其中,ϑ 为卫星星下点经度,φ 为卫星星下点纬度.

借助于卫星星下点位置,可以获得卫星与地面站之间的相对几何关系,如图 8.4 所示(章仁为,1998),其中,S 为卫星的空间位置,P 点为地面目标的位置,其地心纬度为 L,B 点为卫星星下点位置,其地心纬度为 φ,地面目标相对卫星星下点子午线的经度为 θ,R 表示地面目标与地心的距离,r 为卫星与地心的距离.

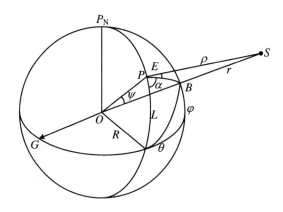

图 8.4 卫星空间位置几何示意图

则卫星相对于地面目标的距离、斜距 ρ 可以表示为

$$\rho = \sqrt{R^2 + r^2 - 2rR\cos\psi} \tag{8.5}$$

其中,ψ 为卫星星下点与观察站之间的地心夹角,满足

$$\cos\psi = \cos L\cos\varphi\cos\theta + \sin L\sin\varphi \tag{8.6}$$

可以得到卫星相对地面的俯仰角 E 为

$$E = \arccos \frac{r\sin\psi}{\rho} \tag{8.7}$$

方位角 A 的计算需要借助于中间角 $\alpha = \arctan\left(\dfrac{\tan|L-\varphi|}{\sin\theta}\right)$. 根据地面站与卫星星下点之间的位置关系,方位角与中间角之间的转换关系为

$$A = \begin{cases} \alpha, & \text{卫星位于地面站东北方} \\ 180° - \alpha, & \text{卫星位于地面站东南方} \\ 180° + \alpha, & \text{卫星位于地面站西南方} \\ 360° - \alpha, & \text{卫星位于地面站西北方} \end{cases} \tag{8.8}$$

超前瞄准角的计算思路为:首先通过卫星的轨道方程描述卫星随时间变化的位置矢量,再将其转换到地心惯性坐标系中,然后根据地心地固坐标系下的坐标获得卫星的星下点坐标,根据式(8.5)计算地面站与卫星间的斜距 ρ_0,根据式(8.7)、式(8.8)分别计算地面站初始指向的俯仰角 E_0 与方位角 A_0. 根据斜距 ρ_0 可以计算光束弛豫时间 $\Delta t = 2\dfrac{\rho_0}{c}$,根据式(8.2)可以预先估算卫星在光信号到达时的轨道位置,从而获得地面站超前指向的俯仰角 E_1 与方位角 A_1. 则在一次相对移动的时间内,超前俯仰角 E_p 与超前方位角 A_p 的表达式可以分别写为

$$\begin{cases} E_p = E_1 - E_0 \\ A_p = A_1 - A_0 \end{cases} \tag{8.9}$$

8.4 基于超前瞄准角的精跟踪中心点位置调整量计算

根据方案实现思路,需要将得到的超前瞄准角度转换为精跟踪模块的动态跟踪中心点位置,为了便于将偏差角向精跟踪探测器跟踪中心调整量的转化(邹紫盛,2019),以精跟踪探测器镜头中心点为坐标原点 O,由坐标原点 O 指向探测器中心点 O' 的方向为 z 轴,根据右手定则,以平行于探测器像元两边方向分别为 x 坐标轴和 y 坐标轴方向,建立探测器三维坐标系 $Oxyz$. 以探测器中心点为坐标原点 O',以像元大小 d_a 为单位距离,

平行于探测器像元两边方向分别为 x' 坐标轴和 y' 坐标轴方向,建立像素平面坐标系 $x'Oy'$,像素平面坐标系坐标 (x',y') 与探测器三维坐标系坐标 (x,y,z) 的坐标转化式为

$$\begin{cases} x = d_a \times x' \\ y = d_a \times y' \\ z = f \end{cases} \tag{8.10}$$

超前瞄准角度与跟踪中心调整量的转换关系如图 8.5 所示,以 yOz 为基准面,出射轴 OA 与基准面夹角即为出射光偏离入射轴的超前俯仰角 E_p,OA 在基准面上投影与 z 轴夹角即为出射光偏离入射轴的超前方位角 A_p,点 A' 为对应的精跟踪模块动态跟踪中心.

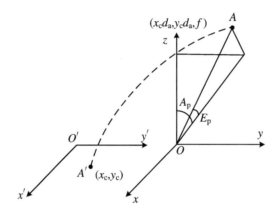

图 8.5 转换关系图

根据式(8.10)所示坐标转化关系,可以得到超前瞄准角度与跟踪中心调整量的转化式为

$$\begin{cases} x_c = \dfrac{\tan E_p \times \sqrt{(y_c \times d_a)^2 + f^2}}{d_a} \\ y_c = \dfrac{\tan A_p \times f}{d_a} \end{cases} \tag{8.11}$$

其中,f 为镜头焦距,由于镜头焦距远大于像元尺寸,因此式(8.11)可以简化为

$$\begin{cases} x_c = \dfrac{\tan E_p \times f}{d_a} \\ y_c = \dfrac{\tan A_p \times f}{d_a} \end{cases} \tag{8.12}$$

8.5 超前俯仰角、方位角及精跟踪动态中心位置的数值仿真

根据"墨子号"轨道六参数,在 MATLAB 环境下对卫星轨道进行模拟,并根据特定地面观测站位置,对超前瞄准角进行计算."墨子号"卫星在世界标准时间 2019 年 6 月 23 日 14 时 43 分 10 秒时卫星轨道六参数如表 8.1 所示.地面站位置设置在安徽省合肥市,位置参数如表 8.2 所示.

表 8.1 "墨子号"卫星轨道六参数

参数	符号	数值
轨道半长轴	a	6 862.393
轨道偏心率	e	0.001 217 8
轨道倾角	i	97.361 5°
升交点赤经	Ω	82.177 6°
近地点幅角	ω	213.664 5°
初始时刻平近点角	M_0	286.361 7

表 8.2 地面站位置参数

参数	符号	数值
地球半径	R	6 371.393
地球自转角速度	ω_e	$7.292\ 115 \times 10^{-5}$
引力常数	GM	3.986×10^5
二阶引力位系数	J_2	1.83×10^{-3}
地面站经度	λ	117.273°
地面站纬度	L	31.862°
地面站高度	h	0.5

根据卫星的星下点轨迹对卫星运动过程中地面站的可观测性进行分析,可以得到在一天 24 小时的时间内,卫星一共有 4 条轨迹经过指定地面站的上空(丛爽,段士奇,2020),在这 4 段可观测时间内,根据式(8.7)与式(8.8)可以分别计算得到地面站 ATP 系统捕获和跟踪量子光的初始俯仰角与方位角曲线如图 8.6(a)与图 8.6(b)所示.

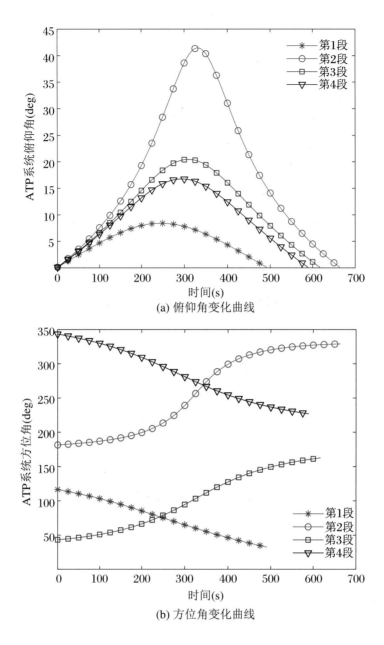

(a) 俯仰角变化曲线

(b) 方位角变化曲线

图 8.6　可观测时间段内俯仰角与方位角变化曲线

　　在可观测时间段内,根据卫星所运行的位置与地面站间的相对距离,再根据式(8.5)计算得到光束的弛豫时间,进而根据地面站超前指向的俯仰角与方位角以及式(8.9),可以得到四次过境时间中超前俯仰角与方位角的变化情况,分别如图 8.7(a)与图 8.7(b)所示.

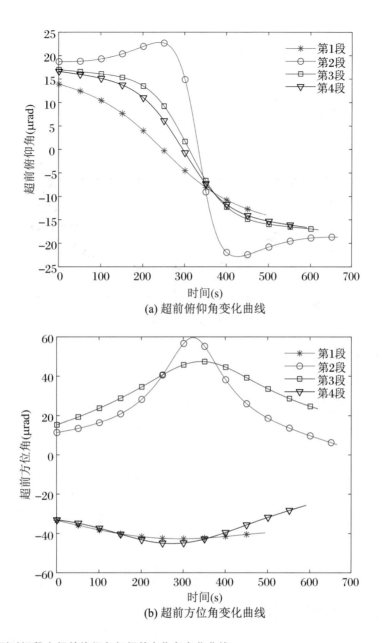

(a) 超前俯仰角变化曲线

(b) 超前方位角变化曲线

图 8.7　可观测时间段内超前俯仰角与超前方位角变化曲线

　　由超前俯仰角及超前方位角变化曲线可以看出,超前瞄准角的大小为几十微弧度量级,在整个过境过程中基本是对称的,在经过地面站上方时,由于星地间相对速度最大,此时的超前方位角也达到最大.根据式(8.12)可以将得到的超前俯仰角及方位角转换为精跟踪动态中心的调整量,其中,取精跟踪探测器镜头焦距 $f = 1\,000$ mm,像元尺寸 $d_a =$

2.4 μm,则在四段可观测时间内,各段精跟踪中心调整量变化曲线如图 8.8 所示.

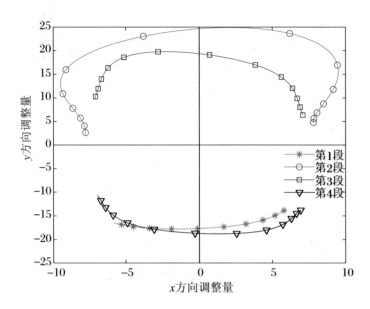

图 8.8 精跟踪中心调整量变化曲线

根据曲线的变化情况可以看出,x 方向调整量小于 y 方向调整量,且最大需要调整的像素数目大约为 25 个像元.结合图 8.6、图 8.7 各段曲线的变化情况,在四段可观测时间中,可以看出第 2 段可观测时间内俯仰角变化最剧烈,且超前瞄准角的变化范围也最大,因此选择第 2 段 200~400 s 的数据作为 ATP 系统的输入信号进行跟踪.

8.6 考虑超前瞄准角影响的 ATP 系统的跟踪实验及其结果分析

8.6.1 考虑超前瞄准角的 ATP 系统的 Simulink 仿真实验系统的建立

ATP 系统 Simulink 仿真界面及框图如图 8.9 所示,ATP 系统是由跟踪方位角与俯仰角的单轴 ATP 子系统组合而成的复合轴系统.以跟踪方位角的单轴 ATP 系统为例,其 Simulink 时域仿真框图如图 8.10 所示,其输入信号为 ATP 系统的目标信号、卫星轨迹信号、精跟踪使能信号,以及超前瞄准角信号,输出为粗跟踪系统二维转台的机械位移和误差、精跟踪系统快速反射镜的机械位移和误差,以及 ATP 系统的整体输出及误差.

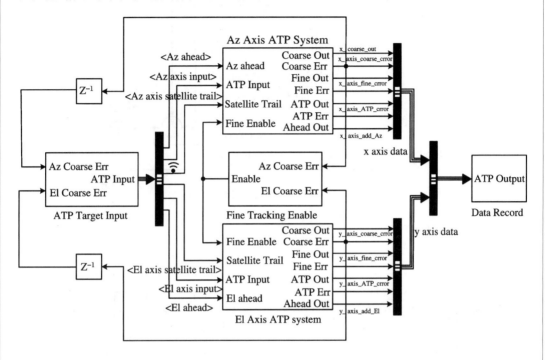

图 8.9　ATP 系统 Simulink 仿真界面及框图

　　系统仿真框图内部详细结构如图 8.11 所示,单轴 ATP 系统为粗跟踪系统与精跟踪系统两部分串联构成的复合结构,其中,粗跟踪系统由粗跟踪控制器及二维转台伺服电机组成闭环控制回路,并采用三环 PID 串级控制,自内向外分别为电流环、速度环与位置环,电流环经过等效后可以简化为一比例环节,速度环采用 PI 控制器进行控制,而位置环采用 PID 控制器进行控制,其控制器参数选择如表 8.3 所示;精跟踪部分由精跟踪控制器、快速反射镜及自适应强跟踪卡尔曼滤波器组成,采用模型参考自适应控制器对快速反射镜进行控制,并利用强跟踪卡尔曼滤波器滤除状态扰动及测量噪声,实现对于粗跟踪误差的补偿进而达到理想的跟踪效果,控制器参数如表 8.4 所示(Duan et al.,2020).

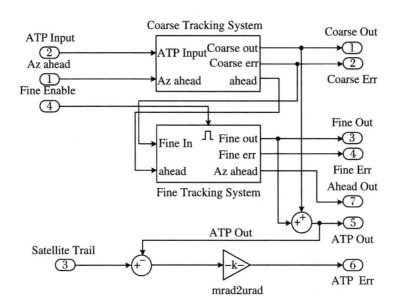

图 8.10 方位角单轴 ATP 系统 Simulink 时域仿真框图

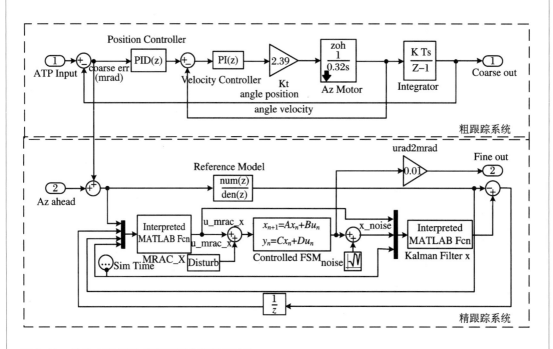

图 8.11 单轴 ATP 系统仿真框图内部详细结构

表 8.3 粗跟踪控制器参数设定

参数名称	符号	参数值
电流环等效系数	K_{ip}	1
速度环比例系数	K_{vp}	1.5
速度环积分系数	K_{vi}	0.15
位置环比例系数	K_{pp}	40
位置环积分系数	K_{pi}	7
位置环微分系数	K_{pd}	3

表 8.4 模型参考自适应控制器参数设定

参数名称	符号	参数值
前馈环节系数初值	$h'(0)$	$[0,2.2]$
比例环节系数初值	$g'(0)$	$[15.523,1]$
反馈环节系数初值	$f'(0)$	$[0.563,0.218]$
前馈调节因子	λ	$[0.1,0.5]$
	μ	$[1,2]$
增益调节因子	ρ	$[1.05,4]$
	σ	$[1.5,1.1]$
反馈调节因子	l	$[1,1]$
	q	$[1.5,1.5]$

8.6.2 考虑超前瞄准角的 ATP 系统仿真及其结果分析

选择可观测时间段内第 2 段数据 $200\sim400$ s 作为输入,设置仿真时间为 200 s,粗跟踪系统采样时间间隔为 0.01 s,精跟踪系统采样时间间隔为 4×10^{-4} s,目标跟踪精度为 2 μrad. ATP 系统捕获阶段过程如图 8.12 所示,其中红色轨迹为卫星的运动轨迹,灰色有向线段为捕获的路径,采用分行螺旋式扫描方式时,可以在 25 步内完成捕获操作. 成功捕获到卫星后转入粗跟踪过程,当粗跟踪阶段的误差控制在 500 μrad 内后,由精跟踪系统结合超前瞄准偏移量对残差进一步进行补偿.

图 8.13 为粗跟踪误差曲线,其中蓝实线为未加入超前瞄准偏移量时的误差曲线,黑点划线为加入超前瞄准偏移量时的误差信号.图 8.14 为精跟踪误差信号,图 8.15 为精跟踪控制器的控制律变化曲线,其中蓝实线为未考虑超前瞄准情况下的控制律变化曲线,棕虚线为考虑超前瞄准情况下的控制律变化曲线.粗跟踪过程调节时间为 0.01 s,精跟踪过程调节时间为 0.06 s,实验结果显示系统跟踪率可以达到 0.993 6.

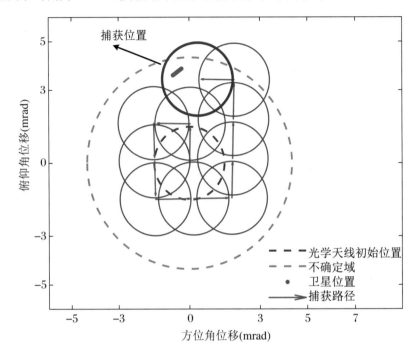

图 8.12　捕获阶段扫描过程

从图 8.13、图 8.14 和图 8.15 中可以看出:

(1) 由于超前瞄准的方位角和俯仰角都在几十微弧度量级,对 ATP 系统跟踪卫星轨迹的影响较小;

(2) 我们所设计的自适应强跟踪控制器的抗干扰和扰动的鲁棒能力较强,在考虑超前瞄准角的影响之下,通过已设计的 ATP 控制器,能够很好地将超前瞄准角的补偿也控制在期望的位置精度之中.

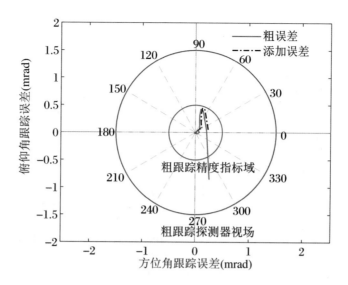

图 8.13　粗跟踪误差曲线

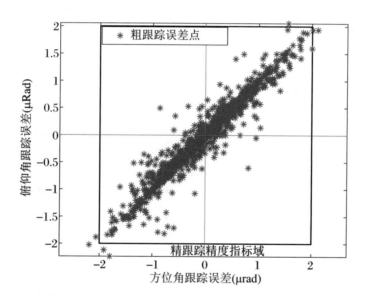

图 8.14　精跟踪误差信号

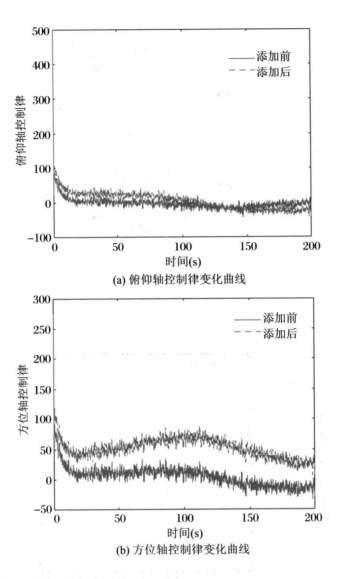

(a) 俯仰轴控制律变化曲线

(b) 方位轴控制律变化曲线

图 8.15　精跟踪控制器的控制律变化曲线

8.7　结论

本章对量子定位系统中的超前瞄准系统进行分析,在介绍 ATP 系统对准过程中由于星地相对速度过高引起的超前瞄准问题的基础上,提出了利用精跟踪模块解决超前瞄准偏差的方法,对超前瞄准角的计算及转化为超前瞄准点坐标大小进行了分析,通过对考虑超前瞄准角的 ATP 系统进行仿真实验,仿真结果表明利用所设计的精跟踪控制器, ATP 系统可以对瞄准偏差进行有效补偿.本章所做研究对基于卫星的量子导航定位系统,在测距的基础上,进一步的定位和导航做了准备工作.

参考文献

Alvi B A，Asif M，Siddiqui F A，et al.，2014. Fast steering mirror control using embedded self-learning fuzzy controller for free space optical communication[J]. Wireless Personal Communications，76(3)：643-656.

Aspect A，Dalibard J，Roger G，1982. Experimental test of Bell's inequalities using time-varying analyzers[J]. Physical Review Letters，49(25)：1804.

Baek S Y，Kim Y H，2008. Spectral properties of entangled photon pairs generated via frequency-degenerate type-I spontaneous parametric down-conversion[J]. Physical Review：A，77(4)：043807.

Bahder T B，2004. Quantum positioning system[DB]. arXiv preprint quant-ph/0406126.

Bahder T B，2005. Quantum positioning system[C]//36th Annual Precise Time and Time Interval (PTTI) Meeting，NAVAL Observatory Washington D. C.，Washington：423-427.

Bahder T B，2008. Quantum positioning system and methods[P]. US Patent.

Barreiro J T，Nathan K L，Nicholas A P，et al.，2005. Generation of hyperentangled photon pairs [J]. Physical Review Letters，95(26)：260501.

Ben-Av R，Exman I，2011. Optimized multiparty quantum clock synchronization[J]. Physical Review：A，84(1)：014301.

Bernhard H W，Lichtenegger H，Collins J，2012. Global positioning system：theory and practice[M].

Des Moines: Springer Science & Business Media.

Chen L B, Shi P, Yong J G, et al. , 2009. Generation of atomic entangled states in a bi-mode cavity via adiabatic passage[J]. Optics Communications, 284(20): 5020-5023.

Chuang I L, 2000. Quantum algorithm for distributed clock synchronization[J]. Physical Review Letters, 85(9): 2006.

Cong S, Zou Z S, Duan S Q, et al. , 2019. State filtering and nonlinear control of fine tracking system in quantum positioning systems[J]. WSEAS Transactions on Systems and Control, 14: 264-276.

Creatore C, Brierley R T, Phillips R T, et al. , 2011. Creation of entangled states in coupled quantum dots via adiabatic rapid passage[J]. Physical Review: B, 86(15): 5505-5511.

Dou F, Fu L, Liu J, 2013. Formation of N-body polymer molecules through generalized stimulated Raman adiabatic passage[J]. Physical Review: A, 87(4): 043631.

Duan S Q, Cong S, Song Y Y, 2020. A survey on quantum positioning system[J]. International Journal of Modelling and Simulation, 40(6): 421-435.

Duan S Q, Cong S, Zou Z S, et al. , 2019. Modelling and simulation of the quantum ranging and positioning system [J]. International Journal of Modelling and Simulation, DOI: 10. 1080/ 02286203. 2019. 1647696.

Einstein A, Podolsky B, Rosen N, 1935. Can quantum mechanical description of physical reality be considered completed? [J]. Physical Review, 47: 777-780.

Fedorov M V, Efremov M A, Volkov P A, et al. , 2006. Short-pulse or strong-field breakup processes: a route to study entangled wave packets[J]. Journal of Physics B: Atomic, Molecular and Optical Physics, 39(13): S467-S483.

Gibney E, 2016. Chinese satellite is one giant step for the quantum internet[J]. Nature News, 535: 478-479.

Giovannetti V, Lloyd S, MacCone L, 2001. Quantum-enhanced positioning and clock synchronization [J]. Nature, 412(6845): 417-419.

Giovannetti V, Lloyd S, MacCone L, 2011. Advances in quantum metrology[J]. Nature Photonics, 5(4): 222-229.

Grice W P, Walmsley I A, 1997. Spectral information and distinguishability in type-II down-conversion with a broadband pump[J]. Physical Review: A, 56(2): 1627-1634.

Guo G C, Zheng S B, 1997. Preparation of entangled coherent states of the electromagnetic field based on detecting the state of the atom in the Jaynes-Cummings model[J]. Optics Communications, 133(1): 142-146.

Hagley E, Maitre X, Nogues G, et al. , 1997. Generation of Einstein-Podolsky-Rosen pairs of atoms [J]. Physical Review Letters, 79(1): 1.

Huang W, Du Y X, Liang Z T, et al. , 2016. Detecting quantumness witness with atoms manipulated by the fractional stimulated Raman adiabatic passage processes[J]. Optics Communications, 363 (3): 42-46.

Jia W, Fan C, 2015. Piezoelectric ceramic drive power for fast tilting mirror[J]. Journal of Quantum Electronics, 2: 17(in Chinese).

Jiang H, Wang J, Jia J, et al., 2012. Design of spatial quantum communication rough tracking system [J]. Optical Communication Technology, 6: 43-46.

Jin X M, Ren J G, Yang B, et al., 2010. Experimental free-space quantum teleportation[J]. Nature Photonics, 4(6): 376-381.

Jono T, Takayama Y, Shiratama K, 2007. Overview of the inter-orbit and orbit-to-ground laser communication demonstration by OICETS[C]//Proc. SPIE: 645702.

Jono T, Toyoda M, Nakagawa K, et al., 1999. Acquisition, tracking, and pointing systems of OICETS for free space laser communications[J]. International Society for Optics and Photonics: 41-50.

Jozsa R, Abrams D S, Dowling J P, et al., 2000. Quantum clock synchronization based on shared prior entanglement[J]. Physical Review Letters, 85(9): 2010.

Kaplan E, Hegarty C, 2005. Understanding GPS: principles and applications[M]. London: Artech House.

Kaushal H, Kaddoum G, 2016. Optical communication in space: challenges and mitigation techniques [J]. IEEE Communications Surveys & Tutorials, 19(1): 57-96.

Keller T E, Rubin M H, 1997. Theory of two-photon entanglement for spontaneous parametric down-conversion driven by a narrow pump pulse[J]. Physical Review: A, 56(2): 1534-1541.

Keller T E, Rubin M H, Shih Y H, et al., 1998. Theory of the three-photon entangled state[J]. Physical Review: A, 57(3): 2076.

Kim Y H, Grice W P, 2002. Generation of pulsed polarization-entangled two-photon state via temporal and spectral engineering[J]. Journal of Modern Optics, 49(14/15): 2309-2323.

Komatsu K, Kanda S, Hirako K, et al., 1990. Laser beam acquisition and tracking system for ETS-Ⅵ laser communication equipment[J]. International Society for Optics and Photonics: 96-107.

Korevaar E J, Hofmeister R J, Schuster J J, et al., 1995. Design of satellite terminal for Ballistic Missile Defense Organization (BMDO) lasercom technology demonstration[J]. International Society for Optics and Photonics: 60-71.

Kurtsiefer C, Oberparleiter M, Weinfurter H, 2001. High-efficiency entangled photon pair collection in type-II parametric fluorescence[J]. Physical Review: A, 64(2): 023802.

Kwiat P G, Mattle K, Weinfurter H, et al., 1995. New high-intensity source of polarization-entangled photon pairs[J]. Physical Review Letters, 75(24): 4337.

Kwiat P G, Steinberg A M, Chiao R Y, 1993. High-visibility interference in a Bell-inequality experiment for energy and time[J]. Physical Review: A, 47(4): R2472.

Kwiat P G, Waks E, White A G, et al. , 1999. Ultrabright source of polarization-entangled photons [J]. Physical Review: A, 60(2): R773.

Leick A, Rapoport L, Tatarnikov D, 2015. GPS satellite surveying[M]. Hoboken: John Wiley & Sons.

Liao S K, Cai W Q, Liu W Y, et al. , 2017. Satellite-to-ground quantum key distribution[J]. Nature, 549(7670): 43-47.

Lindgren N, 1970. Optical communications—A decade of preparations[J]. Proceedings of the IEEE, 58(10): 1410-1418.

Mukherjee N, Zare N R, 2011. Stark-induced adiabatic Raman passage for preparing polarized molecules[J]. Journal of Chemical Physics, 135(2): 024201.

Mølmer K, Sørensen A, 1999. Multiparticle entanglement of hot trapped ions[J]. Physical Review Letters, 82(9): 1835.

Nasr M B, Di Giuseppe G, Saleh B E A, et al. , 2005. Generation of high-flux ultra-broadband light by bandwidth amplification in spontaneous parametric down conversion [J]. Optics Communications, 246(4-6): 521-528.

Nielsen T T, 1995. Pointing, acquisition, and tracking system for the free-space laser communication system SILEX[C]//International Society for Optics and Photonics: 194-205.

Ou Z Y, Lu Y J, 1999. Cavity enhanced spontaneous parametric down-conversion for the prolongation of correlation time between conjugate photons[J]. Physical Review Letters, 83 (13): 2556.

Ou Z Y, Mandel L, 1988. Violation of Bell's inequality and classical probability in a two-photon correlation experiment[J]. Physical Review Letters, 61(1): 50.

Panda C D, O'leary B R, West A D, et al. , 2016. Stimulated Raman adiabatic passage preparation of a coherent superposition of $ThOH^3\Delta_1$ states for an improved electron electric-dipole-moment measurement[J]. Physical Review: A, 93(5): 052110.

Patel V, Malinovskaya S A, 2012. Realization of population inversion under nonadiabatic conditions induced by the coupling between vibrational modes via Raman fields[J]. International Journal of Quantum Chemistry, 112(24): 3739-3743.

Peng C Z, Yang T, Bao X H, et al. , 2005. Experimental free-space distribution of entangled photon pairs over 13 km: towards satellite-based global quantum communication [J]. Physical Review Letters, 94(15): 150501.

Peřina J, Sergienko A V, Jost B M, et al. , 1999. Dispersion in femtosecond entangled two-photon interference[J]. Physical Review: A, 59(3): 2359-2368.

Preskill J, 2000. Quantum clock synchronization and quantum error correction[DB]. arXiv preprint quant-ph/0010098.

Rangelov A A, Vitanov V, Yatsenko L P, et al., 2005. Starkshift-chirped rapid-adiabatic-passage technique among three states[J]. Physical Review: A, 72(5): 762-776.

Robinson B S, Boroson D M, Burianek D A, et al., 2011. The lunar laser communications demonstration[C]//Proceedings of the IEEE: 54-57.

Rzasa J, 2012. Pointing, acquisition, and tracking for directional wireless communications networks [D]. Washington D. C.: University of Maryland.

Sackett C A, Kielpinski D, King B E, et al., 2000. Experimental entanglement of four particles[J]. Nature, 404(6775): 256-259.

Sanaka K, Kawahara K, Kuga K, 2001. New high-efficiency source of photon pairs for engineering quantum entanglement[J]. Physical Review Letters, 86(24): 5620.

Shapiro E A, Milner V, Shapiro M, 2009. Complete transfer of populations from a single state to a pre-selected superposition of states using piecewise adiabatic passage: experiment[J]. Physical Review: A, 80(6): 063405.

Skormin V A, Tasullo M A, Nicholson D J, 1993. Jitter rejection technique in a satellite-based laser communication system[J]. Optical Engineering, 32(8): 2764-2770.

Smutny B, Kaempfner H, Muehlnikel G, et al., 2009. Gbps optical intersatellite communication link [J]. International Society for Optics and Photonics, 719906-719908.

Sodnik Z, Furch B, Lutz H, 2007. The ESA optical ground station[J]. ESA Bulletin, 132: 34-40.

Solano E, Filho R L M, Zagury N, 1999. Deterministic Bell states and measurement of the motional state of two trapped ions[J]. Physical Review: A, 59(4): R2539.

Steinbach J, Gerry C C, 1998. Efficient scheme for the deterministic maximal entanglement of N trapped ions[J]. Physical Review Letters, 81(25): 5528.

Tanzilli S, Riedmatten H D, Tittel H, et al., 2001. Highly efficient photon-pair source using periodically poled lithium niobate waveguide[J]. Electronics Letters, 37(1): 26-28.

Tapster P R, Rarity J G, Owens P C M, 1994. Violation of Bell's inequality over 4 km of optical fiber [J]. Physical Review Letters, 73(14): 1923-1926.

Taylan O, Bahattin E, Nursu T, 2018. Analysis of web-based online services for GPS relative and precise point positioning techniques[J]. Boletim de Ciências Geodésicas, 19(2): 191-207.

Turchette Q A, Wood C S, King B E, et al., 1998. Deterministic entanglement of two trapped ions [J]. Physical Review Letters, 81(17): 3631.

Urban S E, Seidelmann P K, 2013. Explanatory supplement to the astronomical almanac[M]. California: University Science Books.

Valencia A, Ceré A, Shi X, et al., 2007. Shaping the waveform of entangled photons[J]. Physical Review Letters, 99(24): 243601.

Valencia A, Scarcelli G, Shih Y H, 2004. Distant clock synchronization using entangled photon pairs [DB]. arXiv preprint quant-ph/0407204.

Vepsalainen A, Danilin S, Paladino E, et al., 2016. Quantum control in qutrit systems using hybrid rabi-STIRAP pulses[J]. Photonics, 3(4): 62.

Villoresi P, Jennewein T, Tamburini F, et al., 2008. Experimental verification of the feasibility of a quantum channel between space and Earth[J]. New Journal of Physics, 10(3): 033038.

Vitanov N V, Yatsenko L P, Bergmann K, 2003. Population transfer by an amplitude-modulated pulse[J]. Physical Review: A, 68: 043401.

Wang T, Yang T G, Xiao C L, et al., 2013. Highly efficient pumping of vibrationally excited HD molecules via stark-induced adiabatic Raman passage[J]. The Journal of Physical Chemistry Letters, 4(3): 368-371.

Wang W P, 2014. Analysis of channel characteristics in underwater laser communication system(水下激光通信系统中信道特性分析)[D]. Qingdao: Ocean University of China.

Wilson K E, Lesh J R, Araki K, et al., 1996. Preliminary results of the ground/orbiter lasercom demonstration experiment between table mountain and the ETS-Ⅵ satellite[C]//International Society for Optics and Photonics: 121-132.

Wu Q Q, Zhou L, Kuang L M, 2006. Linear optical implementation of quantum clock synchronization algorithm[J]. Chinese Physics Letters, 23(2): 293.

Yin J, Ren J G, Lu H, et al., 2012. Quantum teleportation and entanglement distribution over 100-kilometre free-space channels[J]. Nature, 488(7410): 185-188.

Yin X, Yin P, Cui X, et al., 2016. Modified algorithm for calculating the center position of optical vortices in the space optical communication system[C]//Society of Photo-Optical Instrumentation Engineers (SPIE) Conference Series, 1024409: 1-5.

Zhang G X, Zhang H, 2001. Satellite mobile communication system(卫星移动通信系统)[M]. Beijing: People Post Press(in Chinese).

Zhang J, Zhang K, Grenfell R, et al., 2006. GPS satellite velocity and acceleration determination using the broadcast ephemeris[J]. The Journal of Navigation, 59(2): 293-305.

Zhang J F, Long G L, Deng Z W, et al., 2004. Nuclear magnetic resonance implementation of a quantum clock synchronization algorithm[J]. Physical Review: A, 70(6): 062322.

Zhang M, Zhang L, Wu J, et al., 2014. Detection and compensation of basis deviation in satellite-to-ground quantum communications[J]. Optics Express, 22(8): 9871-9886.

Zhang Q, Goebel A, Wagenknecht C, et al., 2006. Experimental quantum teleportation of a two-qubit composite system[J]. Nature Physics, 2(10): 678-682.

Zhang Y S, Li C F, Guo G C, 2000. Quantum authentication using entangled state[DB]. arXiv preprint quant-ph/0008044.

Zhao Z，Chen Y A，Zhang A N，et al.，2004. Experimental demonstration of five-photon entanglement and open-destination teleportation[J]. Nature，430(6995)：54-58.

Zhao Z，Yang T，Chen Y A，et al.，2003. Experimental violation of local realism by four-photon Greenberger-Horne-Zeilinger entanglement[J]. Physical Review Letters，91(18)：180401.

Zhdanov B V，Lu Y L，Shaffer M K，et al.，2008. Frequency-doubling of a high power cesium vapor laser using a PPKTP crystal[J]. Optics Express，16(22)：17585-17590.

Zheng S B，Guo G C，2000. Efficient scheme for two-atom entanglement and quantum information processing in cavity QED[J]. Physical Review Letters，85(11)：2392.

Zhou B B，Baksic A，Ribeiro H，et al.，2017. Accelerated quantum control using superadiabatic dynamics in a solid-state lambda system[J]. Nature Physics，13：330-334.

白帅，2015.空间二维光电转台的高稳定捕获跟踪技术研究[D].上海：中国科学院研究生院(上海技术物理研究所).

蔡成林,李孝辉,吴海涛,等,2009.广域差分系统中的卫星钟差改正方法[J].科学通报(20)：3170-3176.

陈纯毅,杨华民,佟首峰,等,2007.空间光通信卫星平台振动实时模拟[J].系统仿真学报,19(16)：3834-3837.

丛爽,2006.量子力学系统控制导论[M].北京:科学出版社.

丛爽,陈鼎,宋媛媛,等,2019.一种基于三颗量子卫星的定位与导航方法与系统:CN201711465970.9[P].2018-07-06[2019-11-26].

丛爽,段士奇,2020.基于量子卫星"墨子号"的量子测距过程仿真实验研究[J/OL].系统仿真学报. http://kns.cnki.net/kcms/detail/11.3092.v.20200528.1152.002.html.

丛爽,宋媛媛,尚伟伟,等,2019.三颗量子卫星组成的导航定位系统探讨[J].导航定位学报,7(1):1-9.

丛爽,汪海伦,邹紫盛,等,2017.量子导航系统中的捕获和粗跟踪技术[J].空间控制技术与应用,1(43)：1-10.

丛爽,吴文燊,段士奇,等,2019.星基量子定位导航系统的测距、定位与导航[J].导航定位与授时,6(4)：50-56.

丛爽,张慧,2015.量子系统动态函数的跟踪控制[J].控制与决策,30(3):485-489.

丛爽,邹紫盛,尚伟伟,等,2017.量子定位导航系统中的精跟踪系统与超前瞄准系统[J].空间电子技术,6:8-19.

戴志强,2015.基于量子密钥分发的单光子探测器初步设计与实现[D].成都:电子科技大学.

刁文婷,宋学瑞,段崇棣,2016.星地量子保密通信进展[J].空间电子技术,13(1):83-88.

丁溯泉,张波,刘世勇,2011.STK 在航天任务仿真分析中的应用[M].北京:国防工业出版社.

丁燕,2007.相位法激光测距仪设计及其关键技术研究[D].上海:同济大学.

段士奇,丛爽,邹子盛,等,2019.量子导航定位系统中 ATP 子系统的仿真研究[C]//中国自动化学会系统仿真专业委员会.第二十届中国系统仿真技术及其应用学术年会论文集.合肥:中国科学技术大学出版社:222-227.

韩宇宏,2010.量子通信中单光子探测器的研制及相关问题的研究[D].北京:北京邮电大学.

胡贞,姜会林,佟首峰,2012.滑模控制对激光通信 ATP 系统跟踪性能的改善[J].北京理工大学学报,32(5):522-525.

黄红梅,许录平,2015.量子定位技术综述[J].激光杂志,11:1-6.

季力,2003.基于空间光通信 ATP 系统的图像处理技术研究[D].杭州:浙江大学.

江常杯,2007.卫星光通信系统捕获对准跟踪技术研究[D].杭州:浙江大学.

江昊,2012.星地量子通信跟瞄系统仿真与检测技术研究[D].上海:中国科学院研究生院(上海技术物理研究所).

姜会林,佟首峰,2010.空间激光通信技术与系统[M].北京:国防工业出版社.

姜义君,2010.星地激光通信链路中大气湍流影响的理论和实验研究[D].哈尔滨:哈尔滨工业大学.

李柏良,2019.提前瞄准角度变化对星间光通信系统性能影响研究[D].哈尔滨:哈尔滨工业大学.

李德辉,2007.自由空间激光通信系统 ATP 粗跟踪单元研究[D].长春:长春理工大学.

李祥之,2010.空间光通信扰动补偿技术研究[D].哈尔滨:哈尔滨工业大学.

李永放,王兆华,李百宏,等,2010.脉冲激光作用下的量子定位实验方案的设计及分析[J].光子学报,39(10):1811-1815.

李征航,黄劲松,2005.GPS 测量与数据处理[M].3 版.武汉:武汉大学出版社.

梁延鹏,2014.星地光通信 ATP 对准特性仿真研究[D].合肥:中国科学技术大学.

梁延鹏,贾建军,张亮,等,2014.一种星地激光通信载荷预对准算法研究[J].电子技术,6:24.

刘兵,2018.基于 MATLABGUI 的导数辅助教学演示系统的开发[J].实验科学与技术,16(5):81-84.

刘长城,2005.大气激光通信中 ATP 系统的仿真与设计[D].西安:西安理工大学.

刘宸,李海峰,冯旭,等,2017.Klobuchar 电离层模型精华进展[J].测绘科学技术学报,34(5):455-460.

刘鹏,王晓曼,韩成,等,2014.空地激光通信系统中捕获子系统仿真[J].光子学报,43(2):98-103.

刘智颖,付跃刚,2006.新型光通信提前量检测系统的设计[J].仪器仪表学报,27(6):690-691.

卢宗贵,刘红军,景峰,等,2009.基于自发参量下转换产生参量荧光的光谱分布特性理论分析[J].物理学报,58(7):4689-4696.

路伟涛,谢剑锋,韩松涛,等,2019.深空站区域对流层延迟模型构建及在嫦娥四号中的应用[J].中国科学(技术科学),49(11):1286-1294.

罗力,2007.电离层对 GPS 测量影响的理论与实际研究[D].南昌:江西理工大学.

罗彤,2005.星间光通信 ATP 中获取、跟踪技术研究[D].成都:电子科技大学.

罗文嘉,2016.星间激光通信终端控制系统设计及其性能分析[D].哈尔滨:哈尔滨工业大学.

雒怡,姜恩春,2012.基于二阶量子相干的定位与时钟同步方法[J].现代导航(6):456-461.

马晶,韩琦琦,于思源,等,2005.卫星平台振动对星间激光链路的影响和解决方案[J].激光技术,29(3):228-231.

马晓军,2014.光学天线系统中的光传输特性研究[D].成都:电子科技大学.

孟立新,2014.机载激光通信中捕获与跟踪技术研究[D].长春:吉林大学.

聂文峰,胡伍生,潘树国,等,2014.利用 GPS 双频数据进行区域电离层 TEC 提取[J].武汉大学学报(信息科学版),39(9):1022-1027.

潘浩杰,2012.自由空间光通信(FSO)中 APT 关键技术研究[D].南京:南京邮电大学.

皮德忠,尹道素,1998.空间光通信 ATP 技术及其进展[J].电子科技大学学报,27(5):462-466.

钱锋,2014.星地量子通信高精度 ATP 系统研究[D].上海:中国科学院研究生院(上海技术物理研究所).

秦莉,杨明,2008.自适应 RBFTerminal 在精密实时跟踪控制中的应用研究[J].宇航学报(6):1883-1887.

屈八一,2010.CPT 原子钟、星载钟及时频测控领域的新技术研究[D].西安:西安电子科技大学.

冉英华,2009.空间光通信中光学天线系统的设计及性能分析[D].成都:电子科技大学.

商燕,王海涛,隋岩,等,2017.双量子系统最大纠缠态制备的两种控制方法[J].控制理论与应用,34(7):965-973.

邵兵,孙立宁,曲东升,等,2006.自由空间光通信 ATP 系统中精瞄偏转镜的设计[J].光学精密工程,14(1):43-47.

申屠国樑,2014.上转换单光子探测器的研究及其应用[D].合肥:中国科学技术大学.

史少龙,2014.空间望远镜精密稳像控制关键技术研究[D].上海:中国科学院研究生院(上海技术物理研究所).

史学舜,刘长明,赵坤,等,2017.基于相关光子的单光子探测器量子效率测量系统[J].光子学报,46(3):1-6.

宋媛媛,陈鼎,丛爽,2019.自发参量下转换制备纠缠光子对的特性研究[J].激光与光电子学进展,56(4):043002.

宋媛媛,丛爽,陈鼎,2019.基于 GUI 的纠缠光子源产生与接收以及符合计数拟合结果的仿真平台设计[C]//中国自动化学会系统仿真专业委员会.第二十届中国系统仿真技术及其应用学术年会论文集.合肥:中国科学技术大学出版社:149-154.

宋媛媛,丛爽,陈鼎,2020.基于量子纠缠光信号的符合计数与到达时间差的设计[J/DB].北京航空航天大学学报[2020-01-20].https://doi.org/10.13700/j.bh.1001-5965.2019.0540.

宋媛媛,丛爽,尚伟伟,等,2017a.量子导航定位系统国内外研究现状及其展望(上)[C]//中国自动化学会控制理论专业委员会.第 36 届中国控制会议论文集,7:5853-5858.

宋媛媛,丛爽,尚伟伟,等,2017b.量子导航定位系统国内外研究现状及其展望(下)[C]//中国自动化学会控制理论专业委员会.第 36 届中国控制会议论文集,7:5859-5864.

谈云骏,郝敏,2018.基于 MATLABGUI 的统计过程控制软件设计[J].工业控制计算机,31(10):118-120.

汪海伦,丛爽,陈鼎,2018.量子定位中粗跟踪控制系统设计与仿真实验[C]//中国自动化学会系统仿真专业委员会.第十九届中国系统仿真技术及其应用学术年会论文集.合肥:中国科学技术大学出版社:68-73.

汪海伦,丛爽,陈鼎,2019.地面对量子卫星信号捕获及跟踪的动态演示[J].航天控制,37(5):31-38.

汪海伦,丛爽,尚伟伟,等,2018.量子导航定位系统中光学信号传输系统设计[J].量子电子学报,35(6):714-722.

汪海伦,丛爽,邹紫盛,等,2017.量子导航定位系统中的捕获和粗跟踪技术[J].空间控制技术与应用,43(1):1-10.

王爱生,王飞,2012.GPS预报星历和钟差的精度及对标准定位服务的影响[J].大地测量与地球动力学,32(6):76-80.

王甫红,王军,郭磊,2018.NeQuick模型在星载单频GPS实时定轨中的应用[J].大地测量与地球动力学,38(4):370-373.

王娟娟,2014.基于GPS/INS运动二维转台的指向技术研究[D].济南:山东大学.

王盟盟,权润爱,侯飞雁,等,2015.长光纤HOM干涉平衡的稳定控制[J].卫星导航,1(3):41-45.

王少凯,任继刚,金贤敏,等,2008.自由空间量子通信实验中纠缠源的研制[J].物理学报,57(3):1356-1359.

王文朋,2014.水下激光通信系统中信道特性分析[D].青岛:中国海洋大学.

王兆华,2010.纠缠双光子对的量子定位[D].西安:陕西师范大学.

魏先政,2013.高速InGaAs单光子探测器设计[D].济南:山东大学.

吴长锋,2011.中国科大制备出八光子纠缠态刷新多光子纠缠制备与操作的世界纪录[J].安徽科技(12):36.

吴青林,刘云,陈巍,等,2010.单光子探测技术[J].物理学进展(3):296-306.

吴文燊,丛爽,陈鼎,2019.量子信道大气扰动延时补偿方法的研究[J].全球定位系统,44(2):13-20.

吴晓莉,韩春好,平劲松,2013.GEO卫星区域电离层监测分析[J].测绘学报,42(1):13-18.

肖俊俊,2014.量子导航定位中的测量技术实验研究[D].上海:上海交通大学.

肖连团,降雨强,赵延霆,等,2004.单光子探测用于光子统计测量的研究[J].科学通报,49(8):727-730.

谢端,彭进业,赵健,等,2011.基于MZ干涉仪结构的量子时钟同步方案理论研究[J].西北工业大学学报,29(4):614-619.

谢丰奕,2007.中国建设北斗卫星导航系统[J].卫星电视与宽带多媒体(12):23-24.

熊金涛,张秉华,1998.空间光通信ATP系统设计分析[J].电子科技大学学报,27(5):467-472.

徐新行,杨洪波,王兵,等,2013.快速反射镜关键技术研究[J].激光与红外(10):1095-1103.

鄢永耀,2016.空间激光通信光学天线及粗跟踪技术研究[D].长春:中国科学院研究生院(长春光学精密机械与物理研究所).

杨春燕,吴德伟,余永林,等,2009.干涉式量子定位系统最优星座分布研究[J].测绘通报(12):1-6.

姚立,杨伯君,彭建,等,2007.量子通信中单光子探测器的研究[J].光通信技术,31(1):47-48.

叶德茂,谢利民,陈晶,2012.跟踪误差补偿下星地光通信地面模拟实验分析[J].激光技术,36(3):346-348.

尹娟娟,俞侃,包佳祺,2011.飞秒激光泵浦Ⅰ类BBO晶体中自发参量下转换的研究[J].光子学报,40(9):1376-1380.

于思源,2016.卫星光通信瞄准捕获跟踪技术[M].北京:科学出版社.

余胜威,2016.MATLABGUI设计入门与实战[M].北京:清华大学出版社.

郁聪冲,2016.差分GPS基准站测量方法比较分析[J].价值工程,35(11):93-94.

苑博睿,杨春燕,杜鹏亮,2014.基于量子纠缠对的二阶相关星地时钟同步研究[J].空军工程大学学报(自然科学版),15(4):79-82.

岳冰,杨文淑,傅承毓,2002.空间光通信中的快速倾斜镜精跟踪实验系统[J].光电工程,29(3):35-38.

曾瑾言,龙桂鲁,裴寿镛,2003.量子力学新进展[M].第三辑.北京:清华大学出版社.

翟树峰,2018.GNSS对流层延迟改正及其应用研究[D].郑州:战略支援部队信息工程大学.

张彩娟,2007.STK及其在卫星系统仿真中的应用[J].无线电通信技术,33(4):45-46.

张晶晶,程鹏飞,蔡艳辉,2014.高精度对流层天顶湿延迟模型研究[J].测绘科学,39(10):33-36.

张亮,王建宇,贾建军,等,2011.基于CMOS的量子通信精跟踪系统设计及检验[J].中国激光,38(2):175-179.

张伦,2008.星地时间同步技术的研究[D].西安:西安电子科技大学.

张羽,2013.频率纠缠光源的量子测量研究[D].西安:中国科学院研究生院(国家授时中心).

章仁为,1998.卫星轨道姿态动力学与控制[M].北京:北京航空航天大学出版社.

赵静旸,时爽爽,2018.对流层天顶延迟模型研究进展及其在中国区域的精度分析[J].地球物理学进展,33(1):148-155.

赵铁成,韩曜旭,2011.GPS定位系统中几种对流层模型的探讨[J].全球定位系统(1):46-52.

赵威,2012.电离层对GPS定位的影响与研究[D].南京:南京信息工程大学.

赵馨,刘云清,佟首峰,2014.动态空间激光通信系统视轴初始指向建模及验证[J].中国激光,5:145-150.

赵馨,王世峰,佟首峰,等,2008.飞机-地面间激光通信天线的初始对准[J].光学精密工程,16(7):1190-1195.

赵玉鹏,2007.自由空间激光通信系统高概率快速捕获技术研究[D].长春:长春理工大学.

赵章明,冯径,洪亮,2016.卫星定位中对流层延迟模型对比分析[J].测绘通报(11):18-21.

赵志浩,2014.几种对流层延迟改正模型对GPS精密单点定位结果的影响[D].西安:长安大学.

周飞,曹原,印娟,等,2015.基于百公里量子通信实验的可移动式一体化纠缠源[J].红外与毫米波学报,34(2):224-229.

周森,杨龙,王和丽,2015.UNB 3 m对流层延迟模型在中国西部地区的精度分析[J].城市勘测(1):69-72.

朱俊,2012.量子关联定位关键技术的研究[D].上海:上海交通大学.

邹紫盛,2019.量子走位中精跟踪系统滤波与控制研究[D].合肥:中国科学技术大学.

邹紫盛,丛爽,尚伟伟,等,2019a.基于 GUI 的 ATP 系统动态仿真平台设计[C]//中国自动化学会控制理论专业委员会.第 39 届中国控制会议论文集:3054-3059.

邹紫盛,丛爽,尚伟伟,等,2019b.量子定位中精跟踪系统状态滤波及控制器设计[J].系统工程与电子技术,41(3):601-610.

邹紫盛,丛爽,王大欣,等,2018,量子定位中精跟踪系统的 PID 控制及其仿真实验[C]//中国自动化学会系统仿真专业委员会.第十九届中国系统仿真技术及其应用学术年会论文集.合肥:中国科学技术大学出版社:252-255.